"十三五"普通高等教育本科部委级规划教材

新型纺纱

（第3版）

谢春萍　傅佳佳　主　编
杨瑞华　苏旭中　副主编

U0279709

中国纺织出版社有限公司

内 容 提 要

新型纺纱方法一般具有工序短、产量高、卷装大、占地小、用工少等特点,对原料的适应性强,成纱结构各具特色,经济效益高。本书较系统地介绍了目前较成熟的新型纺纱方法——转杯纺纱、喷气涡流纺纱、摩擦纺纱、自捻纺纱等及其加工流程、纺纱原理、加工设备及其应用。同时,对近年来在环锭纺纱机上出现的新型纺纱方法:集聚纺纱、赛络纺纱、赛络菲尔纺纱、包芯纱纺纱、竹节纱纺纱、色纺纱、假捻环锭纺纱、嵌入式复合纺纱等也作了系统介绍。

本书可作为高等纺织院校纺织工程专业的教材,也可作为有关科研、工程技术、商贸、管理人员的参考用书。

图书在版编目(CIP)数据

新型纺纱/谢春萍,傅佳佳主编. --3 版. --北京:中国纺织出版社有限公司,2020.4(2022.6重印)
"十三五"普通高等教育本科部委级规划教材
ISBN 978 - 7 - 5180 - 7213 - 2

Ⅰ. 新… Ⅱ.①谢…②傅… Ⅲ.①纺纱工艺—高等学校—教材 Ⅳ.①TS104.2

中国版本图书馆 CIP 数据核字(2020)第 038291 号

策划编辑:沈 靖 孔会云 责任编辑:沈 靖
责任校对:寇晨晨 责任印制:何 建

中国纺织出版社有限公司出版发行
地址:北京市朝阳区百子湾东里 A407 号楼 邮政编码:100124
销售电话:010—67004422 传真:010—87155801
http://www.c-textilep.com
中国纺织出版社天猫旗舰店
官方微博 http://weibo.com/2119887771
北京虎彩文化传播有限公司印刷 各地新华书店经销
1999 年 1 月第 1 版 2009 年 9 月第 2 版
2020 年 4 月第 3 版 2022年6月第5次印刷
开本:787×1092 1/16 印张:13.25
字数:250 千字 定价:68.00 元

第3版前言

    本书根据近年来新型纺纱的发展,力求理论联系实际,注重教材的先进性、前瞻性、通用性和实用性,对目前较成熟的新型纺纱方法,特别是转杯纺纱和喷气涡流纺纱相较上一版做了大量的更新,进行了系统的分析介绍。

    环锭纺纱机应用于生产已近两个世纪,因其机构简单、适纺线密度覆盖面广、成纱质量好,目前在纺纱生产中仍占主导地位。但由于环锭纺纱的加捻与卷绕同时进行,大幅度提高产量受到了钢丝圈线速度等的限制。因此,从20世纪60年代开始,随着科学技术的不断发展,出现了各种新型纺纱方法,如转杯纺、喷气纺和喷气涡流纺、摩擦纺、平行纺(包缠纺)、自捻纺等纺纱方法,新型纺纱占据的市场份额不断增长。同时近年来环锭纺纱机上的新型纺纱方法也层出不穷。本书系统分析各类新型纺纱技术,介绍应用各种原料和方法开发新型纺纱产品,以满足国内外市场的需求。

    本书由谢春萍、傅佳佳任主编,杨瑞华、苏旭中任副主编。其中,第一章由谢春萍、苏旭中编写并修订;第二章由谢春萍编写,杨瑞华修订;第三章由傅佳佳编写并修订;第四章、第七章由吴敏编写,苏旭中修订;第五章由谢爱民编写,谢春萍修订;第六章由连军、苏旭中编写并修订。最后由谢春萍统稿,经苏旭中校对,最终由谢春萍定稿。

    由于编者水平有限,书中欠妥和错误之处难免,敬请广大读者批评指正。

作者
2020 年 3 月

第 1 版前言

环锭纺纱机应用于生产,已逾一个半世纪,因其机构简单、适纺线密度覆盖面广、成纱质量好,目前在纺织厂中仍占有主导地位。但由于环锭纺纱的加捻与卷绕作用是同时进行的,要大幅度地提高产量,必将受到钢丝圈线速度等的限制。因此,从 20 世纪 60 年代以来,随着科学技术的不断发展,出现了各种新型纺纱方法。如转杯纺、摩擦纺、喷气纺和平行纺(包缠纺),已与环锭纺并列为五大实用纺纱方法。这些新型纺纱方法均具有工序短、产量高、卷装大、占地小、用工少的特点;对原料适应性强,特别能使用各种纤维的下脚料和再生纤维;成纱结构各具特色,可供开发的产品种类多,经济效益高。

为了发展我国的纺纱新技术,利用各种原料开发新产品,以满足国内市场和出口创汇的需要,根据中国纺织出版社的出版计划,特编写本书。

在编写过程中,参考了有关图书资料。内容上力求理论联系实际,并对各新型纺的机构、成纱原理、工艺、纱线结构以及产品开发等方面作了分析介绍。

本书由刘国涛编写前言、第一、第四、第五、第六章;谢春萍编写第二章;徐伯俊编写第三章。最后由刘国涛统稿、增删、定稿。

由于编者水平有限,书中欠妥和错误之处在所难免,敬请广大读者改正。

作者
1998 年 11 月

第 2 版前言

环锭纺纱机应用于生产已近两个世纪,因其机构简单、适纺线密度覆盖面广、成纱质量好,目前在纺织生产中仍占主导地位。但由于环锭纺纱的加捻与卷绕同时进行,大幅度提高产量受到了钢丝圈线速度等的限制。因此从 20 世纪 60 年代开始,随着科学技术的不断发展,出现了各种新型纺纱方法,如转杯纺、喷气纺、摩擦纺和平行纺(包缠纺),已与环锭纺并列为五大实用纺纱方法。同时近年来环锭纺纱机上的新型纺纱方法也层出不穷。为了发展我国的纺纱新技术,利用各种原料和方法开发新产品,以满足国内外市场的需求,本书力求理论联系实际,注重教材的先进性、前瞻性、通用性和实用性,对目前较成熟的新型纺纱方法进行了系统分析介绍。随着近几年转杯纺、喷气涡流纺和新型环锭纺纱技术的快速发展,本书对第一章、第二章、第三章、第六章做了较多内容的修订,以保持本教材先进性和前瞻性的特点。

本书由谢春萍、傅佳佳、杨瑞华主编,其中第一章由谢春萍编写并修订、第二章由杨瑞华、谢春萍编写并修订;第三章由傅佳佳编写并修订;第四章、第七章由吴敏编写;第五章、第八章由谢爱民编写;第六章由苏旭中、谢春萍、连军编写并修订。最后由谢春萍统稿,经徐伯俊修改,最终由谢春萍修订定稿。

由于编者水平有限,书中欠妥和错误之处难免,敬请广大读者批评指正。

作者

2009 年 6 月

目　录

第一章　概述 ………………………………………………………………………… 1

第一节　环锭细纱机的优点与存在的问题 …………………………………… 1

一、环锭细纱机的优点 ……………………………………………………… 1

二、环锭细纱机存在的问题 ………………………………………………… 1

第二节　新型纺纱的分类与比较 ……………………………………………… 2

一、新型纺纱的分类 ………………………………………………………… 2

二、自由端纺纱和非自由端纺纱 …………………………………………… 2

三、主要新型纺纱的比较 …………………………………………………… 4

四、新型纺纱的特点 ………………………………………………………… 5

思考题 ……………………………………………………………………………… 6

第二章　转杯纺纱 …………………………………………………………………… 7

第一节　概述 ……………………………………………………………………… 7

一、转杯纺技术的发展 ……………………………………………………… 7

二、转杯纺纱原理 …………………………………………………………… 9

三、转杯纺前纺工艺及质量要求 ………………………………………… 10

第二节　纤维喂给、分梳、除杂与转移 ……………………………………… 14

一、喂给机构及其作用分析 ……………………………………………… 14

二、分梳机构及其作用分析 ……………………………………………… 15

三、除杂机构及其作用分析 ……………………………………………… 19

四、纤维的转移与输送 …………………………………………………… 22

第三节　纱条的形成与凝聚 …………………………………………………… 23

一、凝聚与加捻机构 ……………………………………………………… 23

二、纺纱杯中纤维的凝聚与并合 ………………………………………… 24

三、纺纱杯中纤维的剥离与加捻 ………………………………………… 26

第四节　转杯纱的成纱结构与性能 ………………………………………… 36

一、转杯纱的结构 ………………………………………………………… 36

二、转杯纱的特点与性能 ………………………………………………… 36

三、转杯纺纱疵 …………………………………………………………… 37

第五节　转杯纱的适纺性能及改进 ·· 39
　一、纤维性质对转杯纺的影响 ·· 39
　二、转杯纺纺低线密度纱与针织用纱 ·· 40
　三、转杯纺纺化纤或混纺原料 ·· 42
　四、转杯纺纺麻纤维 ·· 42
　五、转杯纺纺绸丝 ·· 42
　六、转杯纺纺毛 ·· 43
　七、转杯纺纺羊绒 ·· 43
第六节　转杯纺新型成纱机构及纱线特点 ·· 43
　一、转杯纺复合纱技术 ·· 44
　二、转杯纺多给棉罗拉技术 ·· 45
　三、转杯纺竹节纱技术 ·· 48
第七节　转杯纺纱机的自动化与高速化 ·· 48
　一、转杯纺纱机的自动化 ·· 48
　二、转杯纺纱机的高速化 ·· 49
　思考题 ·· 51
第三章　喷气涡流纺纱 ·· 52
第一节　概述 ·· 52
　一、喷气纺概述 ·· 52
　二、喷气涡流纺概述 ·· 55
第二节　喷气涡流纺成纱工艺过程 ·· 58
　一、喷气涡流纺设备构成 ·· 58
　二、喷气涡流纺工艺设计 ·· 61
　三、喷气涡流纺质量控制 ·· 65
第三节　加捻成纱基本原理 ·· 68
　一、喷气涡流纺加捻成纱原理 ·· 68
　二、喷气涡流纺纱中纤维的空间轨迹 ·· 70
　三、喷气涡流纺成纱结构与性能 ·· 73
　四、喷气涡流纺织物性能 ·· 74
第四节　喷气纺和喷气涡流纺前纺工艺及其专件管理 ································ 75
　一、前纺工艺要求 ·· 75
　二、喷气涡流纺专件管理 ·· 81
　三、喷气涡流纺纱线产品的开发与利用 ·· 84
　四、喷气涡流纺的不足与展望 ·· 90
　思考题 ·· 90
第四章　摩擦纺纱 ·· 91

第一节　概述 ……………………………………………………………………… 91

一、摩擦纺纱的发展概况 ………………………………………………………… 91

二、摩擦纺纱基本原理与工艺流程 ……………………………………………… 93

三、摩擦纺纱系统与前纺工艺 …………………………………………………… 93

第二节　摩擦纺喂入与分梳 ……………………………………………………… 94

一、条子喂入与排列 ……………………………………………………………… 94

二、纱芯层与外包层的组分 ……………………………………………………… 95

三、棉条的分梳 …………………………………………………………………… 95

第三节　纤维的输送和转移 ……………………………………………………… 95

一、输送与转移的目的与要求 …………………………………………………… 95

二、纤维输送运动作用分析 ……………………………………………………… 96

第四节　摩擦纺加捻机构与作用 ………………………………………………… 99

一、摩擦纺加捻的基本原理 ……………………………………………………… 99

二、加捻作用分析 ………………………………………………………………… 100

第五节　摩擦纱的成纱结构与性能 ……………………………………………… 107

一、摩擦纱中的纤维形态 ………………………………………………………… 107

二、摩擦纺的成纱结构 …………………………………………………………… 108

三、摩擦纱的特点和性能 ………………………………………………………… 109

第六节　摩擦纺的适纺性能及产品开发 ………………………………………… 112

一、起绒织物 ……………………………………………………………………… 112

二、服装用织物 …………………………………………………………………… 113

三、装饰用织物 …………………………………………………………………… 114

四、工业用布和特种性能用布 …………………………………………………… 115

五、废纺织物 ……………………………………………………………………… 116

思考题 ……………………………………………………………………………… 116

第五章　自捻纺纱 ………………………………………………………………… 117

第一节　概述 ……………………………………………………………………… 117

一、自捻纺概况 …………………………………………………………………… 117

二、自捻纺纱基本原理与工艺过程 ……………………………………………… 117

三、自捻纺纱系统与前纺工艺 …………………………………………………… 119

第二节　自捻纺牵伸机构与作用 ………………………………………………… 120

一、牵伸类型与特点 ……………………………………………………………… 120

二、牵伸机构 ……………………………………………………………………… 121

三、牵伸工艺 ……………………………………………………………………… 121

第三节　自捻纺加捻机构与作用 ………………………………………………… 124

一、自捻纺纱机加捻机构 ………………………………………………………… 124

二、搓捻机构的传动与分析 ······ 124

三、加捻工艺参数的选择与控制 ······ 125

第四节　自捻纱的成纱结构与性能 ······ 128

一、自捻纱的结构 ······ 128

二、自捻纱的特点与性能 ······ 130

第五节　自捻纱的适纺性能及产品开发 ······ 131

一、膨体腈纶类 ······ 131

二、色纺中长化纤类 ······ 132

三、羊毛类 ······ 132

四、苎麻类 ······ 133

五、维纶类 ······ 133

思考题 ······ 134

第六章　新型环锭纺纱方法 ······ 135

第一节　集聚纺纱 ······ 135

一、集聚纺纱原理 ······ 136

二、集聚纺纱装置 ······ 137

三、集聚纺技术的优势 ······ 142

四、集聚纺纱线的结构与性能 ······ 143

第二节　赛络纺与赛络菲尔纺纱 ······ 146

一、赛络纺纱原理 ······ 146

二、赛络纺粗纱工艺特点和技术措施 ······ 147

三、赛络纺细纱工艺特点和技术措施 ······ 147

四、赛络纺成纱质量情况 ······ 148

五、赛络菲尔纺纱 ······ 150

第三节　包芯纱纺纱 ······ 157

一、包芯纱的特点 ······ 157

二、包芯纱的分类 ······ 158

三、包芯纱纺纱装置 ······ 159

四、包芯纱纺制关键 ······ 160

五、包芯纱疵点及其防治措施 ······ 161

六、包芯纱产品开发 ······ 161

七、双芯包芯纱技术 ······ 162

第四节　竹节纱纺纱 ······ 163

一、竹节纱控制装置 ······ 163

二、纺竹节纱的生产工艺 ······ 165

三、竹节纱织物的品种与风格 ······ 165

第五节　色纺纱 ··· 166
一、色纺纱的生产特点 ··· 167
二、色纺纱的生产技术难点及技术要点 ···················· 167
三、色纺纱的主要品种及用途 ···································· 168
四、我国色纺纱生产状况及对策 ································· 169
第六节　假捻环锭纺纱 ··· 170
一、假捻低捻纺纱原理 ··· 170
二、假捻低捻纱线结构与性能 ···································· 172
第七节　嵌入式复合纺纱 ·· 174
一、纺纱原理 ·· 174
二、成纱特点与技术完善 ··· 175
思考题 ··· 175
第七章　其他新型纺纱 ·· 177
第一节　涡流纺纱 ·· 177
一、概述 ·· 177
二、涡流纺纱的主要工艺 ··· 180
三、涡流纺的成纱结构与性能 ···································· 182
四、涡流纺的适纺性及产品开发 ································· 183
第二节　平行纺纱 ·· 186
一、概述 ·· 186
二、平行纺纱机主要机构及工艺参数 ························· 187
三、平行纺的成纱结构和性能 ···································· 193
四、平行纺的适纺性及产品开发 ································· 193
思考题 ··· 195
参考文献 ··· 197

第一章 概 述

本章知识点

1. 自由端纺纱与非自由端纺纱。
2. 新型纺纱特点对比。
3. 新型纺纱与传统纺纱特点对比。
4. 新型纺纱的发展及趋势。

新型纺纱是相对于传统环锭纺纱方式而言，近年来纺纱技术得到了飞速发展，目前纺纱方式与环锭纺截然不同的有转杯纺、喷气纺、喷气涡流纺、摩擦纺、平行纺、自捻纺等新型纺纱技术。还有在环锭纺上通过改造与创新而形成的集聚纺、赛络纺、赛络菲尔纺、索罗纺（国内又称缆型纺）和包芯纺等新型环锭纺纱技术。

第一节 环锭细纱机的优点与存在的问题

自 1830 年诞生的环锭纺纱机，将加捻与卷绕作用同时完成，钢丝圈绕钢领一周即在纱线上加入一个捻回，同时利用锭子速度与钢丝圈速度之差，将纱线卷绕到筒管上。所以锭子与钢丝圈既要完成加捻作用又要完成卷绕作用，限制了环锭纺纱定速的提高和卷装的增大。其后发明的走锭纺纱机将加捻和卷绕分开，但其加捻与卷绕不连续、间歇进行导致其产量及效率低，趋于淘汰。

一、环锭细纱机的优点

环锭纺纱可纺棉、毛、麻、绢和各种化学纤维，产品适应性广、灵活性好，在 21 世纪集聚纺纱技术出现以后，最高的短纤维纱可纺至 300~500 英支；成纱质量高且性能稳定，能满足各种后加工产品的需要；近年来，通过局部创新和改进，采用集聚纺、包芯纺、赛络纺、赛络菲尔纺等新技术，产品质量进一步提高、用途扩大。环锭纺纱几乎已经取代了其他型式的传统纺纱，并经得起新型方式的冲击，在短纤纱领域仍然占有绝对优势。

二、环锭细纱机存在的问题

（一）锭子速度受限

环锭细纱机的加捻和卷绕是同时进行的，给纱线加捻的高速锭子上套着重重的管纱，而筒管的作用主要是为了完成卷绕，其转速比锭速慢得多。因此，利用筒管套在锭子上并与锭子一起高速回转使得锭子的速度受到限制。

(二)钢丝圈和纺纱张力的制约

钢领和钢丝圈是一对摩擦付,由于钢丝圈线材截面小,高速回转产生的热量不易散发,容易烧毁,产生飞圈而造成细纱断头。同时,纱线张力与钢丝圈离心力成正比,而离心力又与锭速的平方成正比,因此,锭速提高,纱线张力也急增而造成细纱断头。所以,环锭细纱机要进一步提高速度,会受到钢丝圈线速度和纱线张力的制约。

(三)气圈稳定性的影响

环锭细纱机在加捻卷绕过程中,因钢丝圈高速回转,在导纱钩和钢丝圈之间会产生气圈。锭子高速回转后,使纱线张力与其波动增大,从而影响气圈的稳定性并增加断头。特别当锭子与筒管的同心度存在偏差时,因筒管振动而引发锭子振动,严重时会发生"跳筒管"现象,加剧断头。

(四)难以实现全机自动化

环锭细纱自动接头的动作复杂,存在较大困难,难以实现全机自动化生产。

可见,环锭纺纱机要大幅度提高产量还受到很多不利因素的限制。因此,各种新型纺纱方法随之问世。

第二节 新型纺纱的分类与比较

近几十年来,产生了多种类型的新型纺纱方法,其共同特点是高速、高产、大卷装、短流程,可直接用条子喂入。所纺纱条大多比较蓬松,着色性好,有的成纱条干与环锭纱相比毫不逊色,还可充分利用低级原料、废料和再生纤维,经济效益高。

一、新型纺纱的分类

新型纺纱的种类很多,就加捻方法和成纱机理可作如下分类。

1. 按加捻方法可分为自由端纺纱和非自由端纺纱两种 自由端纺纱按纤维凝集和加捻方法不同又可分为转杯纺纱、静电纺纱、涡流纺纱、摩擦纺纱(Ⅱ型)、捏锭纺纱、磁性纺纱、搓捻纺纱、液流纺纱和程控纺纱等。非自由端纺纱按加捻原理可分为自捻纺纱、无捻纺纱、喷气纺纱、摩擦纺纱(Ⅲ型)以及轴向纺纱等。

2. 按成纱机理可分为加捻纺纱、包缠纺纱和无捻纺纱三大类 包缠纺纱主要有喷气纺纱和平行纺纱等。无捻纺纱有黏合纺纱、熔融纺纱和缠结纺纱等。

二、自由端纺纱和非自由端纺纱

1. 自由端纺纱 自由端纺纱是20世纪50年代逐步发展起来的新型纺纱方法,其基本特点是在于喂入时一定要形成自由端。

自由端的形成,通常采用"断裂"纤维结聚体的方法,使喂入端与加捻器之间的纤维结聚体断裂而不产生方向捻回,并在加捻器和卷绕部件区间获得真捻。经断裂后的纤维又必须重新聚集成连续的须条,使纺纱得以继续进行。最后将加捻后的纱条卷绕成筒子。如图1-1

所示,AB 为自由端须条,自由端 A 能随加捻器同向同速自由转动,因而当加捻器回转时,AB 纱段不产生捻度,即 $T_1=0$。单位时间加在 BC 纱段上的捻回数为 $T_1v+n=n$,单位时间内由 BC 纱段输出的捻回数应为:

$$T_2v=T_1v+n=n$$
$$T_2=n/v \tag{1-1}$$

由式(1-1)可见,加捻器的速度 n 较高或输出速度 v 较低,成纱捻度多,反之则少。

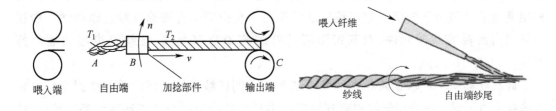

图 1-1 自由端加捻示意图

2. 非自由端纺纱 非自由端纺纱与自由端纺纱的基本区别在于喂入端的纤维结聚体受到控制而不自由。如图 1-2 所示,喂入端受到一对罗拉握持,另一端绕在卷装 C 上。如 A、C 两端握持不动,当加捻器 B 绕纱条轴向回转时,AB 段与 BC 段须条上均获得捻回,且捻回数量相等,方向相反。当 A 端输入而 C 端输出(卷绕)时,单位时间内由 B 加给 AB 段的捻回数为 n。同一时间,由 AB 段输出的捻回数为 $T_1v=n$,$T_2=n/v$。单位时间内,由加捻器 B 加给 BC 段的捻回为 $-n$(因捻回方向与 AB 段相反),AB 段输入 BC 的捻回为 T_1v;同一时间由 BC 输出的捻回为 T_2v,则:

$$T_2v=T_1v-n=0 \tag{1-2}$$

由式(1-2)可见,中间加捻器的假捻现象,即当喂入端 AB 段有捻回存在,而 BC 输出端并未获得捻回。同时非自由端纺纱的真捻发生在喂入端与加捻器之间,与自由端纺纱真捻产生在加捻器与卷绕端刚好相反。

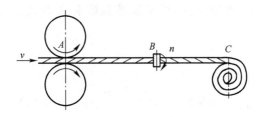

图 1-2 非自由端加捻示意图

三、主要新型纺纱的比较

新型纺纱种类很多,现选择三种比较成熟的新型纺纱(转杯纺、喷气涡流纺/喷气纺和摩擦纺),就其主要方面加以对比。

1. 成纱方法不同　转杯纺依靠高速回转的纺杯,将纱尾贴紧在纺杯内壁凝聚槽内,而头端被引纱罗拉握持并连续输出加捻成纱。喷气涡流纺(也称 MVS 纺纱技术)是通过喷嘴喷射压缩空气形成高速旋转气流,将经过牵伸的纤维一端流吸入空心锭内,同时利用高速旋转强负压气流对空心锭外的纤维另一自由端进行加捻成纱。摩擦纺一般用两只同向回转的摩擦元件,对其楔形区的纤维施加摩擦力偶,使纤维束滚动而加捻成纱。

2. 成纱截面中纤维根数和成纱强力不同　不同纺纱方法对成纱截面中最少纤维根数的要求也不同。一般喷气纱和喷气涡流纱中最少纤维根数与普梳环锭纱基本接近,故喷气纱可纺中低线密度纱;而自由端纺纱方式的摩擦纺和转杯纺中的最少纤维根数则需要更多一些。几种主要纺纱方法的最少纤维根数见表 1-1。

表 1-1　纺纱方法与成纱截面的最少纤维根数

纺纱方法	最少根数	大多超过根数
精梳环锭纱	35	60
普梳环锭纱	80	100
自由端转杯纱	90	120
喷气纱	80	100
喷气涡流纱	80	100
长丝包缠纱	40	50

3. 对纤维物理性能要求不同　如图 1-3 所示影响转杯纱强力的主要因素是纤维的强力和线密度,长度已退居次要位置;纤维的摩擦系数和强力则是决定摩擦纱强力的主要因素。

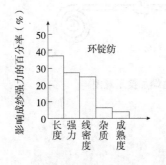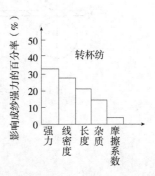

4

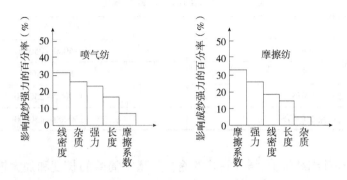

图1-3　不同纺纱方法纤维的特性对成纱强力的影响程度

4. 纺纱速度和成纱线密度不同　客观上,不同的纺纱方法都存在一个可纺线密度的范围(图1-4)。在可纺线密度范围内经济效益较高的某一线密度,称为经济线密度。

任何一种纺纱方法均有其优点和不同。环锭纺的可纺线密度覆盖面最广。目前国外已纺至1.67tex(350英支),国内也已生产过2.33tex(250英支),但产量太低。各种新型纺纱的纺纱速度都比环锭纺高,但可纺线密度有局限性。

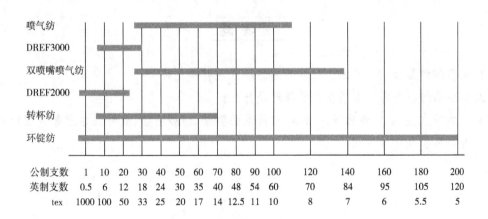

图1-4　不同纺纱方法的纺纱速度和纺纱线密度范围

四、新型纺纱的特点

与传统环锭纺相比,新型纺纱由于取消了锭子、筒管、钢领、钢丝圈等加捻卷绕元件,并将加捻和卷绕作用分开完成,使得新型纺纱具有以下几个共同特点。

1. 产量高　新型纺纱均将加捻和卷绕作用分开进行,加捻部件(如转杯纺纱的转杯、喷气涡流纺纱的涡旋气流)只给纱线加捻,可使其加捻能力大幅度提高(表1-2),同时减少了纺纱张力的波动,从而使产量大幅度提高。

表1-2　不同纺纱方法的加捻能力

纺纱方法	加捻能力(min)
环锭纺	15000~25000
转杯纺	80000~150000
喷气纺(MJS)	150000~250000
喷气涡流纺(MVS)	250000~450000

2.卷装大　环锭细纱机上,增大卷装的途径是增加筒管的长度和加大钢领直径。但筒管加长将加大气圈高度,使小纱时的气圈张力增大而导致断头增多;加大钢领直径时,又因钢丝圈的线速度增大而断头增多。因此,环锭细纱机的卷装容量增大受到了严格限制,一般在70~75g。而各种新型纺纱由于将加捻和卷绕分开进行,可以直接制成筒子纱,卷装容量可达1.5~7kg。

3.纺纱工艺流程短　新型纺纱普遍采用条子喂入,且直接纺成筒子纱,一般可省去粗纱、络筒两道工序,从而大大缩短了纺纱工艺流程,可节省基建和设备投资成本,同时节省了劳动力。

思考题

1.新型纺纱是如何分类的?代表性的纺纱方法有哪几种?

2.自由端纺纱与非自由端纺纱的原理是什么?

3.从成纱方法、成纱截面纤维根数、对纤维的要求、纺纱速度、成纱线密度等方面比较环锭纺纱与典型新型纺纱方法。

第二章 转杯纺纱

> **● 本章知识点 ●**
>
> 1. 转杯纺成纱基本原理。
> 2. 转杯纺机构组成及工艺过程。
> 3. 转杯纺喂给、分梳、除杂、气流输送、凝聚加捻等机构的工艺参数及其对成纱质量的影响。
> 4. 转杯纺分梳作用原理、除杂作用原理、纤维剥离与输送作用原理、凝聚并合作用原理、加捻和假捻作用原理及其与减少成纱断头的关系。
> 5. 转杯纱的结构、特点与性能。
> 6. 转杯纺适纺性能与产品开发。

第一节 概 述

转杯纺纱在国内也称气流纺纱,是自由端纺纱的一种,自由端纺纱技术在纺纱原理上不同于环锭纺纱技术,生产出的产品因其独特的纱线结构和用途,越来越被市场认可。自20世纪70年代以来,全世界转杯纺纱技术性能得以快速发展,转杯纺已成为第二大棉纺纺纱设备。据资料统计,截至2017年全世界转杯纺设备超过800万头,其中2017年转杯纺纱机设备增长24%,其中亚洲市场为674000头,占比85%,增长15%,中国为全球最大的转杯纺纱机市场,2017年增长6%。伊朗、巴西、乌兹别克斯坦、日本增长2~4倍。土耳其、印度分别为全球转杯纺纱机的第二、第三大市场。随着全自动转杯纺纱机功能的完善,开发纯棉中细号纱和混纺纱是发展方向,国外转杯纺纱企业大部分已生产纯棉中高档和混纺针织、机织纱,转杯纺纱具有紧密纱线结构,并且条干均匀、表面光洁、外观疵点少等优点,织成织物后可生产高档服装。纺纱品种从只能纺58.3tex低档纱发展到现在可纺9.7tex中高档针织、机织纱。

一、转杯纺技术的发展

部分国产和进口的新型转杯纺纱机主要技术特征分别见表2-1和表2-2。转杯纺纱机的发展经历了三个阶段。第一阶段出现的第一代转杯纺纱机有BD200M型、BD200R型等,转杯速度为$(3.6\sim4)\times10^4$r/min,头距小,无排杂装置,自动化程度低;第二阶段(20世纪70年代中后期)出现的第二代转杯纺纱机有BD200RN型、BD2005N型、HSL系列、ML/2型等,其转速提高到$(4\sim6)\times10^4$r/min,附有排杂装置,卷装容量增加,自动化程度提高。第三阶段(20世纪80年代开始)出现的第三代转杯纺纱机主要有RU14型、Autocoro型、BDA10N型等,其转

7

速达(7~10)×10⁴r/min,附有高效排杂装置,具有启动检测、断头自停、自动生头、自动落纱、工艺参数自动显示、张力控制、防火报警、生产数据自动处理等自动化装置。第四阶段(21世纪10年代开始)出现的第四代转杯纺纱机主要有Autocoro9型、R66型等,其转速达到(10~20)×10⁴r/min,引纱速度达到300m/min,单锭驱动纺纱器,完全自动化的断头自停、生头、落纱

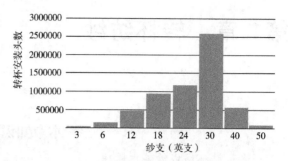

图2-1 不同纱支的全球转杯纺安装总量(ITMF)

等装置,能耗低。转杯纺单头产量已达环锭纺单锭产量的5~10倍,在工资水平较高的国家,纺11.67tex以上(50英支以下)的纱线时比环锭纺更经济。

目前,国产新型转杯纺纱机处于国际上第二代的水平,主要为半自动化机型。主要机型JWF1618、TQF568、RFRS30D和DS66等。转杯纺已从棉纺业扩展到毛纺业、麻纺业和绢纺业中。

表2-1 国际先进转杯纺设备主要性能

制造厂商	Saurer		Rieter		Savio
品牌	卓郎赐来福	卓郎赐来福	立达	立达	萨维奥
机器型号	BD7	Autocoro9	R36	R66	FRS3000
类型	半自动抽气式	全自动抽气式	半自动抽气式	全自动抽气式	全自动抽气式
头数	600	720	600	700	312
头距(mm)	230	230	230	245	230
适纺纤维长度(mm)	小于60	小于60	小于60	小于60	小于60
适纺线密度(tex)	棉14.5~250 化纤10~200	10~167	—	10~200	10~145
牵伸倍数	—	20~450	—	25~400	16~400
捻度范围(T/m)	200~1500	200~1500	—	200~1500	11~1500
转杯直径(mm)	32~66	27~56	31~66	28~56	28~56
转杯转速(×10⁴r/min)	3.1~11	4~20	3.1~11	4~17.5	3.5~15
转杯轴承型式	直接轴承式	磁悬浮式步进电动机直接驱动	直接轴承式	托盘式气动轴承	双托盘间接
最大筒纱重量(kg)	5	6	4	5	6
转杯清洁	人工清洁	压缩空气或机械式,可定时清洁	人工清洁	压缩空气或机械式清洁	程控防护清洁
落筒方式	人工落纱;运输带自动传输	机械手落纱;全自动(人工可帮忙落纱)	人工落纱;运输带自动传输	机械手落纱;全自动(人工不能参与)	机械手落纱;全自动(人工不能参与)
电子清纱	数字式光电Corolab	数字式光电Corolab 8PP	光电电清	乌斯特电清	选配
上蜡装置	选配	选配	选配	选配	选配
异性纤维检测	选配	红外线检测	无	有	选配

表2-2　国内部分转杯纺设备主要性能

制造厂商	经纬纺机榆次分公司	浙江泰坦股份有限公司	浙江日发纺织机械有限公司	苏州多道自动化科技有限公司
机器型号	JWF1618	TQF568	RFRS30D	DS66
类型	半自动抽气式	半自动抽气式	半自动抽气式	半自动抽气式
头数	600	608	600	500
头距(mm)	230	210	230	230
适纺纤维长度(mm)	小于60	小于60	小于60	小于40
适纺线密度(tex)	14.7~145	10~250	14.6~120	14.5~100
牵伸倍数	35~230.5	11~350	20~280	35~250
捻度范围(T/m)	258~4000	—	200~2000	258~2000
转杯直径(mm)	33~56	32~66	33~54	33~54
转杯转速(×10⁴r/min)	4~12	3.1~10	3~15	3~10
转杯轴承型式	直接轴承	直接轴承	直接轴承	直接轴承
接头方式	半自动接头	半自动接头	半自动接头	半自动接头
转杯清洁	断头后	手工	手工	断纱自清洁
落筒方式	运输带	运输带	落筒带落筒,双带落筒	运输带
电子清纱	选配	选配	选配	选配
上蜡装置	无	选配	选配	无
异性纤维检测	无	有	无	选配

二、转杯纺纱原理

转杯纺纱机无论是自排风式还是抽气式,其纺纱原理均为内离心式。即纺杯高速旋转,纺杯内便产生离心力,离心力可使从分梳腔转移到纺杯内的棉纤维产生凝聚而成为纤维环(须条),须条被加捻以后便成为纱条。纱条被引出纺杯后,棉纤维又在纺杯凝聚形成新的纤维环,以达到连续纺纱的目的。自排风式纺纱原理和纺纱器分别如图2-2、图2-3所示,抽气式纺纱原理和成纱器剖面图分别如图2-4、图2-5所示。

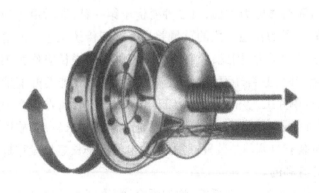

图2-2　自排风式纺纱原理

图2-3　自排风式纺纱器

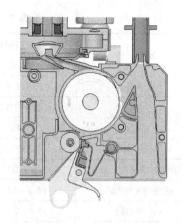

图2-4 抽气式转杯　　　　　　　　　图2-5 抽气式成纱器剖面图

转杯纺纱机主要由喂给分梳、凝集加捻和卷绕等机构组成。如图2-6所示,条子从条筒中引出送入喂给喇叭,依靠喂给罗拉与喂给板将条子握持并积极向前输送,经表面包有金属条的分梳辊分梳成单纤维。由于纺纱杯高速回转产生的离心力或由于风机的抽吸,将纺纱杯内的空气排出,在纺纱杯内形成一定的真空度,迫使外界气流从补风口和引纱管中流入,被分梳辊分解后的单纤维,随同这股气流经输棉通道被吸入纺纱杯,纤维沿纺纱杯壁滑入凝聚槽形成凝聚须条。引纱通过引纱管时也被吸入凝聚槽内,由于纺纱杯高速回转产生的离心力使引纱纱尾贴附于凝聚槽面而与须条连接,并被纺纱杯摩擦握持而加捻成纱。然后引纱罗拉将纱从纺纱杯中经假捻盘和引纱管引出,依靠卷绕罗拉(槽筒)回转,卷绕成筒子。

三、转杯纺前纺工艺及质量要求

转杯纺系统包括制条和纺纱(或称前纺和后纺)两部分。没有合理的制条工艺不可能纺出优质纱线,特别是转杯纺不同于环锭纺,它对前纺加工和熟条质量有特殊要求。

1. 转杯纺前纺工艺　目前转杯纺纱的前纺工艺主要有两种:一是采用传统工艺,即开清棉→梳棉→头、二道并条;二是采用清梳联合机→带自调匀整单程并条机。

这两种工艺在提高纤维梳理度、清除杂质能力方面,第二种要优于第一种,同时由于清梳联合机上普遍装有自调匀整系统,故条子的长短片段的重量差异要好于传统工艺。但清梳联工艺的短绒率增加较多,将会影响纱的强力,因此,控制清梳联短绒率的增长应作为工艺研究的重点。在麻类、绢丝类回料生产时,原料还要经过预处理去除杂质,才能经开清棉制成棉卷。对并条工艺,根据试验分析:单并工艺用于粗特纱(32.8tex)或纯纺纱;在生产中细特纱(29～14.5tex)或混纺纱时,因对条子中的纤维伸直度与混合均匀性要求较高,故以采用二道并条工艺为好,同时在末并机装有自调匀整装置,能控制输出的条子长短片段重量差异,这对提高转杯纺纱的质量是十分有利的。

(1)开清棉。开清棉的工艺原则:多包取用,精细抓棉,均匀混合,渐进开松,以梳代打,早落少碎,少伤纤维。其工艺流程为:

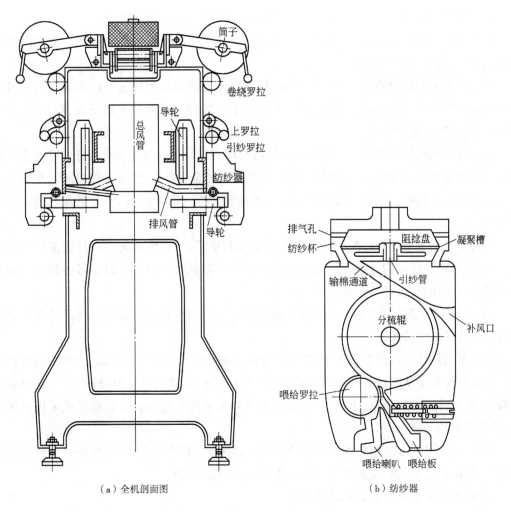

（a）全机剖面图　　　　　　（b）纺纱器

图2-6　转杯纺纱工艺过程示意图

FA002型（或FA006型）抓棉机→FA121型除金属装置→A006BS型混棉机（附A045型凝棉器）→FA022型多仓混棉机→FA106型豪猪式开棉机（附A045B型凝棉器）→FA101型四刺辊开棉机（附A045B型凝棉器）→FA061型强力除尘器→A062型电气配棉器（一配二）→A092AST型双箱给棉机（附A045B型凝棉器）→FA141型成卷机

该流程采用了国内新型成熟的机型,实际运转性能良好,其主要特点如下。

①抓棉机实际抓取的棉包数量达40~50包,打手刀片密度高,实现精细抓棉。同时多仓混棉机的使用,可有效地防止混用低级棉产生的色差。

②在精细抓棉的基础上,采用锯齿形四刺辊开棉机和具有较强的去微尘能力的强力除尘器,开松细微,有利于去除细小杂质和微尘,以适应转杯纺加工的特殊需要。但应注意棉流、气流的流畅,锯齿要光洁,防止因返花而增加棉结。

③该流程可根据各厂具体情况适当调整,如对于高杂原棉也可采用A035型或FA102型、FA103型自由开送式单、双轴流开棉机。在开清棉流程中配置较多的混合、开松、除杂机

械,配合间道装置,能适应多种品级的原棉及含杂率较高的下脚料的加工。

(2)梳棉。单联式梳棉机是目前大多数转杯纺流程中使用的主要机种,为了适应低品级原棉的加工,可采用以下措施。

①采用具有固定分梳元件的新型梳棉机,或在原有梳棉机上加装一块固定分梳板并适当减短漏底的弦长,以加强刺辊部分的预开松和除杂效能。在锡林上增设前、后固定盖板,以改善棉网结构,减少棉结。

②不要使用机械状态较差的机台纺高线密度纱,不然,会人为地恶化转杯纺喂入条子的质量。应积极改善梳棉机的机械状态,采用新型高效的金属针布,最好采用自调匀整装置。

③将机上连续吸尘点的风量由 $800\text{m}^3/\text{h}$ 增加到 $1500 \sim 2000\text{m}^3/\text{h}$,并使各单机台的吸风量均匀。

④对于品质要求比较高的产品应考虑采用双联梳棉机,它能显著提高较差原棉的纺纱性能,可使生条色泽较白,成纱强力较高,强力不匀率较低,条干均匀,结杂纱疵减少。但双联梳棉机的机构复杂,并且不适合于纺化纤。

(3)并条。并条工序的重点应控制好熟条的重量不匀率和条干 CV 值,使纤维充分伸直平行并提高纤维的分离度。

①并条的道数以两道为宜,因转杯纺对弯钩纤维的喂入方向没有要求,无须考虑奇数准则。纺长纤维和混纺产品时,两道并条均可采用 8 根并合;纺低级棉纤维时,因为纤维整齐度较差,可以降低牵伸倍数,以减少牵伸波,两道均可采用 6 根并合。若梳棉机采用自调匀整,并条可采用一道。

②并条是产生粗经、粗纬等突发性纱疵和规律性条干的主要工序,应保证牵伸部件的状态良好,隔距、加压正确,胶辊圆整、灵活,通道光洁,吸风正常。

2. 转杯纺对前纺半制品的质量要求

(1)降低生条中的含杂率及微尘量。在轻杯纺纱机上加工棉纤维时,在纺纱杯的凝棉槽和排气孔中易产生纤维屑和尘杂积聚。纺纱杯在运转一定时间后,就有一定程度的积杂,积杂的多少与所加工的原棉品种、质量,开清棉机和梳棉机的除杂效果及喂入的棉条品质有关。一般对生条的含杂率要求如下:

优质纱:生条含杂率 0.07%~0.08%;

正牌纱:生条含杂率小于 0.15%;

专纺纱:生条含杂率小于 0.20%;

个别场合:生条含杂率小于 0.5%。

(2)良好的熟条质量。熟条质量对保证转杯纺纱的成纱质量十分重要。

国外对熟条的质量要求为:

①1g 熟条中硬杂重量不超过 4mg;

②1g 熟条中软疵点数量不超过 150 粒;

③硬杂质最大颗粒重量不超过 0.15mg;

④熟条乌氏变异系数不超过 4.5%;

⑤熟条重量不匀率不超过 1.5%。

国内对熟条的质量要求为：

①1g 熟条中硬杂重量不超过 3mg；

②1g 熟条中软疵点数量不超过 120 粒；

③硬杂质最大颗粒重量不超过 0.11mg；

④熟条乌氏变异系数小于 4.5%；

⑤熟条重量不匀率不超过 1.1%。

3. 转杯纺产品的前纺工艺示例

（1）化纤纯纱、混纺纱。开清棉工序应加强开松作用，可选用梳针滚筒、三翼梳针打手或锯齿打手（如 FA107 型、FA107A 型开棉机），凝棉器应采用防绕型，有条件时可采用清梳联流程。当纺制涤/棉混纺纱时，一般需采用三道并条工序。否则，涤/棉混合不匀，可纺性较差。

化纤含油率不能太高，否则会加剧分梳辊、纺纱杯等部件的磨损；纤维易缠绕分梳辊，油剂易粘在输送通道、纺纱杯滑移面及凝聚槽上，影响成纱条干。一般涤纶的含油率应低于0.20%，并控制超长和倍长纤维的含量。

（2）麻/棉混纺纱。与棉混纺的苎麻应先经过预处理加工，其流程为：

软麻机→切割机→多滚筒开棉机→棉箱开棉机→加入乳化剂→预梳机

处理后的苎麻在清花时就可与棉同时混合，工艺基本与棉的加工类似。由于苎麻纤维的线密度小于 5dtex，必须混用较好的棉纤维，以提高其可纺性能。由于纺纱过程中的落麻一般较多，混料中麻的混入量应该适当增加。如纺制 53tex 麻/棉（50/50）混纺纱时，麻的混入量应增加 5% 以上。

（3）绢丝纱。用转杯纺加工绢纺厂的落棉，其成纱条干、强力、伸长率、疵点数等质量指标均比环锭绢丝纺纱机的好，且产量也高，因而经济效益明显。

绢丝原料的平均长度一般在 30mm 以上，但整齐度差；截面呈三角形，强度稍高于棉，但易缠结，断裂伸长为棉的 3~4 倍；导电性能较差，易积聚静电，纺纱需加入适量的防静电剂，但不宜过多，因绢丝的湿态强力低于干态。

开清棉加工以多松、多梳、少打手为宜，打手速度应稍低，尘棒隔距应适当放大，多利用自由打击，排除蛹屑等疵点。梳棉加工宜采用紧隔距、降速分梳、定量稍轻、相对湿度稍高的工艺原则。为便于纤维转移，针布工作角可稍大，齿密也不宜过高。并条加工宜采用低速度、紧隔距、重加压、减小牵伸倍数（可减少并合数）的工艺原则。

（4）毛/黏混纺纱。精梳落毛的长度一般为 15~30mm，适合于在棉纺设备上加工。由于精梳落毛的含水量大、含杂多、毛粒多、含油脂高，生产加工时应注意以下几点。

①采用纤维预处理工艺：其中的关键是因精梳落毛已有一定的含油，故只加水不加油，可减少前纺加工时的缠绕现象。

精梳短毛：和毛机开松→加水（回潮率 20%）→闷毛 8h 以上→人工混合→和毛

黏胶纤维：和毛机开松→加水（回潮率 20%）→闷毛 8h 以上→人工混合→和毛

　　为使毛和黏胶纤维有相同的回潮率,防止和毛油沾到黏胶纤维上,毛和黏胶纤维应分开预处理。在使用前先用人工小批量混合,每批不超过 10kg,以保证混合均匀。

　　②开清棉宜采用"多松少打,以梳代打,混合均匀,早落少碎"的工艺原则,流程不宜过短,以便充分除杂。毛纤维蓬松,落毛又短,制成的卷子外层容易脱落,可减小卷子的重量和长度,并用塑料纸包裹。

　　③梳棉机的刺辊速度要在 1000r/min 以上,以充分梳理纤维,除尘刀采用低刀工艺,以加强排杂。定期对梳棉机进行抄车,这对提高梳棉质量非常重要。

　　④二并条子因纤维伸直平行度提高,缠罗拉现象时有发生,可适当降低输出速度并适当提高车间的湿度。

　　(5)羊绒纱。山羊绒纤维线密度细,平均直径在 14.3μm,长度在 30mm 左右,质地柔软,是动物纤维中最珍贵的特种纤维。但羊绒比羊毛更易产生静电,生产中应注意以下几点。

　　①对羊绒进行预处理,其工艺为:

　　羊绒→开松除杂机(给湿)→毛仓→打包并闷放 24h 以上→人工铺层→开松除杂机→大毛仓

　　羊绒纤维上梳棉机加工时,若回潮率太低,静电现象严重,成条困难;若回潮率太高,又容易缠绕锡林。一般出条回潮率在 18% 左右时比较正常,为此羊绒闷仓以后的回潮率不应低于 25%,并需加入 1% 的抗静电剂。

　　②羊绒纤维蓬松度高,含杂很低,清花可只用一只打手,并放大隔距,以减少对纤维的损伤。

　　③在梳棉机上应降低刺辊与锡林的速度,一般刺辊转速采用 650r/min 左右,锡林转速采用 300r/min 左右,同时适当放大隔距,尽量减少对羊绒纤维的损伤。

第二节　纤维喂给、分梳、除杂与转移

一、喂给机构及其作用分析

　　转杯纺纱机的喂给机构主要由喂给喇叭、喂给板、喂给罗拉组成。

　　1. 喂给喇叭　喂给喇叭的作用是引导条子和防止条子打结,并在棉条进入握持机构以前,使棉条受到必要的整理和压缩,使须条横截面上的密度趋于一致,以扁平截面进入握持区,其横向压力分布均匀。为避免意外牵伸,喂给喇叭的出口应尽量接近握持钳口。当棉条经握持机构向前输送时,受到一定的张力,有伸直纤维的作用。喂给喇叭的出口截面尺寸与喂入棉条定量有一定的关系,一般为 9mm×5mm、9mm×2mm、7mm×3mm 等。如果截面尺寸过小或棉条定量过重,则易于阻塞;相反,截面尺寸过大或棉条定量过轻,就失去集合作用。喂给喇叭出口中心位置应稍低于分梳辊中心,以免绕分梳辊。

　　为有效地防止棉条喂入喇叭口时拥塞而引起棉条断头,在许多转杯纺纱机(如德国的Autocoro 型、日本的 SH 系列、国产的 ZZF－168 型)上采用了使喂入条子作 90° 转向的导条器,使条子平直地进入渐缩形喇叭口,改善棉条的喂入状态。

　　2. 喂给罗拉和喂给板　棉条的握持喂给有两种类型,一种是双给棉罗拉,另一种是由喂给罗拉与喂给板组成。目前,普遍使用的是后一种类型。当条子从条筒中引出后,经喂给喇叭密集后以扁平状截面进入喂给罗拉与喂给板的握持区,依靠弹簧加压(喂给板可绕支点上下摆动,以自动调节加压大小),使喂给罗拉与喂给板比较均匀地握持条子,向前输送供分梳辊抓取分梳。

如图2-7所示,喂给罗拉上带有斜齿纹沟槽,以保证条子的均匀喂给。喂给罗拉由喂给离合器驱动,齿轮与喂给轴组件上的蜗杆啮合。当纱断头后,离合器分离,喂给罗拉停转,使纺纱器的纤维喂给中断。喂给轴组件由喂给轴和套在轴上的蜗杆组成,每根轴上套有8个蜗杆,它们能在喂给轴上移动,以便调整其与喂给罗拉上斜齿轮的啮合位置。每根喂给轴有4个回转支撑,安装在纺纱器壳体上。

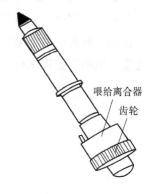

喂给离合器

齿轮

分梳辊对条子的分梳与除杂效果,除喂入条子的结构影响外,主要取决于喂给握持机构对条子的握持状态以及喂给握持机构设计的合理性。为了保证条子能顺利地通过喂给板而不破坏条子的均匀度,喂给罗拉对条子必须有足够的握持力,且要求握持力分布

图2-7　喂给罗拉机构

均匀,握持稳定。喂给钳口的压力为由分梳腔体后侧的板簧经压缩后产生的反弹性。其大小可根据工艺要求调节板簧压缩量来设定。

条子在输送进程中受到喂给板的摩擦阻碍,为使条子顺利输送,必须增加喂给罗拉与条子之间的摩擦力,对条子施加适当的压力;为防止条子上下纤维产生分层现象,条子与喂给板之间的摩擦系数应尽量小些,故喂给板表面必须光滑。喂给罗拉加压应适当,压力过小,条子从罗拉钳口下打滑,影响分梳辊对纤维的分解作用;但压力过大,会增加喂给板对条子的摩擦阻力,出现上下纤维分层和底层纤维在给棉板上拥塞的现象。

为了加强喂给握持机构对条子的握持作用,喂给罗拉与喂给板的隔距自进口至出口应由大到小,喂给板分梳工艺长度(指自喂给罗拉与喂给板握持点至分梳辊中心水平线与喂给板交点间的长度)应等于或接近于纤维的品质长度。

喂入转杯纺纱机的条子经分梳辊分解后,要求达到单纤维状态,并排除微小的尘杂。因此,对喂入机构应有较高的要求,尤其是喂给板工作面的形状应满足分梳力由弱逐渐增强与均匀分解的要求。采用圆弧形喂给板能较好满足上述要求。

喂给板与喂给罗拉式的喂给机构,具有握持均匀且须条中的纤维在分梳过程中不会过早脱离握持点及控制纤维能力强的特点,适用于短纤维须条的喂给。而双罗拉喂给机构握持效果不如喂给板与喂给罗拉组成的喂给机构,但它能避免须条的分层现象,适用于长纤维须条的喂给。

二、分梳机构及其作用分析

将纤维分梳成单纤维主要是由分梳辊在喂给机构的配合下完成的。在分梳和输送时应尽量减少纤维损伤与弯钩纤维的形成。如分梳作用不足,在成纱上造成粗节;如分梳作用太强,又会使纤维断裂,降低成纱强力。在分梳时,如针齿被纤维充塞,也会产生棉结和粗节。因此,良好的分梳辊结构及其合理的工艺配置是使须条得到良好开松并提高成纱质量的关键。分梳辊直接受龙带传动。

1. 分梳辊结构 分梳辊可采用铝合金或铁胎,表面包有金属锯条或植有梳针。目前生产上普遍采用高速分梳辊(图2-8),其直径为60~80mm,转速为5000~9000r/min,基本上能将条子分解成单纤维状态。影响分梳辊分梳效果的因素很多,除上述喂给机构外,在很大程度上取决于锯齿规格、分梳辊转速以及喂入条子的定量等。

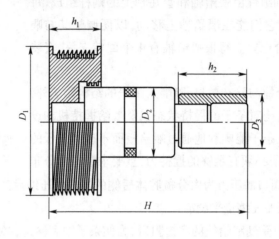

图2-8 分梳辊结构

2. 锯齿规格 锯齿规格包括工作角、齿尖角、齿背角、齿高、齿深与齿密等。根据分梳理论,其中锯齿工作角对分梳效果起主要作用。

(1)工作角。锯齿工作角与成纱质量关系密切。在分梳辊转速固定的条件下,随着锯齿工作角的增大,转杯纱的不匀率增大,断头相应增多。因为锯齿工作角大,纤维易于脱离锯齿,削弱分梳作用,影响分梳质量。相反,工作角小,纤维易于被锯齿握持而增加分梳作用,提高成纱质量,但工作角过小,纤维易缠绕锯齿而影响转移。由于化纤与金属摩擦时产生较多的静电而容易缠绕,所以在纺化纤纱时锯齿工作角应适当放大。

(2)齿形。为了既加强分梳而又不绕锯齿,可采用负角弧背形齿形设计,即在离齿尖一定深度后,工作角改变为大于90°的负角,配合采用弧形齿背,来解决分梳与转移的矛盾。

(3)齿尖角与齿尖硬度。齿尖角越小,齿越尖,越容易刺入条子,分梳作用越强;但齿尖角过小,齿尖强度不够,同时会使齿背角增大,纤维容易下沉,影响分梳质量。此外,齿尖直接关系到齿尖的锋利度和耐磨度,齿尖硬度与锯齿材料和热处理有关。而热处理硬度又与齿尖截面大小有关。齿尖截面太小(即齿尖角太小),锯齿易发脆。为了延长锯齿的使用寿命,可采用新型合金材料、金属镀层和特殊的热处理方法,以获得良好的效果。齿尖经热处理后,往往留下痕迹易缠绕纤维,需再进行电解抛光或射线磨光,以减少缠绕现象的发生。

(4)齿密。齿密分纵向齿密和横向齿密,纵向齿密对分梳质量的影响大。一般横向齿密

(即分梳辊上锯条的横向螺距)变化不大。因此,选择齿密时,大多考虑纵向齿密。齿密越密,分梳作用越强。齿密也应与纤维长度和摩擦性能相适应,例如,纺化纤纱时要兼顾分梳与转移的要求,则齿密可选择稀些。

3.分梳辊转速 分梳辊转速对纤维的分梳、除杂、损伤和转移等有显著影响。

(1)分梳辊转速与成纱质量。分梳辊转速提高,分梳作用增强,成纱粗节、细节、棉结减少,条干不匀率下降,断头相应减少。分梳辊速度对单纱强力的影响有两个方面:一是分梳辊转速高,分梳作用强,纤维分离度好,单纤维百分率大,使成纱强力增加;二是分梳辊转速增加,易损伤纤维,又对成纱强力不利。一般纺棉时,单纱强力随分梳辊转速的提高而有所下降。因此,加强分梳辊分解纤维的作用,同时尽可能地减少纤维的损伤,是提高转杯纺成纱质量的一个关键措施。

(2)分梳辊转速与纤维损伤。用三种纤维平均长度不同的条子进行分梳,对分梳前后的纤维短绒率进行检验,结果表明:棉条经梳理后纤维的平均长度均有所下降,短绒率增加,加工的纤维越长,纤维损伤越严重。如加工 38mm 的纤维,短绒率增加 0.68%,梳理后平均纤维长度为 33.8mm;加工 51mm 的纤维,短绒率增加 12.22%,梳理后平均纤维长度为37.97mm。

(3)分梳辊转速与纺化纤。化学纤维摩擦系数大,纤维缠绕分梳辊是主要矛盾。因此,适当提高分梳辊转速,不仅有利于纤维的转移,而且成纱均匀度能得到较大的改善。化纤一般强力较高,只要分梳辊转速配置在适当的范围内(一般 5000~8000r/min),成纱强力就能保持在一定水平甚至有所提高。

①纺腈纶时,成纱强力随分梳辊转速的增加而增加;纺黏胶纤维时,成纱强力随分梳辊转速的增加而下降;纺涤纶和锦纶时,成纱强力随分梳辊速度的增加而先升后停。

②黏胶纤维在分梳辊转速为 1200~3000r/min 的范围内均能纺纱,而涤纶可选用的分梳辊转速的适应范围则较小。

③成纱条干均匀度随着分梳辊转速的提高均有所改善。

(4)分梳辊转速与条子喂入定量。一般喂入定量越重,绕分梳辊的纤维量就越多;随着分梳辊转速的提高,绕分梳辊的纤维量减少;随着喂入速度的增加,绕分梳辊的纤维量会直线上升。当喂入速度超过一定范围时,绕分梳辊纤维量的增加速率减缓。因此,喂入条定量重,喂给速度快时,分梳辊转速要增大,否则容易绕花。

(5)分梳辊转速与直径。分梳辊上纤维与杂质随分梳辊高速回转时,所产生的离心力为:

$$F = mr\omega^2$$

式中:m——纤维或杂质的重量;

r——分梳辊半径;

ω——分梳辊角速度。

可见,纤维或杂质所受的离心力 F 与分梳辊直径呈线性关系,与分梳辊角速度成平方关系。因此,分梳辊的速度比直径对离心力的影响显著,故采用小直径分梳辊并提高分梳辊转速,更有利于杂质的排除和纤维的转移。同时小直径分梳辊结构紧凑,所以高速小分梳辊形式目前被普遍采用。

4.分梳辊选用 随着转杯纺原料、纱线线密度范围的扩大及锭距、纺纱速度的提高,分梳辊的锯齿规格及材料、表面处理方法都在不断发展,分梳辊的直径、速度也有增加的趋势。

近年来,针辊的发展很快,其主要特点如下。

(1)针辊利用钢针刺入须丛分梳时,作用力较锯齿分梳辊要小,作用缓和、细致,分梳效果好。

(2)针辊上的纤维易于转移,针上不易缠绕纤维。而锯齿辊的齿形经压延、冲切后处理后,表面比针辊粗糙,易缠绕纤维。

(3)薄片型的锯齿像一把刀片,在分梳抓取纤维时,易损伤甚至割断纤维。而针辊的钢针为圆形截面,对纤维的作用力分布比较均匀,且截面由粗变细的钢针在刺入须丛时,对纤维的作用逐渐加强,因而减少了纤维损伤和断裂的概率。

(4)研究表明,钢针磨损后,针高变矮,但针尖仍保持齿形进行梳理。而锯齿磨损后齿形改变,齿尖变钝。工作面出现缺口,影响分流且容易缠绕,使成纱质量恶化。国外为增加锯齿寿命,从锯齿的材质及后处理工艺上进行研究,如采用含碳量超过1%的高碳工具钢并加入适量钨、钒的新型合金钢,以提高锯齿的耐磨性。同时采用金属表面镀层和特殊热处理方法,以延长锯齿的使用寿命。

锯齿型号与适纺原料对应关系见表2-3。

表2-3 锯齿型号与适纺原料

原料 / 锯齿型号	纯棉(普梳)	纯棉(精梳)	混纺(T/C,T/R)	混纺(A/C,R/C)	纯黏纤	纯涤纶	纯腈纶	亚麻混纺	Lyocell及其混纺	Model及其混纺
OB20 OK40	√	√	×			×		⊙	√	
OB187 OK74	⊙	⊙	×	⊙	√	×		×	×	√
OB174 OK61			×	√	√	×	√	√	√	×
OS21 OK36	×		√	⊙		√	⊙	×		

注 √适用,⊙一般,×不适用。

适合纺纯棉或以棉为主的混纺产品的分梳辊齿条如图2-9所示,适合纺化纤或以化纤为主的混纺产品的分梳辊齿条如图2-10所示。

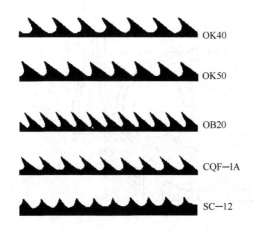

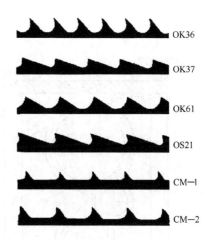

图 2-9　适合纺纯棉或以棉为主的
混纺产品的分梳辊齿条

图 2-10　适合纺化纤或以化纤为主的
混纺产品的分梳辊齿条

国外先进的转杯纺纱机不仅配备有不同规格锯条的锯齿辊,同时还配备了针辊,以适应转杯纺纱机适纺不同原料和纱线线密度的需要,对针辊的加工制造工艺及梳针的规格(如钢针的长度、粗细、密度、角度等)还有待进一步研究。

三、除杂机构及其作用分析

目前,转杯纺纱机上普遍附加排杂装置,并将补气与排杂相结合,利用气流和分梳辊的离心力排除微尘和杂质,达到减少转杯内凝聚槽的积尘、稳定生产、减少断头、提高成纱质量、适应高速的目的。

1. 补气　经分梳辊处理的纤维,依靠分梳辊高速回转的离心力和分梳辊表面上的气压差来剥取及输送纤维到纺纱杯。为了使纤维很好地从锯齿上脱离并转移到纺纱杯中,必须有补风口,使分梳辊上的纤维在补入气流和离心力的作用下进行输棉通道。补风口的位置最好能使输入的气流与纤维剥离点相切,如图 2-11 所示,不然纤维从分梳辊上剥离作用不良。如果没有补风口,单靠分梳辊的离心力来剥离纤维,则不可能正常纺纱。

2. 排杂　排杂装置的类型繁多,但其原理基本相似,归纳起来主要可分为固定式排杂装置和调节式排杂装置两大类。

(1)固定式排杂装置。具有代表性的小开口排杂机构、大开口排杂机构及补气与排杂分开机构分别如图 2-12～图 2-14 所示。

采用小开口排杂机构纺纱时,由喂给罗拉和喂给板组成握持喂给钳口,将须条喂给分梳辊分梳。纤维被分梳辊抓取后,随同分梳辊一起运动到排杂区时,并利用杂质密度与惯性比纤维的大得多的特点,及分梳辊离心力的作用,将杂质从排杂口排出,落入吸杂管,并被吸出机外,同时剥离输送纤维所需的转杯补气也从该处补入。由于排杂区既有排风又有补风,

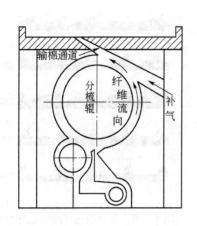

图 2-11 补风口位置

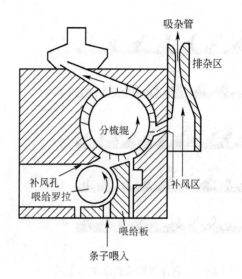

图 2-12 固定式小开口排杂装置

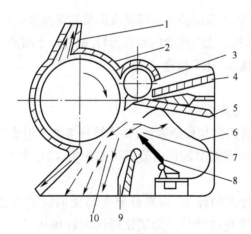

图 2-13 固定式大开口排杂装置

1—输棉通道 2—分梳辊 3—喂给罗拉 4—喂给喇叭 5—喂给板

6—簧片 7—气流 8—挂花 9—吸杂孔 10—排杂区

部分细小杂质有可能被回入排杂区,进入纺纱杯,使除杂受到影响。如在喂入区开一补风孔补风,可减弱排杂区补气,有利于排杂,但对纤维的剥离不利。该装置采用间歇式吸杂,抽吸时真空度的大小对排杂效果影响很大,而且锭与锭之间还将产生差异,故必须注意调节。该机构结构简单,但排杂口较小(8mm),尘杂排出不畅。

固定式大开口排杂机构的最大特点是去掉喂给板 5 之后的控制弧板,纤维在脱离喂给板后完全依靠气流控制,排杂口大约为分梳辊 2 周长的 1/4(40~42mm),为其他排杂机构排杂口长度的 3~5 倍。实践证明,这种大开口排杂机构既能充分排除杂质,又不掉落可纺纤维,具有优良的排杂效果。排出的杂质利用输送带送出机外。

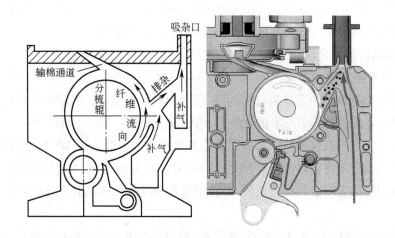

图 2 - 14　补气与排杂分开的固定式排杂装置

　　将补气与排杂分开的固定式排杂装置将补气与排杂通道分开,减少了补气与排杂补风的相互干扰,同时放大排杂腔以稳定腔内气流,减少微尘回收。

　　(2)调节式排杂装置。BD2000RCE 型转杯纺纱机采用的调节式排杂装置如图 2 - 15 所示。该装置配有 A、B、C 三个调节孔,A 为排杂通道补气调节孔,B 为排杂区调节孔,C 为输棉通道补气调节孔,A、B、C 三孔都装有阀门,分别用以调节气流量。从原理上讲,这种调节方法比较合理,可根据所纺原料的含杂数量和内容调节三个孔的阀门大小,以达到控制落棉及其含杂的目的,不过也带来了机械结构复杂和操作不便的问题。

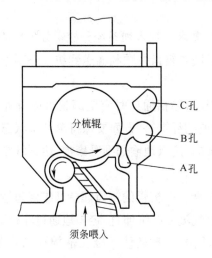

图 2 - 15　调节式排杂装置

　　(3)排杂装置的发展方向。

　　①将排杂与补气通道分开,减少排杂与补气的相互干扰,减少排出尘杂的回收。

　　②放大排杂口,使杂质有充分排除的机会。放大排杂腔,可稳定气流,减少排出杂质的

回流。在放大排杂口与排杂腔后,吸杂管的负压、转杯真空度、补气量大小(输棉通道的机构尺寸)和分梳辊转速都应与之相互配合,否则落棉含纤率将增加。

③排在口的位置要合理,使分梳辊带动的气流从切向流入排杂通道。

3. 转杯纺排杂系统的特点

(1)转杯纺排杂系统由分梳辊、排杂区和落杂回收系统组成。当原棉含杂变化或成纱质量要求不同时,可改变落棉率及落棉含杂率,达到提高质量和节约用棉的统一。

(2)各种机型的排杂区和落杂回收系统都各有特点。一般来说,抽气式纺杯负压绝对值大,故排杂区大,排杂效果好,自排风式一般采用立式分梳辊和卧式纺杯,故采用真空度1.6~1.9kPa 的吸风管吸走落棉与杂质,要特别注意机器头尾吸风管真空度的差异及其堵塞现象。

(3)转杯和吸风管真空度、可调节排杂机构、分梳辊锯齿状态规格和转速是改变落棉率和落棉含杂率的主要工艺参数。为了稳定排杂系统的流场、简化工艺操作、减少挂花和故障等,许多转杯纺纱机上不设置排杂可调机构,如 Autocoro 系列、R20 型、BD－D320 型和 BT903 型等。但也有一些机型设置杂质可调节机构,如 R40 型的可调补气阀、BDA10 型的调节板等。

4. 排杂系统能达到的效果

(1)减少转杯积杂量,延长清扫周期,节省人工。

(2)降低断头,稳定并改善成纱的外观和内在质量。

(3)进一步提高转杯纺对低级棉和下脚料的适纺性能。

(4)进一步提高纺纱速度和质量。

四、纤维的转移与输送

1. 转移与输送的目的与要求　喂入须条经分梳辊分梳后,90%以上的纤维束被开松成单纤维,这些单纤维必须及时脱离锯齿并顺利输送到纺纱杯凝聚槽,为均匀凝聚和提高成纱质量创造条件。

被分梳辊分梳后的纤维经过输棉通道时应全部脱离锯齿进入输棉通道,否则会出现缠绕分梳辊现象。进入输棉通道的纤维,一方面要保持单纤维状态并尽可能伸直弯曲或弯钩;另一方面要保持运动方位,定向、定点地输送到凝聚槽,达到纤维顺利转移,定向、定点、均匀输送的目的。

2. 纤维输送运动作用分析　分梳辊的锯齿握持纤维经过输棉通道时,要求锯齿上的纤维顺利地脱离锯齿,然后依靠气流使纤维伸直、定向地通过输棉通道输送到纺纱杯。纤维在输棉通道中产生伸直定向作用的关键是使纤维在输棉通道中加速运动,影响的主要因素如下。

(1)为使纤维从分梳辊上顺利剥离,一般输棉通道中的气流流速应为分梳辊表面速度的1.5~4 倍。

(2)为了使纤维在输棉通道中加速运动,输棉通道必须设计成渐缩形。

(3)输棉通道连通了分梳辊与纺纱杯,分梳辊的转速和纺纱杯内的真空度直接影响输棉通道中的气流速度。如果分梳辊带动的气流流量(包括补风气流流量)超过纺纱杯的吸气量,破坏了气流的平衡条件,将会使气流在输棉通道出口通道发生回流现象,影响纤维的正常输送和定向伸直,并造成分梳辊的严重返花。

分梳辊线速度与纺纱杯真空度对输棉通道出口气流速度的影响见表2-4、表2-5。

表2-4　分梳辊速度与输棉通道气流流速

分梳辊转速($\times 10^3$ r/min)		6.7	5	3.2
分梳辊表面速度(m/s)		22.3	16.65	10.65
输棉通道 气流速度	出口(m/s)	28.8	41	41.1
	中间(m/s)	16.9	17.7	22.7
	进口(m/s)	8.3	16.9	10.45
	补风口(m/s)	2.56	2.56	3.62

注　测试条件:纺纱杯真空度2.45kPa(250mm H_2O),分梳辊直径63.7mm。

表2-5　纺纱杯真空度与输棉通道气流流速(分梳辊速度为5000r/min)

纺纱杯真空度(kPa)		2.45	4.12
输棉通道气流速度	出口(m/s)	41	48.5
	中间(m/s)	17.7	22.5
	进口(m/s)	16.9	15.7
	补风口(m/s)	2.56	3.62

从表2-4、表2-5可以看出以下规律。

(1)分梳辊速度的提高会降低输棉通道出口的气流流速,而纺纱杯真空度的提高会增加输棉通道出口的气流流速。

(2)在分梳辊速度较高(表2-4中分梳辊转速为6.7×10^3/min)时,纺纱杯真空度较低,输棉通道出口流速较低,这是由于分梳辊带动的气流量较大,而纺纱杯带动的气流量较小,气流流量失去平衡的缘故。

(3)由于渐缩形输棉通道截面的收缩,气流在输棉通道中具有加速的规律性。由此可见,渐缩形输棉通道的设计是气流在管道内加速的必要条件。但收缩角不宜过大,否则容易产生回流、涡流,影响纤维顺利输送。

(4)分梳辊速度过高,不利于纤维在输送中的定向伸直,但速度过低,又会影响除杂。一般在保证气流流量平衡和具有一定的纺纱杯真空度的前提下,适当提高分梳辊转速,以保证正常的排杂和纤维输送。

第三节　纱条的形成与凝聚

一、凝聚与加捻机构

分梳辊将条子分解成单纤维后,为了满足连续纺纱的要求,又必须将分解后的纤维重新聚合成连续的须条,并加上一定的捻度。因此,凝聚成条与加捻作用是转杯纺纱机实现连续纺纱必不可少的重要步骤。

纺纱器主要由输棉管道、假捻盘(自排风式纺纱杯与隔离盘结合在一起)、纺纱杯等部件组成。

目前纺纱杯分自排风式和抽气式两种类型。

1. 自排风式 自排风式转杯纺(图2-16)是在纺纱杯4下部开有排气孔5,纺纱杯4高速回转时产生的离心力将气流从排气孔5排出而在纺纱杯4内形成负压,使输棉通道2内气流与纤维吸入纺纱杯4,气流不断从排气孔5排出,纤维则不断沿纺纱杯壁斜面滑移到离心力最大(即直径最大)的凝聚槽6内,形成周向排列的须条。引纱纱尾也在纺纱杯负压的作用下,从与假捻盘3相连的引纱管1吸入,在离心力作用下被甩至凝聚槽6内,与已凝聚的须条相接触。此时纺纱杯回转产生加捻作用,然后卷绕机构将凝聚槽内须条连续不断地剥取、加捻成纱,并卷绕成筒子。

2. 抽气式 抽气式转杯纺(图2-17)是利用吸风机3从纺纱杯2内集体吸风,使气流从纺纱杯2顶部与固定罩盖的间隙中被抽走而在纺纱杯2内形成负压。不论是抽气式还是自排风式,均是在纺纱杯内造成一定的真空度,以便从输棉通道1和引纱管6中吸入气流,依靠这两股气流达到输入纤维和吸入引纱的目的。

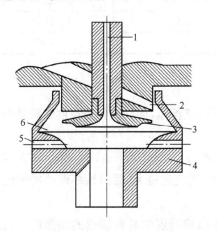

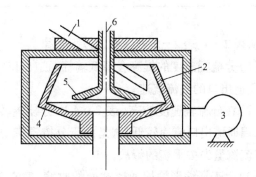

图2-16 自排风式纺纱杯
1—引纱管 2—输棉通道 3—假捻盘
4—纺纱杯 5—排气孔 6—凝聚槽

图2-17 抽气式纺纱杯
1—输棉通道 2—纺纱杯 3—吸风机
4—凝聚槽 5—假捻盘 6—引纱管

二、纺纱杯中纤维的凝聚与并合

因纤维质量较轻,它从输棉通道出口到凝聚槽内的运动轨迹基本上是由气流运动决定的。

1. 纺纱杯内的气流流动与纤维运动 纺纱杯的高速回转带动了输棉通道和引纱管吸入的两股气流而形成回转气流场。在两股气流汇合形成的过渡区中气流运动很不稳定,易形成涡流,过这个区后气流才按一定规律稳定地流动,尤其是气流转动而产生的离心力,对纤维运动有重要的影响。以上是两种不同排气方式纺纱杯中气流运动的共同规律,下面介绍这两种纺纱杯中气流运动的特殊规律。

(1)自排风式。纺纱杯高速回转使气流从四周排出,造成压力分布在纺纱杯的中心最低,使气流有偏向纺纱杯中心流动的趋势,离中心越远偏转程度越弱,这是平面气流流动的情况。同时因排气孔开在纺纱杯的下部,气流还有自上而下的轴向流动。因此,当纤维从输棉通道2进入纺纱杯1时,就有向下运动的趋向[图2-18(a)],同时纤维又受杯内气流运动的作用及离心力的作用而加速,又有向前偏转的运动[图2-18(b)]。为了防止纤维未到纺纱杯壁就冲到凝聚槽至假捻盘的一段纱条上,形成外包纤维,须正确地使用和安装隔离盘的位置。此外,因假捻盘范围内的中心区域是低压区,纤维易流向该区,如输棉通道出口位置不当,会发生纤维绕假捻盘的弊病。

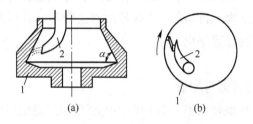

图2-18 输棉通道出口纤维的运动

(2)抽气式。由于吸风机的抽吸,抽气式纺纱杯内的气流是自下(从引纱管、输棉通道出口)向上(纺纱杯顶部与固定罩盖之间)流动。同时抽气式能提高纺纱杯的真空度,可减少纤维直接冲向凝聚槽与假捻盘之间的一段纱条上形成外包纤维的数量,因为输棉通道离抽风顶部较近及纤维受到了自下而上的气流流动的影响。但输棉通道出口不能离纺纱杯上口过近,否则纤维容易被吸走,影响制成率。

2. 纤维在纺纱杯壁上的滑移运动 纤维到达纺纱杯壁后,随着纺纱杯的回转,纤维在离心力的作用下,克服杯壁的摩擦阻力而滑向凝聚槽。纺纱杯壁的滑移角 α 大,杯壁对纤维的摩擦阻力大,纤维滑移困难。实验证明:$\alpha > 70°$ 就不易纺纱。但若 α 过小,纤维滑移速度过快,少数纤维尚未达到凝聚槽即附着于纱条上,使外包纤维增加,断头增加,而且纤维滑移过快不利于纤维在滑移过程中伸直。同时,α 过小还会使纺纱杯口径减小,加工不便。因此,一般 α 在 $60°\sim65°$ 为宜。

滑壁长度与纺纱杯的口径和高度有关,在不妨碍纤维滑移的前提下,滑壁长度以短为宜,以利于高速和降低动力消耗。

3. 纤维在纺纱杯内的并合效应 进入纺纱杯的纤维在向凝聚槽凝聚的过程中产生了大约有100倍的并合作用,这样的并合效应对改善成纱均匀度具有特殊的作用,它也是转杯纱的均匀度比环锭纱好的原因所在。并合效应可以用须条截面中纤维根数的变化来说明。

设喂入纺纱杯条子的线密度为 Tt'',条子中纤维的平均线密度为 Tt',则喂入条子截面的平均纤维根数为 Tt''/Tt';又设 n 和 d 分别为喂入罗拉的转速与直径,N 和 D 分别为纺纱杯的转速和凝聚槽的直径。则当喂入条中的纤维从纺纱杯壁滑向凝聚槽时，条子与凝聚槽内的须条间发生了 $\pi DN/\pi dn$ 倍的牵伸；那么凝聚槽内须条截面的平均纤维根数 P 为：

$$P=\frac{Tt''/Tt'}{\pi DN/\pi dn}=\frac{Tt''dn}{Tt'DN} \qquad (2-1)$$

设成纱线密度为 Tt，则成纱截面内的平均纤维 $M=Tt/Tt'$，那么凝聚槽内须条的并合数 B 为：

$$B=\frac{M}{P}=\frac{TtDN}{Tt''dn} \qquad (2-2)$$

由式（2-2）可了解影响纺纱杯并合效应的主要因素，即当喂入条子线密度 Tt'' 低，成纱的线密度 Tt 高，纺纱杯直径大、转速高，喂给罗拉直径小、转速慢时，纺纱杯的并合作用强，成纱条干好。特别是当喂入棉条不匀或因喂给机构不良而造成周期性不匀时，只要不匀的波长小于 πD 时，则由于纺纱杯的并合效应就能改善这种不匀，以保证成纱均匀度。但在同样情况下，环锭纺均匀度会显著恶化。

三、纺纱杯中纤维的剥离与加捻

1. 纤维剥离和纱条加捻的过程　在纺纱杯内凝聚的纤维由于引纱罗拉的输送而剥离，同时由于纺纱杯的回转而加捻。如图 2-19 所示，在纺纱杯 1 的凝聚槽内凝聚的纤维条 2，由于引纱罗拉 4 对引纱的牵引，使之在纺纱杯壁上滑动，并从纺纱杯 1 中央设置的引纱管 3 处引出。设剥离点为 A、纺纱杯出口的颈部为 B、罗拉握持点 C，AB 段纱条因离心力的作用紧贴杯壁，受到高速回转的纺纱杯的带动而使纱条得到加捻。纺纱杯带着纱段 AB 一起回转，则沿纺纱杯的回转轴产生一扭力矩，此扭力矩促使 BC 纱段加上捻回。纱线捻度等于每分钟内转杯转速与引纱速度的比值。

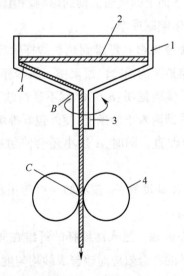

图 2-19　纱条的加捻

2. 加捻作用分析　在图 2-19 中，AC 纱条上的捻度分布是不均等的，捻度在 BC 段上分布较多,而在 AB 段上分布较少,使捻度不能充分地传递到纱的形成点。这种弱捻情况,造成纱的形成点处对纤维的剥离不充分,使纱线变细,进而引起断头。由于剥离点的捻度降低率有时可达30%,为维持正常的纺纱,转杯纺的纱线捻度一般比环锭纺的纱线多。

(1)假捻盘作用分析。在纺纱实践中,人们发现在纱条出纺纱杯的 B 点处使用假捻盘,可使 AB 纱段上的捻度增加,能减少断头,降低成纱捻度。具体分析如下。

①假捻盘对回转纱条上捻度的影响:假捻盘的假捻作用是在加捻过程中,纱条绕本身轴线回转而产生的。如图 2 - 20 所示,纺纱杯带动纱条高速回转时,使纱条上获得了 Z 向捻度,在离心力作用下的纱条在被引出罗拉引出时紧贴在假捻盘的表面运动,因而假捻盘对回转纱条产生了一个与纺纱杯转向相反的摩擦阻力 F,B 点纱条在该摩擦力矩的作用下绕自身轴线回转,也使 AB 段纱条上获得 Z 捻,即依靠假捻的捻度传向剥离点,从而增加了剥离点 A 处纱条与凝聚槽中纤维的联系力,以达到降低成纱捻度,减少断头的目的。

②影响假捻盘假捻效果的因素:影响假捻盘假捻效果的因素主要有纺纱杯的转速与直径、假捻盘的材质与结构及假捻盘与纱条的摩擦系数等。当纺纱杯的直径、转速和成纱线密度一定时,影响假捻捻度的主要因素是假捻盘的材料与规格,其影响程度见表 2 - 6。

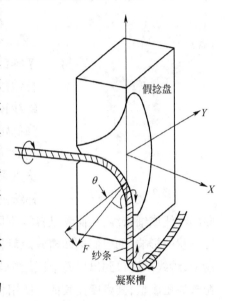

图 2 - 20　纱条的假捻

表 2 - 6　假捻盘规格与假捻捻度(捻/10cm)

项目	摩擦系数				包围角(°)			假捻盘直径(mm)	
规格	0.62	0.45	0.38	0.37	90	60	30	15	10
假捻捻度	2.79	1.68	0.93	0.84	1.68	1.09	0.42	1.68	1.41

由表 2 - 6 中可见:假捻盘摩擦系数增大,假捻捻度随之增大;纱条与假捻盘包围角增大,假捻捻度随之增大;假捻盘直径增大,假捻捻度随之增大。以上规律充分说明,当纱条与假捻盘之间的摩擦力增加时,假捻力矩增大,促使纱条绕本身轴线回转而增大假捻效应,摩擦力越大,假捻效应越强。一般纺高线密度纱及转杯低速运转时,假捻作用要强,可选用大直径、大曲率半径的假捻盘。

生产中发现在假捻盘表面刻槽能有效地降低断头,而刻槽并不明显增大假捻盘的摩擦效应。其原因主要是刻槽使纱条在假捻盘表面产生振动,纱条不完全贴在假捻盘表面运动,而使捻度容易向剥离点传递,增强了剥离点处凝聚须条的强力,有利于降低断头。

实验得出,假捻捻度对增强纱条动态强力、减少断头有利,但对成纱强力不利。一般若纱条与假捻盘的摩擦作用越强,假捻作用越强,剥离点附近纱条的动态强力越大,可减少剥离点附近的断头,但会使成纱强力越低。其主要原因为摩擦作用大,凝聚须条上的假捻捻度多,往往会使纱条上的内外层捻度差异增大而引起成纱强力下降;同时,由于假捻捻度增多,会有较多的骑跨纤维在纱条表面形成缠绕纤维,而使成纱强力降低。此外,如果假捻作用过强,假捻盘对纱条的摩擦作用过大,还会使纱条表面毛羽增多。因此,假捻作用并非越大越好,在设计和使用假捻盘时,不能片面追求假捻效果,而应该结合成纱质量全面考虑。

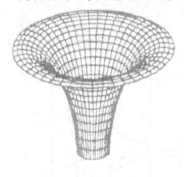

图2-21　假捻盘

③假捻盘的作用:安装在纺纱杯回转轴心上的假捻盘(图2-21),对纺纱稳定性、杯内纱条捻度、纱线质量、生产效率等都有重要影响。假捻盘的主要功能就是利用纺纱杯内回转纱条与固定假捻盘的摩擦产生假捻作用和阻捻作用,增强纺纱杯凝聚槽中纤维束成纱过程中的捻度,加强剥取能力,以降低转杯纺纱的成纱捻度,使转杯纱具有较强的生产实用性。它对纺纱性能的影响超过其他任何组件。由于Belcoro型假捻盘采用了高纯度的陶瓷材料,使用该假捻盘的Autocoro转杯纺机的生产稳定性很好,可以生产光滑的或有毛羽的、有卷曲的纱线或细特纱,从而满足各类不同用户的要求。纺纱稳定性和纱线性能受到假捻盘表面形状的影响,如表面刻凹槽或螺旋槽就和纺纱稳定性和纱线性能有一定的关系。在假捻盘中,纱线从进口到出口整个区域中与假捻盘接触的状况非常好。进口处采用极细的陶瓷粉末高压成型,其密度比其他厂所用材料高11.25%。密度增加使假捻盘入口处的微孔数量减少50%,假捻盘对纱线的机械损伤减少50%。假捻盘的作用见表2-7。

表2-7　假捻盘的作用

名称(材料)	作用
光滑假捻盘(金属、陶瓷)	光滑假捻盘用于较光滑的纱;金属假捻盘防静电,可用于化纤及其混纺原料,前提为高捻度
四槽假捻盘(金属、陶瓷)	陶瓷假捻盘使用广泛,具有令人满意的纺纱稳定性;金属假捻盘防静电,可用于化纤及其混纺原料;纱线毛羽多用光滑假捻盘
盘香式假捻盘(陶瓷)	带有螺旋线形陶瓷插件的假捻盘,用于纺制光滑纱线;纺中高捻度纱,纺纱稳定性良好;生产的纱线强度和均匀度都很好

(2)阻捻器。现在转杯纺纱机在引纱管的转弯处还加装阻捻器,它利用倾斜的沟槽对纱的前进方向形成摩擦阻力矩,阻止纱条上的捻度向外传递,促使纺纱杯内纱条捻度的增加以减少断头。

阻捻器(图2-22)有一个、两个、三个槽或无阻捻槽(光面),可根据纺纱工艺的需要选择。一般增加阻捻槽数可增加阻捻作用,但纱条上的缠绕纤维和毛羽会有所增加。

3.转杯纱的捻度损失　从纺纱杯凝聚槽中剥离的纱条因纺纱

图2-22　阻捻器

杯的回转而获得捻度。从理论上讲,纺纱杯每转一转须条上即可获得一个捻回,还要加上转杯纱超前剥离而产生的捻度。实际上,所纺纱线捻度比理论值低,转杯纱上捻度损失的原因如下。

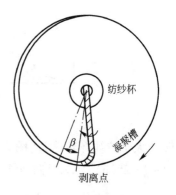

图 2-23　剥离点附近纱条的加捻情况

纺纱杯加捻时,对须条产生一个扭力矩,该扭力矩使须条上加捻点超过剥离点而延伸到凝聚槽中一段,即为图 2-23 所示的 β 角对应的弧长。在凝聚槽中会产生一个反力矩,阻止须条在凝聚槽中接受加捻,当扭力矩大于反力矩时,凝聚槽中的须条就获得一个捻回。对于转杯纺纱加捻过程中捻度损失的原因可以这样解释:由于扭力矩使捻回进入凝聚槽内,而在此区域,纤维条的截面尚未含有与成纱截面相当的纤维根数,直到须条被剥离时还在增添的一些纤维就不可能获得完全的捻度。另外,捻度在凝聚槽上传递时,由于纤维没有受到强制握持,引起尾端随加捻方向滑移转动而使捻度损失。

(1)捻系数对捻度损失的影响。对黏胶纤维和聚酰胺纤维在不同捻系数时的捻度损失进行实验,结果表明,捻度损失随捻系数的加大而增加;捻度较低时,黏纤纱捻度损失较少,而聚酰胺纱捻度损失较多。由此可以推测,扭力矩在纱中产生扭应力较大时,可使捻回较多地进入凝聚槽而导致较大的捻度损失。一般来说,如果捻系数低于某一水平就不能正常纺纱,而如果高于某一水平则不经济。但实际纺纱时转杯纱的捻系数要比环锭纱高。

(2)假捻盘对捻度损失的影响。一般假捻盘加捻作用越强,会导致捻回较多地进入到凝聚槽中,而引起较大的捻度损失,这也被实际生产所证明。

(3)纤维长度对捻度损失的影响。曾采用不同长度的化纤进行纺纱实验,结果表明,用较短的纤维纺纱,其捻度损失较小。此外,不同纤维结构性能(如纤维表面结构、卷曲度等)以及纺纱时的油剂等都会对转杯纱的捻度损失有很大的影响。

4. 纱条的剥离

(1)纱尾变细曲线。在纺纱生产中发现,当停止喂棉后,将纱尾拉出,可以看到纱尾部分是从正常纱逐渐变细,如图 2-24 所示,其变细的长度相当于凝聚槽的周长。这说明在纤维凝聚的过程中,剥离点处的纤维凝聚数量约等于成纱截面中的纤维数量,之后顺纺纱杯回转方向回转一周,纤维凝聚的数量逐渐减少,直至已被剥离的地方为零。由于成纱是一个连续的过程,一方面引纱逐渐剥离凝聚槽中的须条,另一方面喂入纤维不断滑向凝聚槽中形成新的纤维层,因此,被剥离点上的纤维数量会逐渐增加。当引纱剥离了一周后,再次达到该剥离点时,该截面上的纤维数量又会约等于成纱截面的纤维数量。这样周而复始,反复循环,满足了连续纺纱的条件。

(2)须条的超前剥离与迟后剥离。由于纺纱杯的带动,回转纱条的转向与纺纱杯同向;由于引纱罗拉的连续卷绕,回转纱条剥离点的速度不等于纺纱杯的速度。当剥离点的

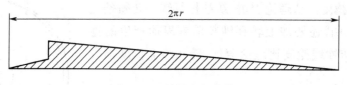

图 2-24　纱尾变细曲线

转速大于纺纱杯转速时[图 2-25(a)]称为正向纺纱,而当剥离点转速小于纺纱杯转速时[图 2-25(b)]称为反向纺纱。

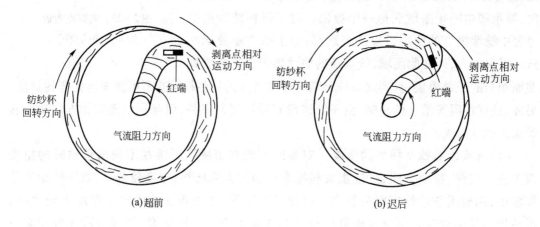

(a)超前　　　　　　　　　　　　　　(b)迟后

图 2-25　纱条的超前和迟后剥离

　　正向纺纱是由于纺纱开始引纱吸入时,纱尾速度比纺纱杯速度慢,一旦纱尾与凝聚槽接触,即在凝聚面上扩展。如此时外界补入气流较少,纱尾所受空气阻力较小,剥离点则产生超前运动。剥离一周后,凝聚须条的分布呈由粗变细的形态,由于引纱与粗截面须条的联系力较大,剥离点会保持正向剥离,这是一般正常纺纱时的情况。有时开始纺纱时也可能出现迟后剥离,这时由于引纱吸入时外界吸入的气流较多,受纺纱杯带动而加速,使纱条所受的空气阻力增加,使纱条向后弯曲的力增加,导致剥离点反向剥离。如在凝聚槽中出现较大的纤维束、较多的骑跨纤维或大杂质时,会使引纱与凝聚须条的联系力变化而改变剥离方向,此时剥离的纤维量会突然减少,造成细节甚至断头。

　　超前或迟后剥离可用如下方法测试:第一种方法是在纺纱杯上做一个标记,通过高速摄像和低速放映,根据剥离点相对于标记的位置判断是正向还是反向纺纱。第二种方法是染纤维头端为红色,并加入喂入条子,因为进入纺纱杯凝聚槽的纤维头端方向始终与纺纱杯的转向相同;在正向剥离中,凝聚槽中的纤维头端在成纱中成了尾端;而在反向剥离中,凝聚槽中的纤维头端到成纱中还是头端;根据成纱中纤维红色端的方向可判断超前与迟后剥离。

　　(3)剥离过程中的骑跨纤维、搭桥纤维与成纱中的包缠纤维。

　　①骑跨纤维的产生:理论上讲,在凝聚槽须条剥离点的后方会留下一点空隙,理论计算的空隙长度为 0～12.3mm。但高速摄像的结果发现上述理论空隙并不明显存在,在剥离点的后方有少量的纤维骑跨在回转纱条和凝聚须条上(图 2-26 中的 G 处),其对剥离点的纱

条起反向牵扯作用,如果这种骑跨纤维数量过多,会妨碍剥离点的正常剥离,严重时会使剥离方向逆转甚至断头,特别在较大的纤维束称为骑跨纤维时。这些骑跨纤维是否会在成纱上形成包缠纤维,取决于骑跨纤维进入剥离点的长度,骑跨纤维与回转纱条及凝聚须条间的联系力,以及骑跨纤维与凝聚槽间的摩擦力等因素。另外,剥离点及回转纱条从凝聚槽上每剥离一根纤维,要经过纤维喂入点(输入管入口)数十次,从输棉通道喂入的纤维有的还没有到达凝聚槽就直接搭在回转纱条上而形成包缠纤维(图 2-26 中的 H 处)。这些骑跨及搭桥纤维几乎不与纱的本身捻合在一起,而呈螺旋状缠绕在纱的周围,影响成纱的外观及内在质量。

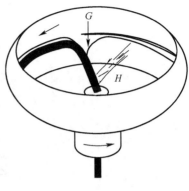

图 2-26 骑跨纤维

②包缠纤维的数量:理论上成纱中包缠纤维的数量 S 及其百分率 X 可以近似地用下式表示:

$$S = \frac{P \times \frac{L}{2}}{\frac{2\pi R}{B}} = \frac{LM}{4\pi R} \qquad (2-3)$$

$$X = \frac{\frac{Lm}{4\pi R}}{M} \times 100\% = \frac{L}{4\pi R} \times 100\% \qquad (2-4)$$

式中:P——凝聚须条截面平均纤维根数;

　　L——纤维主体长度;

　　R——纺纱杯半径;

　　B——凝聚槽中纤维的合并数;

　　M——成纱截面平均纤维根数。

由式中可见:纤维长度长,纺纱杯直径小,则包缠纤维的数量增加。从减小包缠纤维的角度考虑,纺纱杯直径应等于或大于纤维长度,否则包缠纤维的数量增加,容易断头。但纺纱杯的直径还与纺纱速度、动力消耗等有关,仅根据纤维长度还不能确定纺纱杯的最小直径。

(4)隔离盘作用分析。

①隔离盘的作用:为减少出输棉通道的纤维在没有到达凝聚槽时就冲向回转纱条而形成包缠纤维的数量,可以在纺纱杯内加装隔离盘,以将纤维和成纱隔开,如图 2-27 所示,从输棉通道 5 喂入纺纱杯 1 的纤维,由于隔离盘 6 的作用,沿纺纱杯内壁 4 滑入凝聚槽 3 中,隔离盘的隔离作用减少了纤维直接冲向纱条上形成包缠纤维的数量。

②不同纺纱杯对隔离盘的配置要求:隔离盘采用与否应根据不同情况而定,抽气式纺纱杯一般采用截面为渐缩形的长通道输棉通道[图 2-28(a)],出口贴近纺纱杯的滑移处,使纤维以切向到达纺纱杯壁,而且因纺纱杯上口的抽气形成的流场,使纤维没有下冲的趋势,纤维与回转纱条相交的可能性很小,故不需要用隔离盘。而自排风式纺纱杯的输棉通道一般为短

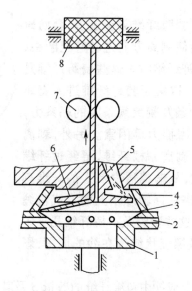

图 2-27 纺纱杯内的隔离盘

1—纺纱杯 2—排气孔 3—凝聚槽 4—纺纱杯内壁 5—输棉通道 6—隔离盘 7—引纱罗拉 8—卷绕罗拉

通道式,因排风形成的自上而下的螺旋气流,使出输棉通道的纤维有下冲的趋势[图 2-28(b)],为防止纤维直接冲向已加捻的纱条形成过多的包缠纤维,必须采用隔离盘,对纤维和气流起隔离和导向作用。

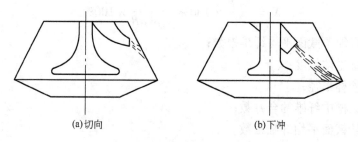

(a)切向　　　　　　　　　(b)下冲

图 2-28 纤维出输棉通道时的运动

　　③导流槽的作用与位置:隔离盘是影响纺纱杯内气流流场分布的关键部件之一,为避免杂质随气流进入凝聚槽,将输棉通道的气流及一些细小杂质顺利地导向排气孔,减弱隔离盘上由涡流引起的积灰。在隔离盘上常设计一个凹口,一般称之为导流槽。

　　纺纱杯内和隔离盘上的气流流动情况分别如图 2-29 和图 2-30 所示。当气流从输棉通道流出后向四周扩散,部分顺纺纱杯转向流动的气流称为主流,其经过导流槽使纤维滑入凝聚槽,气流则进入纺纱杯底部由排气孔排出;另一部分出输棉通道后与纺纱杯反向流动的气流称为逆流。主流中的少量气流因受纺纱杯的带动,流速较高,会越过导流槽继续沿纺纱杯回转方向流动,当其中与输棉通道流出的逆向气流汇合时便在该区形成一个涡流区。观察纺纱一段时间后隔离盘表面的积灰情况如图 2-30(b)所示,abc 区无涡流,因输出纤维的摩擦使该区显得光亮,积灰区为涡流区,其余为少量积灰区。

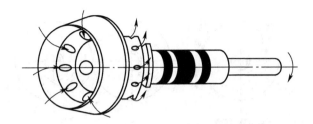

图 2-29　自排风式转杯纺纺杯内空气的流动方向

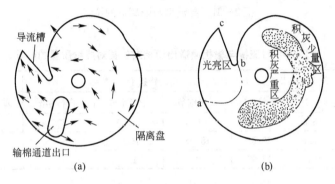

图 2-30　隔离盘气流流动与积灰情况

隔离盘上有无导流槽时各区的流速及对纺纱影响见表 2-8。

表 2-8　隔离盘类型对工艺的影响

隔离盘类型	气流速度(m/s)			千锭时断头根数
	主流流速	逆流流速	光亮区流速	
有导流槽	30.9	31.6	26.6	591.0
无导流槽	34.2	27.0	34.3	28.7

由表 2-8 可知,有导流槽时,逆向流速降低,有利于减小涡流区,减少断头。同时,主流流速和光亮区纤维输送的流速增加,可使出输棉通道的纤维保持加速状态,有利于纤维的伸直,提高成纱强力。

合理安装隔离盘导流槽与输棉通道出口的相对位置是十分重要的。导流槽相对于输棉通道出口位置的变化(图 2-31)对成纱强力和毛羽的影响见表 2-9。实验结果表明,当隔离盘的位置在 -90°时,隔离作用减弱,成纱强力明显下降,条干恶化,特别是纱条上的毛羽,每 10cm 中 2mm 长的毛羽个数约为正常纱的 4 倍,在布面上造成明显的色差。生产上导流槽的位置可以对准输棉通道上的刻度来调整:15°位置适用于纺棉和低速,45°位置适用于高速,90°位置适用于化纤。也可通过专门试验求得最佳导流槽位置。自排风式纺纱杯纺低捻高线密度纱时,由于纺纱杯转速受到一定限制,为减少纺纱杯排气阻力,建议采用扇形隔离盘,以增大纺纱杯内的负压,稳定纺纱过程。

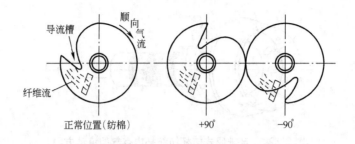

图2-31 导流槽与隔离盘的位置

表2-9 导流槽与输棉通道出口相对位置对成纱质量的影响

导流槽位置	2mm长	3mm长	乌斯特条干				乌斯特单强	
	每10cm毛羽个数		CV值(%)	千米细节	千米粗节	千米棉结	单强(cN)	CV值(%)
正常	26.5	16.0	16.42	0	177.5	525	645	7
-90°	211.2	61.1	20.85	187.5	1620	—	367.3	8.5
+90°	46.1	9.6	13.97	0	125	—	536.3	10.9

④输棉通道与扁管道的合理组合:隔离盘的采用不应使纺杯内气流的运动方向产生突变,不然气流中纤维的平行排列就会被扰乱,伸直度就会降低。

a.输棉通道出口 A 与扁通道进口截面 B 的关系如图2-32所示,为使输棉通道的纤维一直保持加速运动,应保证 A 截面 > B 截面 > C 截面(扁通道出口)。若截面 A 比截面 B 大得多,会使到达截面 B 处的气流突然加速,由于阻力损失增加,流速不仅不会按截面比例增加,还会使逆流增加、涡流增强,而对纺纱不利;同样,扁通道入口截面 B 至出口截面 C 应在一定范围内逐渐减小,使气流逐渐加速并减少阻力损失。

b.输棉通道倾角 α 与隔离盘倾角 β 的关系。由图2-32可见,输棉通道的气流进入扁管道时流向产生了变化,这会引起纤维对隔离盘倾斜面的冲撞。为此,可使输棉通道的倾角 α 减小或将隔离盘的倾角 β 放大。但 β 放大会使滑移面缩短,对纤维伸直不利。

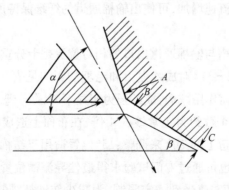

图2-32 输棉通道倾角与扁通道进口截面的关系

（5）纺纱杯的结构与成纱质量。纺纱杯直接决定着转杯纺纱的成纱质量、纺纱性能及纺纱速度。纺纱杯的结构参数主要有纺纱杯直径、凝聚槽形式、纺纱杯滑移角等。不同纺纱条件要采用不同结构类型的纺纱杯。一般高速时选用小直径纺纱杯；纺高线密度纱时，纺纱速度低，用大直径、大凝聚角的纺纱杯；纺低线密度纱时，纺纱杯速度高，用小直径、小凝聚角的纺纱杯。目前，纺纱杯速度为$(12 \sim 13) \times 10^4 r/min$ 时，纺纱杯的直径已小至 $28 \sim 30mm$。此外，转杯的材质和表面处理方法直接影响纺纱杯的性能、速度及寿命。现将 Autocoro 系列转杯纺纱机 S 型、U 型、G 型、T 型纺纱杯的技术性能介绍如下。

①S 型纺纱杯（图 2 - 33）：适纺高线密度纱，成纱结构蓬松，均匀度好，但强力偏低，可用高含杂的原棉。直径为 56mm 的纺纱杯适纺长度为 50mm 以上的粗纤维。

②U 型纺纱杯（图 2 - 34）：成纱的蓬松性比 S 型纺纱杯所纺的纱差，但强力比 S 型纺纱杯所纺的纱高 0.5N/tex 左右，外观棉结杂质较多，主要用于高线密度纱，尤其是劳动布用纱。

③G 型纺纱杯（图 2 - 35）：成纱强力比 S 型纺纱杯所纺的纱高 1cN/tex 左右，成纱质量优良，但纺纱杯清洁困难，尤其是大直径纺纱杯，因此，喂入条子含杂要低。适合于纺低线密度纱、机织用纱和针织用纱。

④T 型纺纱杯（图 2 - 36）：成纱结构近似环锭纺，均匀度好疵点少，强力与 G 型纺纱杯相近，微尘在凝聚槽内沉积较快，但对成纱质量影响较小。

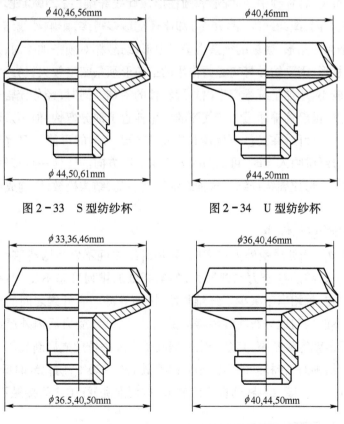

图 2 - 33　S 型纺纱杯　　　　　图 2 - 34　U 型纺纱杯

图 2 - 35　G 型纺纱杯　　　　　图 2 - 36　T 型纺纱杯

第四节　转杯纱的成纱结构与性能

一、转杯纱的结构

纱线结构主要反映须条经过加捻后,纤维在纱线中的排列形态以及纱线的紧密度。不同的加捻成纱过程,具有不同的纱线结构,直接影响成纱质量。

转杯纱与环锭纱结构有显著的差异,转杯纱由纱芯与外包缠纤维两部分组成,内层的纱芯比较紧密,外层的包缠纤维结构松散。环锭纱没有纱芯,纤维在纱中大多呈螺旋线排列。转杯纱与环锭纱中各种纤维排列形态的数量分布见表2-10。

表2-10　转杯纱与环锭纱中纤维排列形态数量分布

纤维排列形态数量分布	圆锥形螺旋线纤维	圆柱形螺旋线纤维	带弯钩、打圈纤维	对折、缠绕、边缘纤维
转杯纱(%)	2.34	14.02	58	25.64
环锭纱(%)	46	31	15	8

由表2-10可见,转杯纱中,圆锥形和圆柱形螺旋线纤维(占24%)比环锭纱(占77%)少,而弯钩、对折、打圈、缠绕纤维(占76%)却比环锭纱多得多,影响纱线结构。其主要原因为:纺纱杯凝聚槽为三角形,凝聚的须条也呈三角形,纺纱杯对须条加捻时,须条截面由三角形逐渐过渡到圆柱形,因受纺纱杯离心力作用的三角形须条密度较大,纺纱杯摩擦握持加捻时须条上的张力较小,增加了纤维产生内外层转移的困难。同时,经分梳辊分解后的单纤维大多数呈弯钩状态,虽经输棉通道加速气流的作用伸直了部分弯钩,但不及环锭纺罗拉牵伸消除弯钩的作用大,且纤维在纺纱杯壁滑移中也有形成弯钩的可能。但重要的是纺纱杯内的回转纱条在经过纤维喂入点时,可能与喂入纤维长度方向的任何一点接触,该纤维就可能形成折叠、弯曲形态、形成缠绕纤维。这种纤维排列混乱,结构松散,影响成纱结构。

二、转杯纱的特点与性能

1. 纱线的强力　当纱线受外力作用时,要使纤维之间不发生因滑移引起的纱线断裂,就应使纤维之间有足够的抱合力和摩擦力,如果纤维的排列形态不良,即有弯曲、打圈、对折、缠绕等纤维存在,就相当于减少了纤维长度,因而容易产生纤维之间的滑移而降低成纱强力。如果纤维不能均匀地分布在纱线截面的内外层,纱线受力后内外层纤维的受力就不均匀,受力大的纤维就容易断裂,其余纤维依据其受力大小依此先后断裂。

经试验得知,纺棉时,转杯纱的强力比环锭纱低10%~20%,纺化纤时低20%~30%。这是因为转杯纱中对折、打圈、缠绕、弯曲纤维较多,排列混乱,纤维之间接触不良,造成纤维滑脱的缘故。

2. 纱线条干均匀度　转杯纱利用分梳辊将须条分解成单纤维,若分解作用强,纤维分离度好,成纱条干就比较均匀。若气流对纤维的输送均匀,成纱条干也好。由于转杯纺纱在纤维的凝聚过程中具有较大的并合效应,因此,转杯纱的条干比环锭纱均匀。纺中等密度的转杯纱,乌氏条干 CV 值平均为 11%~12%,有的甚至低于 10%,而同线密度环锭纱则一般为12%~13%。

3. 纱疵数 转杯纱的原棉经过前纺设备的强烈开清除杂,再通过带有排杂装置纺纱器的作用,排杂较多。在纺纱杯中,纤维与杂质有分离作用,并在纺纱杯中留下部分尘杂和棉结,故转杯纱比较清洁,纱疵小而少。转杯纱的纱疵数只有环锭纱的 1/3~1/4。

4. 纱线的耐磨性 纱线的耐磨性与纱线的结构密切相关,一般转杯纱的耐磨性比环锭纱高 10%~15%,转杯纱股线的耐磨性比环锭纱股线更高。因为环锭纱中纤维大多呈规则的螺旋线形态,当反复摩擦时,螺旋线纤维逐步变为轴向纤维,整根纱就失捻解体而很快磨断。而转杯纱外层包有不规则的缠绕纤维,故纱不易解体,因而耐磨性更好。

5. 纱线的弹性 纱线张力和捻度是影响纱线弹性的主要因素。一般环锭纱张力大,成纱后纤维滑动困难,纱线弹性较差。转杯纱因纺纱张力较环锭纱小,捻度比环锭纱多,故转杯纱弹性比环锭纱略好。纱线弹性大,伸长率就大,断裂功较高。

纱线弹性对织造工程影响较大,尤其是经纱在织造中要经过开口、闭口的反复拉伸,如纱线弹性差,强力又低,断头就会在增加。因此,纱线弹性是纱线质量中值得重视的指标。

6. 纱线的捻度 由于转杯纱加捻过程与环锭纱不同,一般转杯纱捻度比环锭纱多15%~30%,这对某些后道加工带来困难,如绞纱工序和需要起绒的织物等。

7. 纱线的蓬松性 由于转杯纱中纤维伸直度及排列较差,在加捻过程中纱条张力较小,外层又包有缠绕纤维,纱的结构蓬松。一般转杯纱的蓬松度比环锭纱高 10%~15%。环锭纱的密度约为 $1.96cm^3/g$,而转杯纱则可达 $2.11cm^3/g$。

三、转杯纺纱疵

影响转杯纺棉纱纱疵的因素很多,有原棉、设备、工艺参数、生产管理等,这些因素所造成的纱疵,对织物质量的影响各不相同,其中转杯纺工序对纱疵的形成及其对织物质量的影响更密切。

1. 原棉对纱疵的影响 原棉对纱疵的影响主要指原棉性质(如纤维长度、细度、整齐度、短绒、杂质、带纤维籽屑、软籽表皮等)对纱疵的影响。其中纤维长度、细度、整齐度等不是主要矛盾,只要掌握正确,对纱疵影响不大,影响大的是短绒、杂质、带纤维籽屑与软籽表皮等。因为含杂高、籽屑、短绒多的原棉,经开清、梳棉、并条制成的熟条,其含杂、籽屑必然也多。用这种熟条喂入转杯纺纱机,在分梳辊分梳时,大量杂质和籽屑难以从排杂管排出,从而堵塞排杂管,造成排气不畅而产生粗节。另外若原棉中短绒、微尘含量多,它会随纤维进入凝聚槽,使凝聚须条短绒微尘增多,待加捻成纱后同样形成粗节。配棉成分对纱疵也有影响,100% 原棉或 60% 以上原棉为主体的配棉对纱疵产生的影响小,反之主体成分小于50% 的配棉对纱疵产生的影响大。由此可见,必须合理选配原料,控制一定的含杂率、含短绒率,同时还须提高开清梳单机的除杂效率,以减少粗节纱疵的产生。

2. 设备状态对纱疵的影响 前纺设备和转杯纺机对纱疵产生均有影响,其中转杯纺机对纱疵的影响最为突出,主要有以下几点。

(1)喂给罗拉与喂给板隔距不符合工艺要求,如该隔距大于 0.2mm 或喂给板受压小于 23N,则喂给罗拉对筵棉失去控制能力,分梳辊锯齿将成束抓取纤维,这些束纤维输入凝聚须条,经加捻被卷入纱线形成粗节。

(2)喂给板呆滞、不灵活,使压力波动。如若同时喂给罗拉与喂给板隔距太大,同样失去喂给板钳口对筵棉的控制能力,分梳辊成束抓取纤维,这些束纤维输入凝聚须条,经加捻被卷入纱线同样形成粗节。

(3)喂给罗拉回转打顿。喂给罗拉转速不高,但长期受纺纱器高频率开合,使罗拉轴承损坏,造成喂给罗拉瞬时打顿,喂棉不均匀而形成粗、细节。

(4)输纤通道挂花。输纤通道入口所镶钢柱铆接处(自排风式)有毛刺或有缝隙,或密封橡胶圈有破损及其黏接处有毛刺,都会造成挂花,待挂花积聚到一定数量,随同纤维流输入凝聚须条,经加捻被卷入纱线形成粗节。

(5)分梳辊挂花。分梳辊锯齿有倒齿或磨损,在分梳过程中易挂花,纤维不易转出,待挂花积聚一定数量后,随纤维流输入凝聚须条,经加捻卷入纱线即形成粗节。

3. 生产管理对纱疵的影响　生产管理对纱疵的影响因素重点在排风系统和车间温湿度。

(1)排风系统要求排风通畅。如果排风系统排风不通畅,必将造成纱疵增多。当关闭滤尘室做清洁工作或滤尘室发生故障时,仍继续生产,此时工艺排风和排杂排风必然受阻而不通畅,于是杯内尘屑、短绒不能从排气孔排出,排杂腔内积尘杂也增多,致使凝聚槽积灰增多,杯内负压降低,影响分梳辊锯齿上纤维的转移,当锯齿积聚纤维达到一定数量,被吸入凝聚须条,经加捻被卷入纱线即形成粗节。有时工艺排风孔因转杯座橡胶垫破损,产生挂花而被堵塞,造成杯内气流形成旋涡,影响分梳辊锯齿上纤维的转移,同样造成粗节。因此,必须加强对排风系统的检测与维护,确保总风道、支风道和转杯有关通道排风通畅,负压达到生产要求。

(2)转杯与分梳辊转速要求稳定。转杯由龙带传动,龙带经长时间运转会因磨损而失去弹性、韧性,此时如压轮弹簧片调整不当,会造成压轮对龙带的压力不一致,从而引起转杯转速差异。此时,一方面使成纱捻度不匀增加,另一方面因杯内真空度变异而影响凝聚须条不匀,使成纱不匀恶化,压轮磨损还会造成分梳辊转速降低,分梳不充分而造成条干不匀。因此,必须加强维护保养工作,定期调换龙带,每天应检测转杯、分梳辊转速是否符合工艺要求。

(3)加强车间温湿度管理。车间相对湿度太高或棉条回潮率太大均对纱疵有影响。实践得出,若喂入棉条回潮率超过 10%,车间相对湿度超过 80%,则分梳辊锯齿就会产生黏纤现象,影响棉纤维的充分梳理和转移,造成锯齿积花而产生纱疵。同时,棉条内分离出来的短绒也不易被及时排出,使转杯排气孔堵塞,造成杯内气流形成涡流,从而将短绒吸入凝聚须条,经加捻卷入纱线即形成粗节。一般正常状态棉条回潮率控制在 7%~9%,车间相对湿度控制在 55%~70%。

（4）加强对纺纱器的维护。纺纱器是转杯纺纱机的心脏,纺纱器各主要组件对纱疵有直接影响,如喂给罗拉、喂给板、分梳辊、转杯、假捻盘等组件的状态;安装的相互位置与工艺要求;输送通道、滑移面、凝聚槽、排气孔的光洁度都要求达到标准,否则将会产生纱疵。因此,必须定期检查,除规定按期大小平车、揩车外,最好每天卸下 10～20 个纺纱器检查维修待用,换上已检修好的纺纱器,确保机上纺纱器常新,成纱质量稳定。

4. 运转操作对纱疵的影响　运转操作对纱疵的影响因素重点是清洁工作、接头质量和条子圈条成形。

（1）清洁工作。并条机在运转过程中产生的短绒飞花,大部分被绒板排除,剩余的飞花短绒留在牵伸装置、喇叭口和车面,如不及时清除会落入棉条。这种棉条被送至转杯凝聚槽,必然增加凝聚须条的不匀,再经加捻成纱定将产生粗节。接头时的回花如不放好,一旦混入棉条,被吸进凝聚槽增加凝聚须条的不匀,再经加捻成纱,同样会产生粗节。为此,要求值车工必须做好巡回清洁工作,确保棉条质量。

转杯纺重点应做好喂给喇叭口、补风口、排杂通道、转杯凝聚槽等处的清洁工作,特别应及时清除凝聚槽中的尘杂,因为尘杂积累达到一定数量会被凝聚须条带走,经加捻成纱,也会产生规律性有害纱疵。为此,必须定期清扫转杯凝聚槽,一般每班清扫一次。如原棉含杂多或加工废棉下脚料时,应每班清扫两次或以上,以减少纱疵的产生。其他喂给喇叭、补风口、排杂通道等部位易粘飞花,待飞花积聚一定数量,混入凝聚须条,经加捻成纱,也会产生粗节。为此,值车工必须按巡回操作规程,做好上述部位的清洁工作。

（2）接头工作。条子接头和转杯纱接头都会直接影响纱疵的产生。条子接头过粗或过长都将产生粗节。按操作规程,条子接头应采用包卷法,包卷后接头粗细、长短应达到规定标准。转杯纺值车工接头不规范或自动接头机数据设定不正确,均会造成长粗节纱疵。自动接头只要在计算机中设定正确的接头参数,使接头质量达到要求,一般不会再产生长粗节纱疵。至于接头不规范问题,除提高操作水平、减少环境干扰外,关键应采取"钓鱼"接头操作法,这种方法虽然在筒纱中可能发生断头,但可根本消除长粗节纱疵。采用"钓鱼"接头法时,应选用稍好的配棉等级,以减少断头。

（3）条子圈条成形问题。条子圈条成形要求符合标准,即圈条外径不能超过条筒直径,否则引条时棉条易被筒口与筒壁擦毛,同时在棉条倒条时易产生粘连与扭结,这种棉条喂入凝聚槽,将增加凝聚须条的不匀,再经加捻成纱,必将产生粗节。另外,条筒储条量不能过满,如条子超过条筒口过高,易倒条或被圈条机架擦毛,影响条子质量,再经后道工序使转杯纱产生粗节。

第五节　转杯纱的适纺性能及改进

一、纤维性质对转杯纺的影响

1. 纯棉　转杯纺纱的配棉不能强求统一,应根据原料情况和产品品种而定,一般原则如下。

（1）纤维线密度对纯棉转杯纱的强力影响较大，纤维线密度的选择应保证成纱截面内具有一定的纤维根数（一般在120根以上）。

（2）当纤维长度在23.5～27.5mm时，成纱强力随纤维长度的增加而增加，以后纤维长度的增加对纯棉转杯纱的强力影响较小，这与环锭纺不同。

（3）短绒率对转杯纱强力和条干影响较大，原棉短绒率高，成纱中分担外力的长纤维减少，则纱强下降，同时极短的纤维在纺杯中积聚会引起条干不匀和断头。对转杯纱来说，与其选择较长的纤维，还不如选择较短的纤维。短绒率较低的纤维更为经济，一般短绒率以小于18%为宜。

（4）要控制原棉含杂和棉结。粗特和副牌纯棉转杯纱可搭配使用清花、梳棉、精梳落棉及斩刀花和下脚。但为了减少转杯纱的棉结和纱疵，混用的比例不宜过高，废棉和下脚应先经预处理。

（5）转杯纱的配棉品级较同线密度的环锭纱低1～2级，纺高档转杯纱（如牛仔布用纱），原棉品级与长度都需要相应提高。

2. 其他原料

（1）目前，转杯纺适纺的纤维为两类：一类适纺长度小于40mm的纤维，另一类适纺长度小于60mm的纤维。前者选用棉型转杯纺纱机，后者选用毛型转杯纺纱机（如经纬纺机厂的F2601型）。

（2）转杯纺加工非棉混纺纱，需选择混纺比，因为它决定了最终产品的风格和原料成本。如毛类产品，为保持毛织物的风格，羊毛、麻纤维的混用比例不能低于60%～70%；麻类产品为满足外贸出口要求，麻纤维的混用比例不能小于55%；兔毛产品，既要有兔毛风格，又要降低成本，兔毛的混用比例一般可选在30%～35%。

二、转杯纺纺低线密度纱与针织用纱

在世界范围内，转杯纺设备的数量逐年增加，产品也由高、中线密度向中、低线密度纱和针织用纱发展。目前，转杯纱线密度分布见表2-11。

表2-11 转杯纱线密度分布

线密度(tex)	194～58	57～29	28～20	19～14	其他
百分率(%)	13	36	46	2	3

由表2-11可见，约有82%的转杯纺设备用于生产57～20tex的转杯纱，且28tex以下的中、低线密度纱约占48%。据报道，美国短纤维转杯纱的平均线密度在24tex左右，为中线密度纱水平。在世界范围内，针织转杯纱的用纱量迅速增加。表2-12列出了目前世界上转杯纱的产品结构。

表2-12　转杯纱的产品结构

用途	机织服装	牛仔布、法兰绒	衬衣料	针织内衣	针织外衣	针织运动服	售纱	其他
百分率(%)	14	8	3	21	3	22	23	6

由表2-12可见,约有46%的转杯纺设备用于生产针织用纱,据报道,美国用于生产针织用纱的转杯纺设备约占72%。普梳转杯纱用于针织存在一些问题,如捻度大、手感硬,在织针上易积聚飞花和织疵。20世纪80年代,国外有人提出了精梳转杯纱的设想,20世纪90年代初瑞士立达公司推出了"Ricofil"精梳转杯纱纺纱系统,采用低落棉的精梳工艺,有效地改善了棉条和成纱质量。用精梳条纺制转杯纱,更大的优势体现在后道工序生产加工和成品质量上,现介绍如下。

1. 成纱质量

(1)强力。精梳转杯纱的强力比普梳转杯纱提高10%~15%。

(2)单强不匀率。精梳转杯纱不仅平均强力高,弱环处强力也明显提高,且弱环数量减少,一般精梳转杯纱的单强CV值可降低1%左右。

(3)条干及纱疵。精梳转杯纱的棉结量可比普梳纱降低30%~50%,条干CV值、粗节、细节也略有改善。

(4)光洁度。精梳转杯纱成纱光洁度好,毛羽少,在后道工序的加工中可明显地减少飞花,这也是一个非常明显的优势,但精梳转杯纱的成本较高,只适用于特殊要求的纱线。

2. 生产及后加工方面

(1)扩大纺纱范围。精梳后的条子含杂减少20%~80%,精梳排出短纤维后可使纤维的马克隆值增加0.1~0.2。这对纺低密度纱时,减少因杂质引起的断头,增加成纱截面的纤维根数是十分有益的。

(2)降低成纱捻度。柔软的手感是针织物的重要特性,精梳条的采用,有可能在保证成纱强力的前提下,适当降低成纱的捻度,满足针织用纱的要求。

(3)提高机织与针织的效率。精梳转杯纱使针织加工时飞花减少,可提高针织机械的运转效率。针织加工要求纱线的强力在10cN/tex左右即可,而高速织机上加工则要求纱线的强力达到13~16cN/tex,精梳转杯纱能满足这一要求且具有许多其他优点,很适合高速织机的加工,并能提高生产效率。

(4)提高成品质量。由于精梳转杯纱本身的优点,可使其织物强度高,疵点少,针织物手感柔软,机织物布面清晰。

3. 精梳转杯纱工艺特点

(1)精梳落棉率。目前国外新型精梳机发生了重要的技术革新,使其在低落棉的情况下改善棉条质量,一般生产转杯纱时,精梳落棉率以10%~15%为宜。

(2)原料选择。当所纺纱细时,选用的纤维应细些。纺制18.2tex精梳转杯纱时,选用29mm左右,线密度1.82dtex左右的棉纤维,能满足要求。

(3)转杯纺工艺。分梳辊 7000/min 左右,输出速度 40m/min 左右。适当减轻喂入条定量并适当提高捻系数,可提高成纱强力,降低强力不匀率,减少后道工序断头。

三、转杯纺纺化纤或混纺原料

随着我国化纤生产的迅速发展,利用转北方技术加工化纤,以扩大产品品种是发展转北方技术的重要方面。目前国内生产较多的黏/棉和涤/棉混纺转杯纱。

1. 纺纱工艺

(1)捻系数。转杯纱捻系数同强力的关系与纺棉时相同,开始成纱强力随捻系数增加而增加,超过临界捻系数后,强力则随捻系数的增加而下降。纺涤/棉时,若纺纱杯转速为 $(3.6 \sim 5) \times 10^4 r/min$,捻系数可选用 380 ~ 420。纺黏胶纤维时,由于其临界捻系数较小,同样的纺纱杯转速下,捻系数可选用 300 ~ 340。

(2)分梳辊转速。由于涤纶易缠绕分梳辊,应选用工作角较大的分梳辊,并适当增加分梳辊的速度,以保证纤维顺利转移,较少缠绕。一般纺化纤时,分梳辊转速可选用 7500 ~ 8500r/min。

(3)喂入条定量。纺化纤的喂入条定量要偏轻掌握,以减少分梳辊的针面负荷,有利于纤维的分梳和顺利转移。

2. 操作管理

(1)应保持纺纱杯气流通畅。

(2)纺纱通道应保持光洁,黏附的油脂应定期揩清,分梳辊针面缠绕的纤维应定期出清。

四、转杯纺纺麻纤维

现以纺 54tex 亚麻/棉(55/45)混纺转杯纱为例介绍其工艺特点。

1. 捻系数 亚麻纤维抱合力差,适当提高成纱捻系数(如选用 580 左右),适当增大假捻盘直径和曲率以增加假捻效应,可减少纺纱的断头。

2. 分梳辊规格和转速 采用棉型分梳辊(如 OK40 型),适当提高分梳辊速度(如 7500 ~ 8000r/min),有利于提高对纤维的分梳效能,并兼顾纤维转移的要求。

3. 喂入条定量 采用较轻的喂入条定量(16.5 ~ 17.5g/m),可提高分梳辊的梳理度,使纤维充分分解,有利于改善成纱的条干。

五、转杯纺纺紬丝

目前转杯纺生产的紬丝纱品种有纯紬丝纱、紬/棉、紬/麻混纺纱,成纱线密度为 33.3 ~ 58.8,转杯纺紬丝的主要工艺特点如下。

1. 相对湿度 转杯纺车间保持一定的相对湿度,一般应控制在 80% 左右。

2. 分梳辊规格和转速 紬丝易缠绕分梳辊,故可选工作角较大的分梳辊(如工作角为 86°的 SAQ-12 型),可减少对纤维的损伤。同时为保证分梳辊对纤维的梳理度,可适当提高分梳辊的转速(如采用 7800 ~ 8500r/min)。

3.捻系数　适当增加紬丝纱的捻系数,以减少断头,提高成纱强力。

4.定期清扫纺纱杯　因紬丝中蛹屑细,纤维屑多,在凝聚槽中积灰速度较快,若不及时清扫,会使成纱条干恶化、强力降低、毛羽和断头明显增加。因此,操作上必须安排足够的扫杯次数,并重视扫杯质量。

六、转杯纺纺毛

用于转杯纺的羊毛原料大多为低级毛和精梳落毛,针对原料的特点,毛型转杯纺纱机从喂入、分梳、转移输送到凝聚加捻上与棉型转杯纺纱机相比均有所不同。

1.喂入机构　加大喂入喇叭的截面尺寸和喂入板的加压,以适应蓬松的毛纤维的加工,加大给棉板分梳工艺长度,以减少纤维的损伤。

2.分梳机构　为适应摩擦系数较大的毛纤维的加工,需要较大分梳辊直径和锯条的工作角,减少锯齿密度,使分梳作用强而柔和,减少对纤维的损伤,并便于纤维的顺利转移。

3.排杂机构　毛纤维的杂质易于纤维粘接,排杂机构的设计和工艺布置使回收作用太强。

4.输送通道　应适当加大输送通道的截面积。

5.纺纱杯　加大纺纱杯直径,适当降低转速。

6.假捻盘　加大假捻盘的曲率半径和表面摩擦系数,以增强假捻作用。

七、转杯纺纺羊绒

羊绒纤维短而滑,抱合力差,为提高成纱强力,改善成纱条干,一般需要注意以下几点。

1.分梳辊　选用直径为 80mm、工作角为 75°共 11 圈的 OS21 型分梳辊,转速采用7000r/min 左右,既要保证纤维的正常转移和分梳,又要较少羊绒纤维的损伤。

2.纺纱杯　选用较小直径的纺纱杯(如 54mm 左右)和较低的纺纱杯转速$(2.5 \sim 3) \times 10^4$r/min 以减少断头,改善条干。

3.捻度　羊绒为高档产品,捻度设计应满足产品的风格要求,择中选用,采用刻槽的大假捻盘,以增加假捻效果。

4.纺纱杯真空度　为使羊绒纤维在输棉通道中顺利输送,纺纱杯内的真空度应不低于4.8kPa。

第六节　转杯纺新型成纱机构及纱线特点

近年有多种转杯纺新型成纱机构相继面世,多种形式的转杯纺纱线丰富了纱线品种,增加了其市场应用价值,其中代表性机构主要有转杯纺复合纱技术和转杯纺多给棉罗拉技术等。

一、转杯纺复合纱技术

转杯纺复合纱技术主要用于在转杯纺机上生产长丝/短纤复合纱,其研究始于20世纪60年代,它是将预先开松的短纤维通过输送通道进入转杯并凝聚于转杯凝聚槽中,长丝(弹性或者非弹性)通过长丝喂入管同时进入转杯,与短纤维纱条在引纱管处加捻形成复合纱,通过控制长丝张力生产包芯纱或者包覆纱。其原理如图2-37所示。

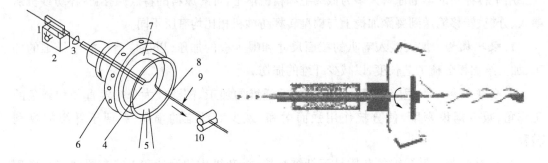

图2-37 包缠纱纺纱原理
1—长丝 2—张力装置 3—导丝轮 4—长丝喂入管 5—短纤维输送通道
6—转杯 7—转杯凝聚槽 8—引纱管 9—包缠纱 10—引纱罗拉

21世纪初,日本也研究出一种在转杯纺纱机上生产环圈花式线的方法,如图2-38所示,其原理与纺制复合纱基本相同,不同之处是同时有两根长丝喂入,一根形成环圈,通过改变芯丝和饰丝的喂入速度来生产不同类型的环圈线。

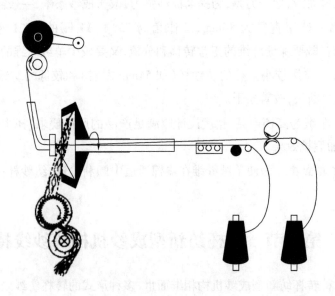

图2-38 花式复合纱纺纱原理

　　长丝超喂率影响到长丝张力,并决定了复合纱的外观和结构,如图2-39所示。当长丝超喂率减小时,长丝张力增大,长丝越来越深地嵌入复合纱纱体中并趋向于纱芯。与纯棉转杯纱相比,复合纱表面缠绕纤维包缠得较为紧密,表面相对较为光洁。

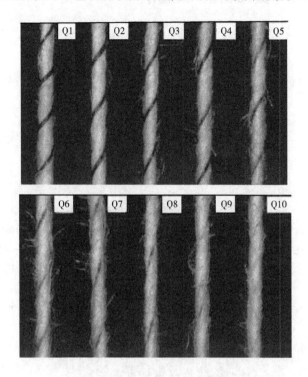

图2-39　长丝超喂率不同时的复合纱外观形态

二、转杯纺多给棉罗拉技术

　　1. 双给棉罗拉技术　通过在纺纱器上增加一个喂给罗拉,分梳辊数量不变,使两根纤维条分别左右单独喂给,提高对条子的控制能力,其喂给机构如图2-40所示,纱线成形形态如图2-41所示。

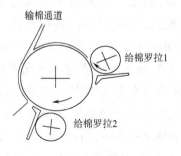 

图2-40　双给棉罗拉机构　　图2-41　双给棉罗拉纺制的转杯纺纱线

2. 双分梳双给棉技术 双分梳双给棉纺纱机具有左右两个给棉罗拉、左右两个分梳辊和左右两个输棉通道,其成纱机构如图2-42所示。左分梳辊和右分梳辊的转动速度相同,但方向相反。其成纱纵向形态如图2-43所示。

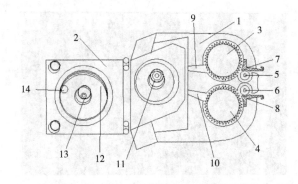

图2-42 双分梳双给棉机构设计图

1—纺纱器底座 2—转杯座 3—右分梳辊 4—左分梳辊 5—右给棉罗拉 6—左给棉罗拉 7—右喂给板
8—左喂给板 9—右输棉通道 10—左输棉通道 11—假捻盘 12—负压腔 13—转杯 14—吸风口

图2-43 双分梳双给棉转杯纺纱线形态与横截面结构

3. 三给棉罗拉独立控制技术 三通道转杯纺,通过三个异同步喂入通道对三种不同组分或不同色彩的多元彩色纤维条的非等量输入,可一步生产各种形式的彩色纱线(图2-44)。由PLC控制的三个伺服电动机分别独立驱动三个给棉罗拉,实现三个给棉罗拉速度的独立控制,实现混纺混色纱生产(多数颜色可以通过不同比例的三原色混合产生,从而通过三原色纤维条不等量喂入实现纱线色彩的变换),其原理如图2-45所示。成纱混合效果如图2-46所示,其中红黄蓝三色棉纤维混纺比例为3:3:4时,所成纱的纵向形态和横截面切片分别如图2-46(a)和图2-46(c)所示;红黄蓝三色羊毛纤维混纺比为1:8:1时,所成纱的纵向形态和横截面切片分别如图2-46(b)和图2-46(d)所示。

变色纱　　　　　段彩纱　　　　　混色纱

竹节纱　　　　　彩节纱　　　　　细度与色彩双边纱

图2-44　三给棉罗拉转杯纺彩色纱线示例

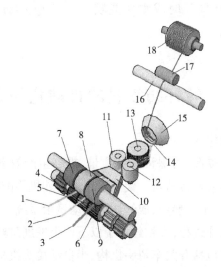

图2-45　三给棉罗拉转杯纺成纱过程原理图

1~3—纤维条1~3　4~6/7~9—独立给棉罗拉1~3/皮辊1~3　10—集合器　11/12—总给棉罗拉/胶辊
13—分梳辊　14—输棉通道　15—转杯　16/17—引纱罗拉/胶辊　18—纱筒

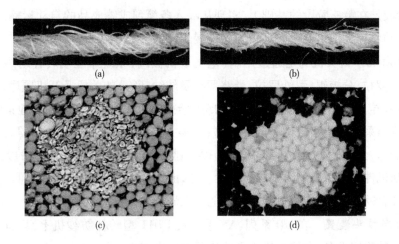

(a)　　　　　　　　　　　　　(b)

(c)　　　　　　　　　　　　　(d)

图2-46　三给棉罗拉转杯纺混色纱纵向形态(×100)和横截面(×700)纤维分布情况示意

三、转杯纺竹节纱技术

转杯纺生产竹节纱主要有两种方式:一是转杯凝棉槽增加阻尼块,改变纤维凝聚并合状态;二是改变给棉罗拉的喂入速度,引纱速度不变,从而生产不同竹节间距、竹节细度和节长的竹节纱。由于转杯纺成纱原理的限制,竹节长度不能小于转杯的周长。从生产经验来看,竹节倍率小于3,竹节间隔不小于2倍的转杯周长时成纱性能较佳。转杯纺竹节纱示例如图2-47所示。

图2-47 转杯纺竹节纱示例

第七节 转杯纺纱机的自动化与高速化

一、转杯纺纱机的自动化

随着转杯纺纱机速度的提高,为保证成纱质量、提高生产效率,必然出现对机械的自动化程度及质量检测系统的需求。目前新一代高速转杯纺纱机均配有自动接头、自动落筒、自动清洁、成纱质量自动检测及工艺参数、成纱质量自动显示系统。

转杯纺纱机自动化的实施过程,大致经历了以下四个发展阶段:

第一阶段的自动化内容包括开关车留头机构、半自动接头机构、半自动落筒机构;

第二阶段的自动化是实现纺纱杯的自动清洁、自动接头和自动落筒;

第三阶段的自动化是实现对成纱质量的自动控制,减少或排除纱疵,并给出工艺报告及质量;

第四阶段是在第三阶段的基础上,实现从喂入条筒到成纱成品的自动运输。目前,转杯纺纱机的自动化程度正由低级向高级不断发展。

1. 留头机构 留头机构是通过控制(电气或机械式)系统来控制转杯纺纱机的各转动部件(如喂入罗拉、分梳辊、引纱罗拉、卷绕罗拉及纺纱杯等)的关机及开机顺序,以弥补它们之间的惯性差异,使关车后仍能保持正常的纺纱条件,使再次开机时能顺利地集体生头。

目前,普遍采用的留头机构有两种类型:一类为拉纱法留头机构,另一类为卷绕罗拉倒顺转留头机构。无论哪种机构,还是采用哪种控制(电气或机械)系统,留头的关键在于开车时,使各运动机件能按所需的时间顺序发生动作,能对机件的惯性及动作的可靠性进行有效的控制。目前各种留头机构的留头率尚不能令人满意,有待进一步研究。

2. 半自动接头装置 在BD系列、AS系列及RU11型转杯纺纱机上,均有半自动接头装置,它是一种附属设备,在接头后不影响机器的正常工作。

半自动接头装置采用一套杠杆机构,当杠杆在工作位置时,先使纱筒脱离卷绕罗拉,并将纱筒制动后固定于某一位置,同时确定接头所需的引纱长度。当清洁完纺纱杯后,将引纱送入引纱管,然后按动控制杆,使杠杆脱离工作位置,纱筒顺势在卷绕罗拉上,引纱胶辊与引纱罗拉接触,由引纱胶辊与夹持器握持的引纱头被放松,引纱被吸入纺纱杯,接头操作完成。

3. 自动接头装置　转杯纱的接头强度与进入纺纱杯凝聚槽中的纤维根数有关。纤维太多,接头粗,捻度减少;纤维太少,接头细,捻度增加。要获得最佳接头强度,必须严格控制接头时间。据测定,纺纱杯转速 $4.5 \times 10^4 \, \text{r/min}$ 时的接头时间应为 0.55s,转速 $5.5 \times 10^4 \, \text{r/min}$ 时的接头时间应为 0.45s,转速 $6.7 \times 10^4 \, \text{r/min}$ 时的接头时间应为 0.33s,即纺纱杯速度越高,接头的时间应该越短,人的动作也就越难达到要求。一般纺纱杯速度高于 $6 \times 10^4 \, \text{r/min}$ 时,必须采用自动接头。目前,Aucotoro 系列、RU14 型、BDA10 型等转杯纺纱机均配有自动接头装置。尽管各自的结构不同,但均有如下几个主要动作。

(1)由传感器感应出发生断头的纺纱器。

(2)自动引入引纱并清洁纺纱杯。

(3)自动接头时使纱筒退绕。

(4)自动接头时使引纱头解捻。

(5)自动接头时控制喂入罗拉的喂入量。

(6)自动接头。

4. 自动落筒装置　为了满足最终成品质量的需要,并延长落纱周期,转杯纺纱机的卷装逐渐加大;为减轻劳动强度,在转杯纺纱机上先后采用了半自动落筒(落筒输送带)和全自动落筒装置。全自动落筒装置通常包括以下几个部分。

(1)切纱和吸纱装置。

(2)回转式落筒机构。

(3)空筒管传递机构。

(4)回转式落筒机构的传动系统。

5. 质量监控系统及工艺参数与成纱质量的显示　随着微机技术的发展及转杯纺纱机自动化程度的提高,使转杯纺纱实现纺纱过程中的质量监控成为可能,其中 RU14 型转杯纺纱机的监控系统比较完善,它采用三级控制。

第一级为纺纱器的电子控制系统:它以 12 个纺纱器为一组,对每个纺纱器作自动相连检测。在每个纺纱器上有信号指示灯,灯持续不灭表示纺纱器存在故障,灯快速闪亮表示纺纱有质量问题。

第二级为自动接头游车的电子控制系统:它通过微机编程调节各参数,控制接头与换筒。

第三级为中央控制系统:其功能有控制停车生头程序,检测操作运行顺序,控制纺纱器的电子设备,测量输出长度,定长落筒,进行质量控制。

二、转杯纺纱机的高速化

目前,纺纱杯转速最高已达 $2 \times 10^5 \, \text{r/min}$,速度的提高使转杯纺的经济线密度减小,但高速带来了转杯纺适纺性能的矛盾,同时还必须有适应高速的传动机构和纺纱器的关键部件作保证。

1. 高速转杯纺的适纺性能 转杯纺成纱时，纱线在纺纱杯凝聚槽剥离点处的强力 Q 最低，而纺纱张力 P 不能超过这个数值，如果 $P > Q$ 的话，则会因断头而无法纺纱。

设 Tt 为纱线线密度，ω 为纺纱杯角速度，R 为纺纱杯半径，它们与纺纱张力 P 的关系为：$P = \mathrm{Tt}\omega^2 R^2/2$，即随着纺纱杯速度 ω 的提高，纺纱张力 P 呈平方倍增加，为满足正常纺纱时 $P < Q$ 的条件，提高纺纱杯速度时，必须以减小纺纱杯半径 R 为代价。

纺纱杯直径过小，对纤维的适纺性能差，一般情况下，为了使纤维在纺纱杯凝聚槽中能伸直平行，并减少加捻过程中搭桥纤维的产生，纺纱杯直径与所纺纤维长度之比，至少要在 1.1 以上。这样，高速时的小纺纱杯（如 ϕ38mm），只可以纺一般长度的棉纤维，而不能纺其他纤维。

2. 转杯纺的高速传动部件 转杯纺的高速传动机构包括高速轴承及轴承的拖动方式两方面。纺纱杯轴承有滚动轴和滑动轴承两大类。其中，滚动轴承又可分为直接轴承和间接轴承，滑动轴承又可分为空气轴承和磁性轴承。

目前，生产上使用较多的是直接滚动轴承和间接轴承。采用直接滚动轴承的机型有 BD7 型、R36 型和国产的 RFRS30D 型、TQF568 型、JWF1618 型、DS66 型等。采用间接轴承的机型有 FRS3000 等。全自动抽气式 R66 采用空气轴承技术，我国也已研制成功 $(6\sim8)\times10^4$r/min 采用动压空气轴承和中频电动机传动纺纱杯的结构，并在 ZZF168 型转杯纺纱机上使用。

(1)直接滚动轴承。滚珠处于长时间的高速摩擦状态，限制了速度的进一步提高，速度一般在 4×10^4r/min 左右，通过用弹性夹持代替固定夹持等措施，可使速度有所提高，但目前用于转杯纺纱的直接滚动轴承速度最高只能达到 8×10^4r/min（如 BDA10 型）。因为直接滚动轴承随着速度的提高，噪声增大，寿命缩短。

(2)间接滚动轴承。采用这种轴承可使纺纱杯速度大大提高。设纺纱杯轴的直径为 9mm，托盘直径为 70mm，当纺纱杯转速为 10×10^4r/min 时，托盘轴承的转速可降到 1.25×10^4r/min，这个转速普通滚动轴承就能实现，因此，使用这种间接滚动轴承的 RU14 系列、Autocoro 系列等机型的最高转速已达 10×10^4r/min。

(3)空气轴承。空气轴承是依靠轴与轴承座之间形成的气膜来支撑动静元件作相对回转运动。从理论上讲，空气轴承的寿命是无限的，而且具有噪声低、动力消耗小的优点，并能实现高速。空气轴承可分为静压空气轴承、动压空气轴承和复合型空气轴承三种。纺纱杯轴承的传动方式主要有龙带集体传动和单锭单电动机传动。直接滚动轴承和间接滚动轴承均采用龙带集体传动，由于龙带的速度有限，因而限制了纺纱杯速度的进一步提高。单锭单电动机传动主要用于空气轴承和磁性轴承。新型的 Autocoro240 型及日本 AR300 型转杯纺纱机均采用双盘轴承和转速变换器相结合的方式，使纺纱杯的转速分别提高到 1.2×10^5r/min 和 1.3×10^5r/min。国产的 ZZF168 型转杯纺纱机采用动压空气轴承和中频电动机单锭传动纺纱杯，其优点为结构简单，耗电省，噪声低，适应高速。机械轴承因受材料限制，极限速度难以再提高，而空气轴承尚有潜力。

转杯速度的提高,相应对整机的速度提出了要求。因此,转杯纺纱机的机械传动机构也有了很大的发展,如采用同步齿形带传动代替传统的齿轮传动,增加了传动的可靠性,并降低了噪声。采用无级变速器来调节喂给和输出速度,在不停车时即可改变工艺,使调节方便,且便于自动控制。

思 考 题

1. 与环锭纺相比,转杯纺有哪些特点?
2. 转杯纺的前纺有哪些质量要求?
3. 与环锭纺相比,转杯纺对前纺加工有哪些特殊要求?
4. 喂给部分的作用和要求是什么?
5. 简述分梳辊的结构和常用工作参数及其特点。
6. 说明分梳辊的锯齿规格与分梳作用的关系。
7. 分梳辊转速的配置主要应考虑哪些因素?
8. 转杯纺附加的排杂装置如何分类?其排杂的原理是什么?
9. 纤维在输送通道中产生定向作用的关键以及影响因素有哪些?
10. 转杯纺是如何实现加捻的?
11. 假捻盘有何作用?分析影响假捻效果的因素。
12. 转杯纺为何会有捻度损失?
13. 为什么转杯纱具有较好的均匀性?影响均匀作用有哪些因素?
14. 比较自排风与抽气式纺纱器的特点。
15. 什么是骑跨纤维(搭桥纤维)?缠绕纤维是如何形成的?
16. 隔离盘的作用是什么?为什么要开导流槽?
17. 比较转杯纱与环锭纱的性能与特点。
18. 转杯纺新型成纱机构及产品类型有哪些?

第三章 喷气涡流纺纱

▶ **本章知识点** ◀

1. 喷气纺与喷气涡流纺的发展。
2. 喷气涡流纺成纱基本原理。
3. 喷气涡流纺成纱结构与性能。
4. 喷气涡流纺的前纺工艺要求。
5. 喷气涡流纺的牵伸、加捻、卷绕及输出机构。
6. 喷气涡流纺的工艺设计及成纱质量。
7. 喷气涡流纺纱线产品的开发与利用。

第一节 概 述

一、喷气纺概述

(一)喷气纺的发展概况

喷气纺(简称 MJS)是利用高速旋转气流使纱条加捻成纱的一种新型纺纱方法。加捻器由固定的喷嘴构成,因此无高速回转机件。须条以相反的方向包缠到纤维条上,受捻的纱芯部分纤维经过喷嘴后退捻,而包缠纤维则在反向退捻过程中越包越紧,提供成纱强力及抱合力。由于成纱结构不同于环锭纱与转环纱,因而它的产品具有独特的风格,是一种实用的新型纺纱方法。

喷气纺在 20 世纪 50 年代,由 E. I. Dupont 公司所发,世界上最早投入生产的喷气纺纱机是 MJS(Murata Jet Spinner),从 1981 年在 ATME 展会上向公众展出,至今全世界 30 多个国家均有采用,1963 年,美国杜邦公司首先发表了喷气加捻包缠纺纱法的专利,它采用单喷嘴加捻,但因成纱强力不高而未能继续发展。此后,一些国家相继开展了这种纺纱方法的研究。1970年,德洛伊特林根纺纱技术研究所设计了新型的双孔喂入单喷嘴喷气纺纱机,主要适用于长纤维纺制各种包缠纱,并具有花色纱的特征,其纺纱速度可达 350m/min。在日本东丽、丰田、村田均生产过喷气纺纱机,但形成商品并占领市场的只有村田机械公司。村田机械公司于 20世纪 70 年代初研究喷气纺纱机,于 1981 年 11 月在日本大阪国际纺织机械展览会上首次展出了一台适用于纺制 38mm 纤维的 NO.801MJS 型的 60 头喷气纺纱机。1987 年在巴黎第十届国际纺织机械展览会上,原西德沙逊公司泼费乐(Plyfil)双喷嘴双股纱喷气纺纱机首次展出,村田公司又推出了 NO.802 型喷气纺纱机,其牵伸部分和加捻器结构均有新的改进,并可纺纯棉。1989 年,北京中国国际纺织机械展览会上除了展出 NO.802 型喷气纺纱机,又发布了 NO. 881 型双加捻喷嘴的喷气纺纱机,后者将两根条子喂入同一牵伸单元纺两根单纱,分别进入各自的加捻喷嘴,然后汇合成双纱成筒,便于加工股线制品。之后,村田公司推出的 NO.802H 型无论在牵伸系统、适纺纤维、产品质量及自动化等方面均有了进一步提高。

(二)喷气纺成纱工艺过程

图 3-1 所示为村田 NO.802H MJS 型喷气纺纱机的示意图,该机为下行式,采用四罗拉双短胶圈超大牵伸装置、双喷嘴加捻器。当棉条被牵伸成一定细度后,须条进入由第一和第二两个喷嘴串联组成的加捻器加捻成纱,然后由引纱罗拉引出至卷绕辊筒卷绕成筒子纱。在引纱罗拉和卷绕辊筒之间,设有清纱器,同时兼作断头和定长监测器。NO.801 MJS 型机牵伸部分隔距不可调节,因而只能纺制涤/棉纱和棉型纯化纤维。而 NO.802 MJS 型将牵伸隔距改为可调,不仅可纺制涤/棉纱,而且可纺纯棉以及长度为 51mm 以下纤维,加捻器的第二部分也作了改进,改成分节可调式以适用于纺制不同细度的纱的需要。从行纱路线上还有双面上行式,如丰田 TYS 型喷气纺纱机等。

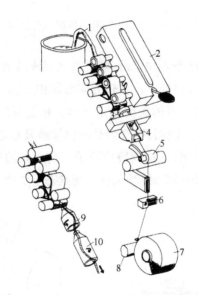

图 3-1 NO.802H MJS 型喷气纺纱机的示意图
1—棉条 2—牵伸部分 3—喷嘴 4—喷嘴盒 5—引纱罗拉 6—清纱器 7—筒子
8—卷绕辊筒 9—第一喷嘴 10—第二喷嘴

由于喷气纺纱采用超大牵伸装置,与环锭纺相比,可适当缩短流程,省略粗纱和络筒工序,前纺工艺流程与环锭纺工艺相当。混纺时工厂一般采用三道混并后喂入喷气纺。如采用双根粗纱喂入,则必须经过粗纱工序。若在牵伸罗拉处喂入染色纱或染色粗纱,则可简单地生产花色纱线。若将两种不同的短纤维条喂入牵伸装置的后罗拉,则可生产出完全为短纤维的双重结构的纱,即包芯纱或双股纱,如 NO.8R2HR MJS(图 3-2)。

(三)喷气纺纱的成纱原理

须条由喂入罗拉经四罗拉双短胶圈牵伸装置约 150 倍的牵伸,拉成一定的线密度,由前

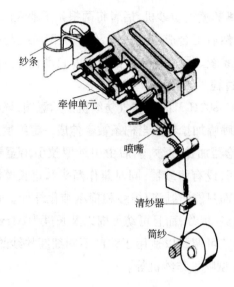

图 3-2　NO.8R2HR MJS 喷气纺纱机

罗拉输出,依靠加捻器中的负压吸入加捻器,接受空气涡流的加捻。加捻器由第一喷嘴和第二喷嘴串接而成,两个喷嘴所喷出的气流旋转方向必须相反,须条受到这两股反向旋转气流的作用而获得捻度。第二喷嘴气流的旋向决定成纱上包缠纤维的捻向,第一喷嘴气流的旋向起包缠纤维的作用(图 3-3),因而,喷气纱是由包缠纱及纱芯所组成的一种双重结构纱。被加捻后的纱条由引纱罗拉引出,直接卷绕成筒子。前罗拉输出速度应略大于引纱罗拉输出速度,超喂率一般控制在 1%~3%,使纱条在气圈状态下加捻。

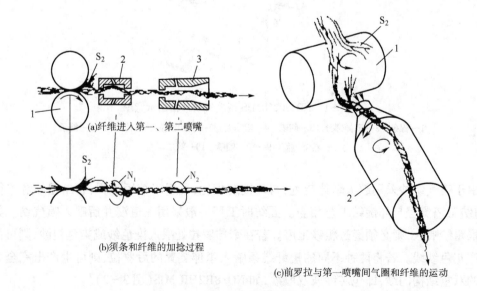

图 3-3　纺纱原理示意图

1—前罗拉　2—第一喷嘴 N_1　3—第二喷嘴 N_2

喷气纺纱的加捻是由假捻转化为包缠真捻的过程,但这种所谓的真捻与环锭纱的真捻具有本质的差异。须条在前罗拉和引纱罗拉的握持下,中间受到两个不同转向加捻器的作用,使纱条产生加捻。假捻转化成真捻对于加工连续长丝是无法实现的,然而加工短纤维或中等长度的纤维,这种转化是完全可能的。首先,这是一种非自由端的假捻。正常纺纱时,加捻器的第一喷嘴离开前钳口的距离小于纤维的主体长度,当输出前钳口的纤维头端到达第一喷嘴时,尾端仍处在前钳口之下,所以并不存在须条的断裂过程。其次,借助高速摄影,证明前罗拉处的须条是连续的,而且前罗拉与第一喷嘴间须条上的捻回方向与第二喷嘴所加捻回方向是相同的,说明第二喷嘴所加的捻回可逾越第一喷嘴传递到前罗拉附近。这是非握持加捻的一个显著特点。至于假捻的转化过程,借助高速摄影观察加捻须条的状态和变化,可以发现前罗拉处须条中有部分纤维的头端(纱条输出方向的头端)在须条气圈作用下偏离须条成为扩散状态。这种尾端尚处在前钳口须条中而头端已从须条中分离出来的纤维定义为头端自由纤维(图 3-3 中的 S_2)。当加工短纤维或中长纤维时,只要使部分纤维的头端自前罗拉输出后,不让它捻入须条,相反地促使其从须条中扩散出来,则这些纤维的头端一旦被吸入加捻器后,在到达第一喷嘴加捻点时,受该喷嘴旋转气流的作用,使之按气流的旋向绕纱条作初始包缠,其包缠方向与纱条假捻捻向相反。之后,包缠纤维与纱芯结合成一个整体纱条,一起接受加捻。当纱条越过第二喷嘴即开始进入退捻过程,由于退捻方向与包缠纤维的缠向相同,随着退捻的进行,包缠捻度逐渐形成并包紧。纱条在强烈的退捻作用下,纱芯捻度将逐渐退尽,而包缠纤维的头端如果进一步受到管壁摩擦阻力的作用,则包缠纤维将越包越紧,最终形成紧密的包缠真捻,这就构成了外层纤维的真捻,是喷气纱独特的包缠真捻。这种捻度是不能用一般常规的退捻法或退捻加捻法测量的。

由此可见,喷气纺纱的成纱关键是如何使前罗拉输出的须条中有一定量的纤维头端从须条中分离扩散出来,使之与纱芯纤维间形成捻回差,捻回差值越大,最终包缠捻回就越多。对于单喷嘴加捻器来说,唯有控制须条纤维的宽度,使之有一定数量的边缘纤维头端不立即被捻入加捻纱条中去,而与纱芯主体纤维间产生滑移,构成捻回差。而双喷嘴加捻器则是利用第一喷嘴反向旋转气流的作用,使前罗拉到第一喷嘴间须条作气圈运动,并使须条在前罗拉处形成弱捻区,以利于部分纤维从须条中扩散分离出来形成头端自由纤维,并在第一喷嘴处形成初始包缠。

可见,双喷嘴与单喷嘴的根本区别在于形成头端自由纤维的方法不同。而且,双喷嘴使头端自由纤维到达第一喷嘴处形成初始包缠,这是确保紧密包缠的重要条件,而单喷嘴仅能使边缘纤维与加捻纱条间形成捻回差,两者虽都是退捻时获得包缠真捻,但单喷嘴成纱的包缠捻回较少,而且不可能十分紧密,因而成纱强力必然较双喷嘴低。目前依旧有企业使用喷气纺双喷嘴的纺纱方式,但是随着喷气涡流纺(简称 MVS)的发展,喷气纺已经有被喷气涡流纺逐渐取代的趋势。

二、喷气涡流纺概述

喷气涡流纺是由日本村田公司于 1997 年在喷气纺的基础上最先研发出的一种新型纺纱技术,其后不断进行技术改造,使得纺纱速度越来越高、可纺纤维种类越来越多。我国的喷气涡流纺设备方面,华方于2011年研制出HFW80型喷气涡流纺纱机,华燕于2014年自主开发出HYF369喷气涡流纺纱机。

从2005年开始,德州华源生态科技有限公司、江苏大生集团有限公司、江苏悦达集团有限公司等少数企业从日本引进喷气涡流纺设备,通过开发喷气涡流纺纱线取得了良好的经济效益,该项纺纱新技术在国内得到快速发展,设备的引进与生产企业不断增加,目前已从小批量生产发展到规模化生产阶段。据相关报道,截至2017年全国纺纱企业已拥有喷气涡流纺设备1500多台,共有13.5万多头(按每台90头计),相当于环锭纺270万锭的产能,占世界喷气涡流纺产能的50%左右。喷气涡流纺技术具有以下特点。

1. 优点

(1)缩短纺纱流程。目前多数喷气涡流纺纱企业的前纺工序采用清梳联合机(少数为开清棉与梳棉机)与三道并条机,就可直接纺纱并制成筒纱,省却了环锭纺的粗纱与络筒两道工序,实现了粗纱→细纱→络筒一体化,是目前纺纱工序最短的流程。

(2)显著提高生产效率。由于喷气涡流纺纱原理是半自由端纺纱,而环锭纺受钢领与钢丝圈线速度的限制,故其纺纱速度远高于环锭纺纱。目前,日本村田公司生产喷气涡流纺机型,设计速度为450~500m/min,生产企业实际运行速度为340~450m/min,是环锭纺速度的17~20倍。用5~6台涡流纺纱机生产,其产量可达到环锭纺10000锭的生产量,这是目前纺纱设备中生产效率最高的机器。

(3)产品有特色。由于喷气涡流纺的成纱呈内外层包覆结构,由芯纱与包覆纱两部分组成,约40%芯纱基本不加捻,而占60%的外包纤维紧密地包覆在芯纱上,使成纱光洁、毛羽少,完全可以与环锭纺的紧密纺纱相媲美。用喷气涡流纱加工成针织物,其优良的抗起毛起球性可比环锭纺纱提高1~2级,且使织物的捻势、纬斜等问题得到显著改善,从而使后加工生产的效率与品质相应提高。这是目前许多针织、棉织加工企业喜欢使用喷气涡流纱的重要原因之一。

(4)减少用工。由于喷气涡流纺比环锭纺具有纺纱工序短、生产效率高、设备智能化程度高等优势,既可减轻一线工人的劳动强度,又可显著减少用工。据使用涡流纺的企业实际用工分析:配6~7台861型涡流纺机平均用工在25人,规模越大用工越省。目前,很多环锭纺企业用工因设备多数经过改造,普遍采用清梳联与自动络筒机等先进装备,每万锭用工在80~100人,故涡流纺企业用工比环锭纺企业可节2~3倍,用工大幅度减少是解决纺织企业招工难的重要措施之一。

(5)降低生产成本,提高企业经济效益。从近几年应用涡流纺企业实践情况来看,尽管它一次性投资要略高于相同规模环锭纺,但由于其具有生效率高、生产工序短、用工省及产品有特色等优势,故吨纱加工成本比环锭纺要低。以纺19.7tex(30英支)黏胶纤维为例,环锭纺吨纱加工费在2500~2600元,喷气涡流纺在1600~700元,差异在900元/吨,这主要得益于吨纱工资支出减少与电耗略有降低。以浙江萧山地区一家企业实际数据分析,该企业既有环锭纺也有涡流纺,环锭纺万锭用工89人,吨纱工资支出1320元,而喷气涡流纺折合万锭用工27人,吨纱工资支出为450元,比环锭纺少付工资870元/吨。此外,用电方面,吨纱耗电量也从环锭纺的2096kW·h,下降到涡流纺的1971kW·h,减少125kW·h,使吨纱电费支出减少 80~90 元。

2.缺点 在喷气涡流纺实践中,该项技术也存在一定弊端,尤其是在原料适应性及生产品种开发等方面,不如环锭纺适应性强,故它不能全部代替环锭纺。

(1)原料要求较"苛刻"。由于其成纱机理是包覆型结构,由外包纤维与芯纤维两部分组成,芯纱部分纤维是不加捻度的,只依赖外包纤维加捻,故纺同样规格纱线,由于有 30%~40% 的芯纤维不加捻,故其成纱强度要低于环锭纱 10%~20%,并随后纺纱支数越细差异越大。为了提高涡流纱强度,其对使用原料要求较高,要求原料细度细、长度长、整齐度好,一般环锭纺纱用 1.67dtex(1.5 旦)就可以了,而喷气涡流纺要求用 1.33dtex(1.2 旦),甚至更细。此外,由于喷气涡流纺是用喷气涡流来包覆与牵伸纤维运行,故对初始模量低的柔性纤维的纺纱效果较好,而对初始模量较高呈刚性的纤维其适纺性较差,如麻类纤维与线密度高的涤纶等合成纤维,如不经过软化等预处理,纺纱难度较大。这也是目前多数企业用黏胶纤维等为主体原料来生产喷气涡流纱的主要原因。

(2)生产纱线品种有局限性。由于喷气涡流纺对原料选用要求高,这在一定程度上限制其品种种类没有环锭纺涉及的种类多。

从生产纱线的线密度分析,目前以生产 36.9~14.5tex 纱线为主,超过 10.7tex(55 英支)时,由于组成纱线的纤维根数较少,使成纱强力更低、纺纱难度更大、生产效率低,经济效益偏低且无法满足客户对高端产品的质量要求。

从生产纱线品种分析,目前以黏胶类纤维生产纱线仍占较大比重,由于产品同质化竞争激烈,价格逐年走低,已与环锭纺同价甚至略低于环锭纱。

从纱线应用领域分析,目前喷气涡流纱以大圆机针织物上的应用为主体,在机织物上应用比例较少,尤其作经纱使用时,由于其单纱强度低于环锭纱,有些技术问题需研究攻克。另外,因喷气涡流纱手感较环锭纱硬,故对手感要求柔软、蓬松风格的织物,如横机制作的羊毛衫等,目前尚无喷气涡流纱使用,有待进一步开拓研究。

(3)纱线质量上仍有一定缺陷。除前述纱线强力较低外,其纱线的条干均匀度也略差于环锭纱,而且纱线线密度越小差异越大,尤其是当工艺参数设计不当时易产生细节弱环纱,不但增加纺纱时的断头率、影响生产效率,而且细节弱环纱对后加工的针织物的质量影响较大,甚至造成疵品。

(4)纺纱工艺要求高。受喷气涡流纺成纱原理影响,对其生产现场的温湿度要求和使用的压缩空气的质量要求很高,这方面的投入和后期运行成本都高于环锭纺。同时,喷气涡流纺是半自由端纺纱形式,故它对纤维的前进梳理、并合工艺及前道设备的运行速度提出了比环锭纺更高的要求。在清梳联工序要采用柔性梳理工艺,既要充分梳理纤维又要尽量减少纤维损伤,使梳理后的生条质量能符合纺纱要求。同时对提供喷气涡流纺的条子中纤维伸直平行度要求也较高,故需要采用三道并合工艺,其运行速度要控制在环锭纺并条机的 70% 左右,所以,并条设备配置比环锭纺要多一倍左右。

随着新产品的不断开发和纺纱技术的改进,喷气涡流纺纱线的应用越来越广,生产消耗也逐步降低,村田公司也在设备上不断创新,在节能降耗方面推出很多专件器材,总体而言,喷气涡流纺的发展前景十分广阔。

第二节　喷气涡流纺成纱工艺过程

一、喷气涡流纺设备构成

喷气涡流纺设备分为车头控制部分(驱动端)、车尾(末端)部分、纺纱单锭部分(车身)、落纱小车(AD小车)、接头小车(87C小车)、清洁吹风机、导条架等,如图3-4、图3-5所示。

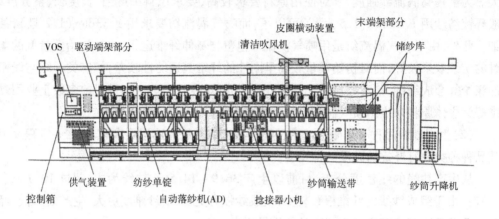

图3-4　喷气涡流纺纱机部位示意图

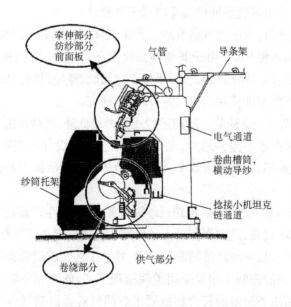

图3-5　喷气涡流纺侧视图

1.牵伸机构　喷气涡流纺是将一定量的熟条经过牵伸抽长拉细到所需定量的须条后,喂入加捻卷绕机构中,完成加捻成纱。牵伸由3个牵伸区4列罗拉组成,分别为后区(BDR)、中区(IDR)、主区(MDR)。后区(BDR)由3~4罗拉在单锭电动机的传动下,通过同步齿形带传输，NO.861 设备的后罗拉电动机每个单锭有 1 个，通过一定的齿比完成固定倍数的牵伸，一般为 3 倍，也可以根据需要更换后罗拉的齿轮，改变后区牵伸倍数（图 3-6、图 3-7）。

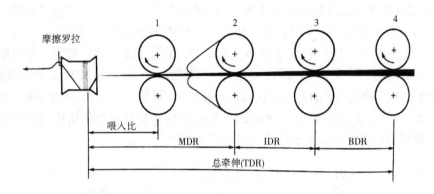

图 3-6　牵伸机构示意图

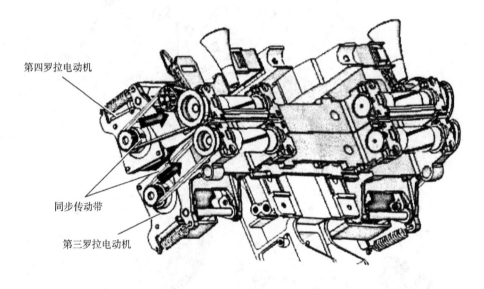

图 3-7　两个独立电动机分别驱动第三、第四罗拉

NO.870 设备在 NO.861 的基础上进行升级，3~4 罗拉分别由两个电动机单独传动，这样在工艺设计时，可根据需要灵活变动后区牵伸倍数。NO.870 设备的升级不只是后区牵伸倍数的灵活变动，NO.861 设备所纺纤维种类发生变化后，如果需要调整罗拉隔距，如原来纺纯化纤，罗拉隔距为 43×45（中区×后区，单位为 mm），后罗拉齿形带需要选用 140XL 或 138XL 的需要改为 CVC 品种，罗拉隔距需要调整到 39×43，或采用纯棉品种隔距 35×38 时，需要选择齿形带 142XL 的。因此，纤维种类发生大的变更时，需要更换齿形带，且在每次调整隔距时，都需要摘掉齿形带才能完成隔距的调整。经过升级的 NO.870 设备完全省去了这些烦琐的环节，隔距任意变动，不需要更换齿形带，也不需要摘掉皮带就可以完成，减少了改纺保全的很多麻烦。

中区牵伸也叫支持牵伸,是指2~3罗拉之间的牵伸比,是牵伸工艺设计中非常重要的部分,一般为1.8~2.8。所纺纤维种类不同,选择的IDR不同。如棉、棉混纺品种一般为1.8~2.2,化纤一般为2.2~2.8,设计是否合理,对成纱质量、胶辊、胶圈的寿命有一定影响。

主牵伸是3个牵伸区牵伸倍数最大的,它是指输出罗拉(NO.861型喷气涡流纺纱机中的输出罗拉)或摩擦罗拉(NO.870型喷气涡流纺纱机中的摩擦罗拉)与第二罗拉的牵伸比。在主牵伸区,上下胶圈严格控制纤维须条快速牵伸。在下销棒两端,安装有个胶圈隔距螺丝,用以控制胶圈的握持距,一般化纤用2.4mm的胶圈隔距,纯棉用2.7mm的胶圈隔距。

2. 加捻机构 喷气涡流纺的加捻机构由针座(纤维导管)、导引针、喷嘴组件(图3-8)、纺锭组件(图3-9)、辅助喷嘴组成,加捻的过程是在由这些重要部件组成的封闭腔体内完成的,也是喷气涡流纺实现高速纺纱的技术的重要装置。

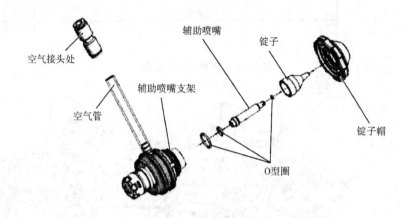

图3-8 喷嘴示意图

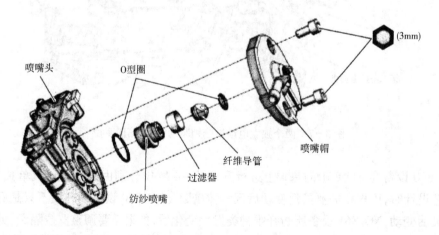

图3-9 纺锭组件示意图

3. 卷绕张力控制机构及输出机构 卷绕张力是通过调节飞翼的惯性完成的,飞翼惯性与筒子纱的形状和硬度有关。飞翼张力与适纺细度关系见表3-1,不同纱支对应不同飞翼张力。按图示方向(图3-10)旋转惯性调整螺母可对飞翼张力进行调整。摩擦罗拉的飞翼惯性根据纱线的类型、粗细和用途的不同而不同。卷绕张力的合适范围是单纱线强段8%~

5%。根据筒子纱的硬度,缠绕直径和缠绕形状可进行微调。

表3-1　飞翼张力参照表

纱线	38.9	29.1	19.4	14.6	11.7	9.7
线密度(tex)	15	20	30	40	50	60
飞翼张力(mN)	140	140	120	100	80	80

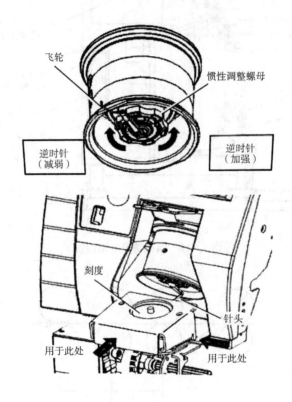

图3-10　飞翼张力调节方法

二、喷气涡流纺工艺设计

按照喷气涡流纺纺纱流程来看,喷气涡流纺的设备包括导条架、喇叭口、牵伸摇架、喷嘴组件、纺锭组件、输出罗拉(NO.861型喷气涡流纺纱机)、剪刀、清纱器、张力罗拉、上蜡装置、卷绕部分(图3-11)。

(一)喷气涡流纺工艺设计原理

1.罗拉隔距　罗拉隔距的选择主要根据纤维长度进行确定,一般化纤纯纺及混纺品种,罗拉隔距选择43mm×45mm,纯棉选择35mm×38mm,棉与化纤混纺时,根据棉纤维所占的比例,将隔距适当缩小(图3-12)。

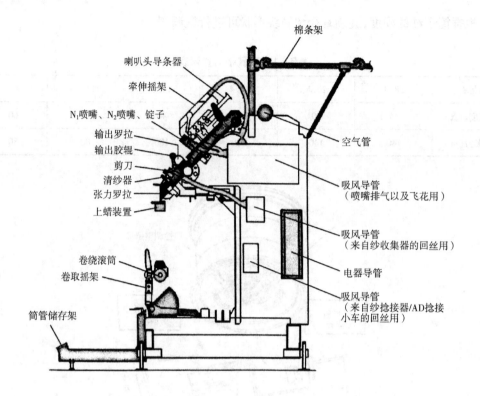

图3-11　涡流纺设备剖面图

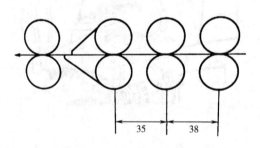

图3-12　罗拉隔距示意图

2.纺锭到前罗拉距离　纺锭到前罗拉距离是控制喷气涡流纺加捻过程中纤维自由端长度的重要工艺参数。距离越大,落棉率越大,制成率越低,但有利于加捻,成纱指标距离越小,落棉率降低,但对成纱指标不利。一般化纤选择20mm,纯棉选择190mm。在NO.870喷气涡流纺纱设备上,该项参数由不同颜色纺纱导板取代,一般化纤用白色导板,纯棉选择蓝色导板。

纺锭到前罗拉距离(图3-13)也直接影响纺纱的顺利进行的程度,距离越小,纺纱过程越顺利。从前罗拉出来的纤维束是在负压的吸引下进入喷嘴的,越靠近喷嘴入口处,负压的作用越强烈,如果距离偏大,负压无法将纤维束正常吸入喷嘴,会造成喷口处纤维堵塞。

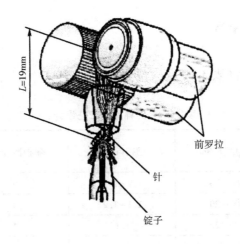

前罗拉

针

锭子

图 3－13　纺锭到前罗拉距离

3. 导引针到锥面体尖端的距离　导引针到锥面体尖端的距离是指导引针尖端到锥面体尖端的距离，纤维束在负压的作用下由导引针的引导进入涡流管内部，通过涡流在锥面体尖端部位螺旋加捻成纱，然后通过引纱管输出，最后卷绕在筒子上。当导引针到锥面体尖端的距离太小，纤维束很容易堵在锥面体端口，不利于成纱；距离太大则会起不到引导的作用。

4. 喷嘴规格　在 NO.861 的喷气涡流纺纱机上，一般用到的喷嘴有标准喷嘴、ECO 喷嘴、Star 喷嘴、CROWN 喷嘴四种，常用的有 ECO 喷嘴和 Star 喷嘴。ECO 喷嘴用在加捻要求不高的品种如黏胶、棉、天丝、莫代尔等纤维素纤维纯纺或混纺品种上，可以节省压缩空气的消耗，降低生产成本，Star 喷嘴是针对纯涤纶喷气涡流纺纱的要求而设计的，与 ECO 喷嘴相比较，它多了一个喷气孔，而喷气孔的直径没有发生变化，因此，其气流作用更强，加捻程度更高，对于涤纶这种易出弱捻的纱线品种来说效果很好。CROWN 喷嘴是与设备上的辅助喷气装置配套使用的，用于生产纯棉品种，其产品特征是纱线相对柔软。

在 NO.870 喷气涡流纺纱机上，一般喷嘴有 Orient 和 CROWN 两种。Orient 喷嘴适用于一般化纤、化纤/棉混纺品种及纯涤纶品种，CROWN 喷嘴需要与机器上的辅助喷气装置配套使用，与 NO.861 喷气涡流纺纱机的使用是一样的。

5. 喷嘴气压　在喷气涡流纺中，喷嘴气压是影响成纱质量的重要纺纱工艺参数，气压的大小影响旋转气流在喷嘴处形成的涡流转速，从而直接影响到旋转气流对喷气涡流纱的加捻包缠程度。不同原料的性能不同，对气压的要求也不同。

6. 纺锭规格　在 NO.861 喷气涡流纺纱机上，配套的纺锭有 1.0mm、1.1mm、1.2mm、1.3mm、1.4mm 共 5 种规格，随着纱线细度的变化，纺锭规格也应随之调整。如需减少涤纶品种的弱捻纱问题，可以在原有纺锭规格的基础上减小一档规格使用。

在 NO.870 喷气涡流纺纱机上，配套的纺锭有 F1、M1、C1 及超大型纺锭 4 种，一般常用的为前 3 种，超大型纺锭用在 36.4tex 以上（16 英支以下）的低支纱品种上，也可以用于生产手感柔软的品种。

(二)喷气涡流纺工艺参数

1. NO. 861 型

(1)纯棉品种工艺设计(表3-2)。

表3-2 纯棉品种工艺设计

纱线规格		纺纱速度(m/min)	纺锭(mm)	集棉器(mm)	飞翼张力(mN)
tex	英支				
29.1	20	340~420	1.2~1.3	6	150
24.3	24	340~420	1.1~1.2	5	130
19.4	30	340~420	1.1	4	120
14.6	40	300~400	1.1	3	100
11.7	50	280~380	1.0~1.1	2	80
9.7	60	280~380	1.0	1.5	60

(2)化纤、化纤/棉、化纤混纺品种的工艺设计(表3-3)。

表3-3 化纤、化纤/棉、化纤混纺品种工艺设计

英制支数	纱线细度(旦)	纺纱速度(m/min)	纺锭(mm)	主牵伸(倍)	中间牵伸(倍)	集棉器(mm)	飞翼张力(mN)
16	1.5	420	1.4	25~30	2.0~2.5	7	160
20	1.5	420	1.2~1.3	25~30	2.0~2.5	6	150
24	1.2~1.5	420	1.1~1.2	30~35	2.0~2.5	5	130
30	1.2	400	1.1	30~40	2.0~2.8	4	120
40	1.2	380	1.1	30~40	2.0~2.8	3	100
50	1.0~1.2	340	1.0~1.1	30~40	2.0~2.8	2	80
60	1.0	280	1.0	30~35	2.0~2.8	1.5	60

(3)纯涤纶品种工艺设计(表3-4)。

表3-4 纯涤纶品种工艺设计

纱线规格(tex)	纱线细度(旦)	纺纱速度(m/min)	纺锭(mm)	主牵伸(倍)	中间牵伸(倍)	集棉器(mm)	飞翼张力(mN)	喷嘴压差(MPa)
29.5	1.5	360	1.2	25~30	2.0~2.5	6	150	0.18~0.2
24.6	1.2~1.5	360	1.1	30~35	2.0~2.5	5	130	0.16~0.18
19.7	1.2	340	1.1	30~40	2.0~2.8	4	120	0.16
14.8	1.2	340	1.1	30~40	2.0~2.8	3	100	0.14
11.8	1.0~1.2	300	1.0	30~40	2.0~2.8	2	80	0.12
9.8	1.0	280	1.0	30~35	2.0~2.8	1.5	60	0.12

2. NO. 870 型

(1) 纯棉品种工艺设计(表3-5)。

表3-5　纯棉品种工艺设计

纱线规格		纺纱速度(m/min)	纺锭规格	喷嘴针座型号	喷嘴压差(MPa)
tex	英支				
29.1 以上	20 及以下	340~420	CROWN C	CROWN	0.5
11.7~29.1	20~50	340~420	CROWN M	CROWN	0.5
11.7 以下	50 以上	340~420	CROWN F	CROWN	0.5

(2) 化纤、化纤/棉、化纤混纺品种的工艺设计(表3-6)。

表3-6　化纤、化纤/棉、化纤混纺品种工艺设计

英制支数	纱线细度(旦)	纺纱速度(m/min)	纺锭	主牵伸(倍)	中间牵伸(倍)	集棉器(mm)	飞翼张力(mN)
16	1.5	500	C1	25~30	2.0~2.5	7	160
20	1.5	500	C1	25~30	2.0~2.5	6	150
24	1.2~1.5	480	M1	30~35	2.0~2.5	5	130
30	1.2	450	M1	30~40	2.0~2.8	4	120
40	1.2	400	M1	30~40	2.0~2.8	3	100
50	1.0~1.2	340	M1	30~40	2.0~2.8	2	80
60	1.0	300	F1	30~35	2.0~2.8	1.5	60

(3) 纯涤纶品种工艺设计(表3-7)。

表3-7　纯涤纶品种工艺设计

纱线规格 (tex)	纱线细度 (旦)	纺纱速度 (m/min)	纺锭	主牵伸 (倍)	中间牵伸 (倍)	飞翼张力 (mN)	喷嘴压差 (MPa)
29.5 及以上	1.5	380	C1	25~30	2.0~2.5	150	0.18~0.2
11.8~29.5	1.2~1.5	340	M1	30~35	2.0~2.5	130	0.16~0.18
11.8 以下	1.2	320	F1	30~40	2.0~2.8	120	0.16

三、喷气涡流纺质量控制

质量控制是一个纺纱厂生产控制的重要内容,也是一个系统工程,是清花、梳棉、并条、涡流纺各个工序质量控制的总和。喷气涡流纺的质量控制相对于环锭纺而言,有很多不同。

如喷气涡流纺因为加捻本身的原因,很多细节会导致弱捻纱的出现,如果不加以控制和预防,在后工序织造中,会导致织造断头增加或无法织造,因为纱线捻度不一致导致布面出现横档等质量问题。

1. 纱线耐磨度 在纺化学纤维时,即使喷气涡流纺单纱强力没有问题,在后道织造时仍然会出现弱捻及滑脱的现象,这种现象是因为包缠纤维没有充分包缠芯纤维,而导致纱线构造不稳定,由于筒子的侧面和导纱器的摩擦,一旦纱线沿往复方向旋转起来,纱线的包缠功能就会降低,出现弱捻及滑脱现象。纱线在这种往复运动中,若滑脱断裂的纤维一旦被织到布上,在布面上会呈现出染色不匀、布面不均匀的问题。在生产涤纶、黏胶、莫代尔、天丝等化学纤维的纱线时,耐磨度测试尤为重要。

一般情况下,纺纱速度增加(选用大规格的纺锭、降低喷嘴压力、提高喂入比),纤维包缠的力度就会变得不稳定,锭间差距就会增大,并会导致纱线耐磨度降低。

2. 纱线的粗细不匀 在纺纱、整经和织造各工序中的纱线断头会造成生产率的下降、原料损耗和劳动力浪费,纱线不均匀会导致纱线断头和织物组织不匀。现代纺纱织布技术不断发展,为提高高速无梭织机及针织机械的效率和织物的质量,对棉纱的质量要求增加了三个指标:单纱强力不匀率要求达到8%~9%、十万米纱疵筒纱不超过17个、支数重量不匀率(重量 CV 值)要求达到1.7%以下。喷气涡流纺纱的条干均匀度对于织物布面均匀度影响很大。

纱线粗细不匀的经典说法包括三类:随机不匀、加工不匀和偶发不匀。

(1)随机不匀。纱条中纤维根数及分布不匀,称随机不匀或极限不匀。任何纤维的几何形状和力学性能不可能一致,组合成纱条时,纤维间排列也会产生重叠、折钩、弯曲和空隙,因此,必然有因纤维粗细和排列导致的纱条随机不匀。

(2)加工不匀。纺纱加工中因工艺或机械因素造成的不匀,一般称加工不匀或附加不匀。由机械转动件的偏心和振动导致的纱条不匀,为周期性不匀,称机械波不匀;由牵伸隔距不当,使浮游纤维变速失控导致的纱条不匀,为非周期性不匀,称牵伸波不匀。

(3)偶发不匀。人为和环境因素不良,如因接头、飞花附着、纤维纠缠颗粒、杂质、成纱机制上的偶发性,以及偶发机械故障等偶发因素造成的粗细节、竹节、纱疵、条干不匀等,统称为偶发不匀。

3. 纱线棉结、粗节问题

(1)纱线棉结问题。棉结从其形成的原因看,可分为两大类。一类是由于原料造成的,另一类是在生产过程中造成的。

①由原料造成的。由原料形成的棉结包括棉籽皮上附着的纤维形成的棉结,原料油剂黏着形成的棉结等,原料生产及打包过程中形成的板结、索丝等。

②生产过程中造成的棉结。由于须条边缘毛羽造成的,由于清棉握持打击而形成的,或者由于梳理过程纤维受到反复揉搓造成的。

梳棉工序棉结产生的主要原因为刺辊与锡林的线速比率、锡林转移到道夫的纤维转移系数以及弯钩纤维。从给棉罗拉喂入的棉层,被刺毛辊锯齿松紧解出来后,纤维间附着的杂质露出,刺辊高速运转时,借离心力把其除去,落在刺辊下,纤维因离心力小于附着力而向前进。杂质中的纤维与杂质相比,纤维的表面积大而轻,杂质表面积小而重,所以纤维前进速度比杂质慢,只能跟着剃毛辊转,随着气流作用,纤维回收到剃毛辊漏底内。

刺辊与锡林的线速比率很关键,从给棉罗拉松解下的纤维扩散到表面积大的刺辊上去,刺辊就要有一定的速度。如果刺辊与锡林线速度相近,则纤维转移就差,纤维跟着刺辊打转,棉结丛生。如刺辊锯齿角小、密度大,纤维同样不易转移到锡林上而容易损伤纤维且棉结增加。当刺辊与锡林速比为1:1.1时,纤维从刺辊向锡林转移非常困难,纤维随着刺辊转回来,形成刺辊缠花。减小线速比率时,棉结有大量增加的趋势,当线速比率为1:1.94时,棉结最少。

纤维从锡林上转移到道夫上时,应根据纤维粗细情况采用适当的转移系数,生条棉结数可达到较低程度。纤维粗,转移系数可大;纤维细,转移系数要小。棉纤维细度细而不均匀要多分梳,转移系数不能太大。涤纶粗细均匀比粗的棉纤维转移系数可大。梳理面积增加后可以改变道夫锡林线速比。弯钩纤维与牵伸的关系也影响棉结的数量。生条内纤维定向度差,后端弯钩纤维比例大。生条逆向喂入头并,条子中前弯钩纤维比例大,纤维定向度差,条子中后端弯钩及两端弯钩经过牵伸后均比前有所减少。在前端弯钩多的头道并条经过的牵伸比大时,前端弯钩纤维容易形成棉结。加上须条边缘毛羽产生棉结原因,这时形成的棉结多。

(2)粗节问题。粗节将影响甚至破坏织物外观,因此,必须通过清纱器减少粗节,即从纱线中切除粗节,最好的办法是在纺纱过程中不产生粗节。粗节产生的原因主要有以下五个方面。

①原料中短绒含量多。短纤维在牵伸中运动的偏差会导致附加牵伸不匀,含量多时造成小粗节。纤维在牵伸中会按其长度做纵向转移、分类,短纤维逐趋集中,纤维长度越短,经过牵伸,它沿棉条长度方向分布的不匀程度就越大。

②梳棉机盖板针布不锋利。会造成纤维损伤、短绒增加、梳理度不足。应及时检查针布的锋利度,根据针布状态对平板车周期进行调整。

③工艺设计不当。例如,后区牵伸倍数小于1.7倍,条子中纤维平行度就差,加上前区牵伸倍数过大,短纤维及前弯钩纤维在牵伸过程中发生的移距偏差就大,造成条子中纤维伸直度差,成纱后由于该部分纤维伸直度不好、在纱条中排列混乱而造成粗节。

④生产中产生的小棉束。各牵伸机构中胶辊、罗拉上下的清洁装置运行不畅,清洁装置与胶辊、罗拉的接触不良不能除去胶辊、罗拉上黏着的小棉束,这些小棉束形成成纱中的粗节。

⑤操作不当或飞花。长而粗的粗节通常在后道工序由于操作不当或毛花堆积造成。为减少影响织物外观的花节数量,必须经常保持机台清洁。

第三节　加捻成纱基本原理

一、喷气涡流纺加捻成纱原理

喷气涡流纺是通过喷嘴喷射压缩空气形成高速旋转气流,使得针座入口部位形成负压,从而将经过牵伸的纤维流吸入空心锭内并与纱尾相搭接,利用空心锭内高速旋转强负压气流对集聚于纺锭头端的自由尾端纤维加捻成纱,如图3-14所示。具体成纱过程为:熟条通过涡流纺的导条架穿入喇叭口,在第一后罗拉与第二后罗拉组成的后区牵伸区内经初步牵伸,经过集棉器的集束与控制进入第三与第四罗拉组成的主牵伸区进行高倍牵伸。在主牵伸区上下胶圈的严格控制下,纤维完全被控制,须条快速牵伸。经过牵伸后的纤维须条,通过针座的螺旋曲面结构在引导针的作用下进入高速旋转的喷嘴腔;位于导引针周围的单纤维头端,受到正在形成的纱尾拉引而进入空心锭中;当须条尾端脱离前罗拉握持点后,形成自由端,受高速旋转涡流作用后,纤维须条分离成单纤维状倒伏在静止的空心锭入口的边缘,然后被旋转涡流加捻成纱(加捻过程中捻度趋于向前罗拉传递,导引针与纤维的摩擦力阻碍捻度向上传递,从而形成自由端纤维须条);最后纱线从空心锭子中引出。因此,喷气涡流纺具有一定的自由端纺纱的特征:分离纤维、凝聚、剥取、加捻等。

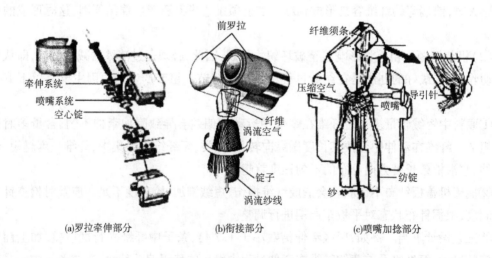

(a)罗拉牵伸部分　　　(b)衔接部分　　　(c)喷嘴加捻部分

图3-14　喷气涡流纺纱原理图

1.分离纤维　如图3-15所示,从前罗拉出来的纤维束,通过纺纱喷嘴的轴向气流的作用被吸引,进入加捻器(涡流室),在引导针的作用下,纤维前端进入空心管的中孔,与此同时,纤维的后端脱离了前罗拉的控制,通过喷管的最窄部位后,到达突然扩大了的喷嘴室内,纤维束的外层纤维受纺纱喷嘴的旋转气流的径向作用力而膨胀扩大,脱离了纤维束的主体,呈现断裂状态。需要指出的是,由于引导面、引导针及其气流共同的作用,形成了纤维在进入涡流室初期,即在引导针附近形成的自由端状态。引导针的作用之一是引导纤维进入空心管中孔,引导曲面的作用除了作为纤维输送通道、引导纤维进入喷嘴室外,还能更好地分离断裂纤维。

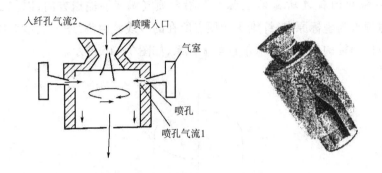

图3-15　喷嘴室内气流的流动

进入涡流室的气流有喷孔气流1、入纤孔气流2,两股气流在涡流室内形成一个较为复杂的流场,气流通过空心管的中孔及四周孔隙排出。

从喷孔进入的气流1,以空间螺旋状运动,可分成三个方向运动:切向分量 W_{1T}、轴向分量 W_{1n}、径向分量 W_{1r}。切向分量 W_{1T} 形成旋转涡流,并对须条进行加捻;轴向分量 W_{1n} 从空心管四周排走和进入空心管(引纱孔);径向分量 W_{1r} 向中心运动的同时,由于空心管顶端(圆锥面)的摩擦作用,使气流逐渐减少,一部分进入空心管,另一部分沿锥面又回流到空心管的四周而排走。

气流2从入纤孔经引导曲面进入喷嘴室(涡流室),进入喷嘴室后,空间突然增大,使气流产生扩散,最后,进入空心管和空心管的四周而排走。需要指出的是,这些气流流动过程中相互影响,共同完成纺纱过程。

2. 凝聚　凝聚是指在加捻器中形成新的纤维须条,纤维随着纤维流进入喷嘴室,在引导针的作用下,前端进入引纱孔(空心管中孔),纤维后端在脱离前罗拉的钳口握持后,由于气流的扩散和引导面的作用,使外层纤维脱离了须条主体。因此,在喷嘴室内,以空心管顶孔为输出点,在其后部形成类似菊花开放形状或火箭尾部喷射气流形状的纤维体,为喷气涡流纺的自由端纱尾。由于气流从空心管四周流出,因而部分纤维覆盖在空心管的锥形顶部。

3. 加捻　引纱尾在被引出的同时,由于旋转气流的作用,四周扩展出来的纤维,在中心纤维(将成为纱的芯纤维)的四周按一定方向(旋转气流方向)缠绕,从而完成纱线的加捻,纺成的纱则由导出罗拉以一定速度输出,经卷绕机构绕成筒子纱。需要指出的是,这种尾端纤维包缠加捻方式不同于纱体整体旋转加捻方式。喷气涡流纺有明显的自由端纺纱特征,尾端自由状态纤维的数量决定了加捻的程度,且仍有芯纤维存在,该芯纤维可以引导纤维更好地与前端输出纱条搭接。合理的涡流室结构和气流流动,可以增加尾端自由状态纤维的数量,增加加捻程度。

二、喷气涡流纺纱中纤维的空间轨迹

1. 构建纤维空间轨迹所需的坐标系 沿着喷气涡流纱输送方向,以位于纱线截面中心的纤维头端顶点为坐标原点,纤维头端顶点所在的纱线截面为纱平面,纱线中心线且沿纱线输送的反方向为轴构建空间笛卡尔直角坐标系,如图3-16所示。

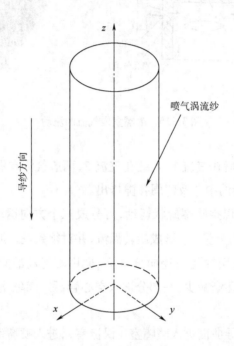

图3-16 空间坐标系示意图

2. 纤维在喷气涡流纱芯部的空间轨迹 经三上三下罗拉牵伸后的束纤维头端首先在负压作用下吸入空心锭子入口处的喷气涡流纱纱尾中,位于喷气涡流纱的芯部,同时纤维尾端受前罗拉钳口控制,则此时纤维两端被握持,那么纤维位于纱线中心而不会因为气流作用而发生内外转移现象。在纤维尾端未脱离螺旋纤维通道以前,进入喷气涡流纱体的纤维几乎平行位于纱线的芯部,定义该部分纤维为芯纤维。芯纤维所占的截面积与纱线截面积相比较小,则可假定芯纤维在 x 轴、y 轴的位移约等于零。

设纤维长度为 l,纺纱速度为 V_y,前罗拉钳口与空心锭子入口距离为 L_0,假设忽略因螺旋通道存在引起单纤维从前罗拉钳口输送到空心锭子入口的距离增加量,那么芯纤维的长度 l_c 可由式(3-1)求得:

$$l_c = l - L_0 \tag{3-1}$$

式(3-1)成立的前提是纤维尾端脱离前罗拉约束形成自由尾端纤维后,在旋转气流作用下均倒伏在空心锭子入口,最终形成包缠纤维。该情况下,从纤维头端刚开始进入空心锭子入口到纤维尾端脱离螺旋纤维通道的时间间隙 t_1 内,由假设可知,导纱距离等于芯纤维部分的长度,可用式(3-2)表示:

$$l_c = V_y t_1 \tag{3-2}$$

则芯纤维在喷气涡流纱纱芯的空间轨迹可由式(3-3)表示：

$$z = V_y t \left(0 \leq t < t_1, t_1 = \frac{l - L_0}{V_y} \right) \tag{3-3}$$

若纤维尾端脱离前罗拉约束后，形成自由尾端纤维，但并未受到旋转气流的作用而倒伏在空心锭子入口的情况，该自由端纤维将一直处于纱芯，最终形成芯纤维。也就是说该情况下整根纤维均为芯纤维，则由此可知，位于喷气涡流纱纱芯的芯纤维空间轨迹可由式(3-4)描述：

$$z = V_y t \left(0 \leq t < t_1, t_1 = \frac{l}{V_y} \right) \tag{3-4}$$

3. 纤维由纱芯向纱表转移的空间轨迹　当纤维的尾端脱离前罗拉钳口后，纤维尾端在旋转气流作用下成为自由尾端纤维，倒伏在空心锭子入口处，并随高速旋转气流旋转。此时纤维在离心力作用下，使得自由尾端纤维绕空心锭子旋转的同时，纤维由喷气涡流纱的芯部向纱线表面转移，其转移示意图如图3-17所示。

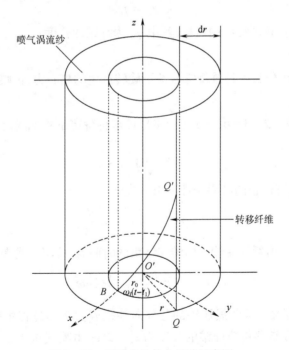

图3-17　纤维在纱体内转移示意图

因此，可假定纤维在纱线径向转移的半径 r 与时间的函数关系符合对数螺线规律，见下式：

$$r = e^{a\omega_f(t-t_1)} - e^b \left(0 \leq r \leq \frac{d_y}{2} \right) \tag{3-5}$$

式中：d_y——纱线直径；

a、b——待定系数；

ω_f——纤维旋转的平均角速度，其大小由喷嘴气压 p、喷嘴结构及纤维参数共同决定，应是时间的函数。

根据跟随性理论可知，加捻腔中纤维旋转的平均角速度 ω_f 约小于气流的平均旋转角速度，为简化计算这里看成近似相等。当纤维及喷嘴结构参数确定后，喷嘴气压越大意味着纤维旋转的平均角速度越大。

当 $t = t_1$ 时，$r \approx 0$，代入式(3-5)，则 $b = 0$。

将 $b = 0$ 代入式(3-5)，则有：

$$r = e^{a\omega_f(t-t_1)} - 1 \tag{3-6}$$

由式(3-5)可得：纤维由喷气涡流纱的芯部向纱线表面转移的加速度，即纤维沿纱线径向转移的半径 r 对时间 t 求二阶导数，可得纤维向径向转移的加速度 a_f，见下式：

$$a_f = \frac{d^2 r}{dt^2} = a^2 \omega_f^2 e^{a\omega_f(t-t_1)} \tag{3-7}$$

由牛顿动力学原理可得：

$$m_f a_f = f_c \tag{3-8}$$

式中：$m_f = \rho_f \pi r_f^2$ 为单位长度纤维的质量，其中，ρ_f 为纤维的密度；

r_f 为纤维的半径；

$f_c = \rho_f \pi r_f^2 2r\omega_f^2$ 为单位长度纤维绕空心锭子旋转产生的离心力，由喷嘴气压 p 及喷嘴结构参数共同决定。

当 $r = d_y/2$ 时，联立式(3-6)~式(3-8)，可求得待定系数 a 的值：

$$a = \sqrt{\frac{d_y}{d_y + 2}} \tag{3-9}$$

纤维在纱体内转移停止的临界条件可由下式表示：

$$r = e^{a\omega_f(t_2-t_1)} - 1 = \frac{d_y}{2} \tag{3-10}$$

由式(3-10)可求出纤维在纱体内转移结束的时间 t_2，可用下式表示：

$$t_2 = t_1 + \ln\left(\frac{d_y}{2} + 1\right)/(a\omega_f) \tag{3-11}$$

当 $t_1 < t < t_2$ 时，定义由喷气涡流纱的芯部向纱线表面转移过程中的包缠纱体部分的纤维为转移包缠纤维，令转移包缠纤维的长度为 l_m。纤维由喷气涡流纱的芯部向纱线表面转移过程的参数方程可由下式确定：

$$\begin{cases} x = r\cos[\omega_f(t - t_1)] \\ y = r\sin[\omega_f(t - t_1)] \\ z = V_y t \end{cases} \tag{3-12}$$

基于式(3-12)，转移包缠纤维的长度 l_m 可依据弧长公式求得，见下式：

$$l_m = \int_{t_1}^{t_2} \sqrt{r^2 \omega_f^2 \sin[\omega_f(t - t_1)]^2 + r^2 \omega_f^2 \cos[\omega_f(t - t_1)]^2 + V_y^2} \, dt \tag{3-13}$$

三、喷气涡流纺成纱结构与性能

1. 喷气涡流纺成纱结构　喷气涡流纺纱线是一种复合性的结构(图3-18),即一部分是无捻(或捻度很少)的芯纱,另一部分是包缠在芯纱外部的包缠纤维。包缠纤维将向心的应力施加于内部芯纤维上,给纱体必要的抱合力以承受外部应力。

图3-18　喷气涡流纱结构

喷气涡流纱是外包纤维包缠在芯纤维上的双层包缠纱结构,外包纤维的包缠是随机性地呈多种形态,并可归纳为螺旋包缠、无规则包缠和无包缠三类;螺旋包缠又可分为螺旋紧包缠、螺旋松包缠及规则螺旋包缠三种;无规则包缠可分为捆扎包缠、紊乱包缠两种;无包缠可分为螺旋无包缠、平行无边缠两种。

(1)螺旋包缠。外包纤维呈螺旋捻回状包缠在芯纤维上,具有明显的倾角和螺距,包缠的程度有紧有松,当包缠较紧时呈波浪状,有时包缠的倾角和螺距都比较规则,有时候又没有明显的规律。

(2)无规则包缠。外包纤维紊乱、松散地包缠在芯纤维上,没明显的倾角和螺距,有时呈90°角紧紧地捆扎在芯纤维的外层,形成箍状结构。

(3)无包缠。外包纤维同芯纤维间没有明显的界线,有时全部纤维基本平行纱轴,呈平行无包缠结构。有时全部纤维呈规则的螺旋排列,形成螺旋无包缠结构。

喷气涡流纺与其他纺纱方式的纱线结构对比如图3-19所示。

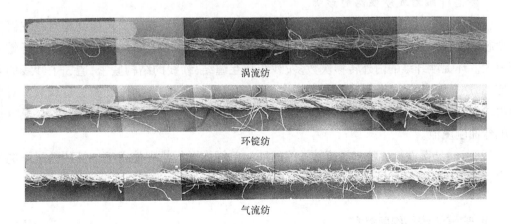

涡流纺

环锭纺

气流纺

图3-19　喷气涡流纺与其他纺纱方式的纱线结构对比图

2.包缠纤维对成纱性能的影响

(1)纱线外观。喷气涡流纺的纱线比环锭纺、转杯纺具有更高频率的粗细节。喷气涡流纺与转杯纺的纱线均匀性均好于环锭纱。喷气涡流纺的纱线毛羽比环锭纺和转杯纺纱线的少。喷气涡流纺的纱线表观直径较环锭纺和转杯纺纱线的好。喷气涡流纺的纱线具有环锭纺的纱线外观,比环锭纺具有更好的均匀性、较少的粗节和毛羽。造成喷气涡流纺纱线外观特性不同的主要原因是其具有高比例包缠纤维。喷气涡流纺纱线中的螺旋包缠纤维占纤维总数的60%,而喷气纺纱线中外包纤维仅占纤维总数的20%~25%。喷气涡流纺纱线中高比例的包缠纤维使得大量纱芯的尾端纤维束缚在纱体上,减少了头端造成的毛羽,同时,圈状的包缠纤维使得喷气涡流纺纱线外观蓬松,实质手感滑爽。由于纤维长度分布不匀、弯钩纤维及单纤维脱离前罗拉约束时间存在差异,造成喷气涡流纺纱线包缠不匀,这将直接导致其粗细节较环锭纺和转杯纺纱线多。对喷气涡流纺纱线外表包缠纤维的有效控制涉及喷孔角度、喷嘴直径、前罗拉与空心锭距、导引针的长短等工艺参数的优化。

(2)织物耐磨性和抗起球性。喷气涡流纺纱线制成的针织物耐磨性较环锭纺纱线制成的织物优越,但抗起球性能不如环锭纱织物好。造成该现象的主要原因是:喷气涡流纺纱中的包缠纤维在摩擦过程中制约了纤维的运动,对纱线的解体起着决定作用;反之,因喷气涡流纺纱线大量包缠纤维的存在,摩擦中易使包缠纤维自由头端纠集成球,若采用低强度的纤维,该现象能得到有效缓解。

(3)纱线强伸性能。喷气涡流纺纱线的断裂伸长略低于喷气纺纱线,断裂强力却明显高于喷气纺纱线。主要原因是:喷气涡流纺纱线的包缠纤维紧紧地包覆纱体内部纤维,对纱线的强力起关键作用。喷气涡流纺纱线断裂区域的主要特征是:疏松的、有圈状、折叠状的包缠纤维和纱线直径较小(细节),说明包缠纤维螺旋包缠角对喷气涡流纺纱线的断裂贡献不显著。

3.纱芯纤维对成纱性能的影响

(1)纱线弯曲性能。喷气涡流纺纱线的抗弯刚度都比环锭纺大。包缠纤维对喷气涡流纺纱芯纤维包缠紧密,使得芯纤维弯曲时相互滑移较少,较环锭纺纱线螺旋状分布的纤维抗弯矩大。环锭纱纤维的内外转移次数多,纱线相互缠结,纱线的结构紧密,造成了纱线的直径变小,这样纱线的拉伸模量较大,纱线中纤维的填充系数高,弯曲刚度相应也较大。对于自由端纺纱线来说,纤维的内外转移次数较少,纱线结构疏松,纱线之间相对滑移较多,具有较小的弯曲刚度值。

(2)纱线导湿性能。喷气涡流纺纱线的纱芯单纤维平行排列使得毛细管的数量可能在一定程度上比同支环锭纱多,导湿性能会更好。

四、喷气涡流纺织物性能

喷气涡流纺纱线具有毛羽少、耐磨性好、织物挺括等优点,无论在织造或是染色工序中,都显示出其他纺纱方式无法比拟的优势。不同纱线单面针织物起球的比较如图3-20所示,不同纱线机织物起球的比较如图3-21所示。

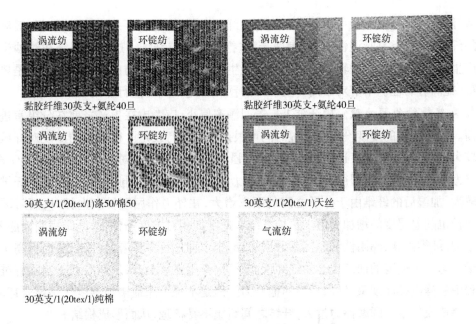

图3-20　不同纱线单面针织物起球的比较

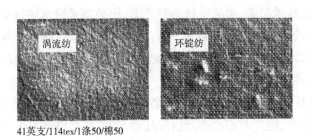

41英支/114tex/1涤50/棉50

图3-21　不同纱线机织物起球的比较

第四节　喷气纺和喷气涡流纺前纺工艺及其专件管理

一、前纺工艺要求

(一)原料预处理

不同纤维中由于天然纤维含有亲水性基团,吸湿等温线与放湿等温线不重合,同样相对湿度条件下,放湿过程纤维回潮率要高于吸湿过程纤维回潮率,因此,应根据纺纱工艺要求和质量要求,合理掌握和控制好纺纱生产过程中不同工序的温湿度,原料的预处理是指针对原料在投产之前对纤维进行预先处理,以保证纤维能在一定的回潮率或者适纺条件下投入纺纱工序,从而保证纤维顺利成纱,降低纤维在生产过程中的消耗,品质得到提升。由于目前在喷气涡流纺生产中使用纤维类别多,性能差异大,故为提高纺纱可纺性,以生产出品质优良的各种喷气涡流纺纱线,纤维预处理工作十分重要。

从纤维性能分析,成纱中需要特别处理的纤维主要有两类。一类是刚性较强、吸湿性能较差的纤维,另一类是吸湿性强,但表面光滑、抱合性较差纤维。这两类纤维在纺纱生产中均易产生静电缠绕罗拉、胶辊,增加断头,降低生产效率。因此,纺前预处理的重点是要减少静电荷,提高可纺性。本节对不同种类纤维的预处理过程分别进行介绍。

1. 天然纤维的预处理 棉纤维进厂若回潮率偏小,应考虑在投产之前在分级室进行加湿平衡。加湿区域的湿度设定和加湿时间可根据实际进行设定。棉纤维的湿度对纤维强力影响较大,强力在相对湿度逐步增加时,纤维强力逐步增加。相对湿度在 60% ~ 70% 时,棉纤维强力增加较明显,但湿度超过 80% 时,强力增加率则很小。同时,相对湿度对纤维伸长影响较大,加湿后的纤维由于分子之间的距离增大,在外力作用下易产生相对位移,因为纤维的伸长也随着湿度的增加而增大。棉纤维在适度的相对湿度条件下,纤维横断面膨胀,延展性增加,纤维柔软,黏附性和摩擦系数增加,纤维牵伸过程中更容易控制,从而提高了成纱的条干均匀度。适度的回潮也会使绝缘性能下降、介电系数上升,从而有利于消除纤维在生产过程中的静电排斥现象,增加纤维的抱合力。但是不是一味地增加湿度就是最合理的,湿度过大会造成纤维之间摩擦力过大,纤维之间纠缠不易梳理,从而形成棉结。

亚麻纤维由于其独特的性能,在投产之前,需要在容器中加适量的水,对纤维进行 4 ~ 6 天的闷料,以保证纤维充分吸湿。对使用亚麻纤维纺纱时,因纤维刚度大,在常态温湿度下的打击和梳理易造成纤维脆断,影响质量与制成率,故必须采用水和抗静电剂对亚麻进行处理,并将喷洒油剂后的亚麻在 25℃ 下存放 96h,并要多次翻仓以降低纤维黏结羊毛。羊绒纤维需要在投产之前加入一定的抗静电剂和水进行预处理,以达到减轻纺纱过程中产生的静电现象,提高适纺性能。

2. 化学纤维的预处理 在使用莫代尔、竹纤维、天丝原料时,由于纤维表面较滑,在生产过程中也易产生静电,生产前必须进行给湿处理,其方法是将原料进车间开包存放 24h,并在绷棉机上进行喷雾给湿,使原料含水率达到 13% 左右,使整个纺纱过程在放湿状态下生产。天丝纤维由于纤维刚性比较大,适当的原料加湿可以提高纤维的柔软性,减少纤维在纺纱过程中因静电原因造成的绕胶辊、绕罗拉现象。

(二)配棉要求

为了保持生产和成纱质量的稳定,优质低耗地进行生产,要求生产过程和成纱质量保持相对稳定。保持原棉性质的相对稳定是生产和质量稳定的一个重要条件。如果采用单一批号纺纱,当一批原料用完后,必须调换另一批原料来接替使用,这样次数频繁地、大幅度地调换原料,势必造成生产和成纱质量的波动。如果采用多种原料搭配使用,只要搭配得当,就能保持混合原料性质的相对稳定,从而使生产过程及成纱质量也保持相对稳定。

配棉的原则讲究质量第一、全面安排、统筹兼顾、保证重点、瞻前顾后、细水长流、吃透两头、合理调配。质量第一、统筹兼顾、全面安排、保证重点就是要处理好质量与节约用棉的关系,在生产品种多的基础上,根据质量要求不同,既能保证重点品种的用棉,又能统筹安排。瞻前顾后就是充分考虑库存原料、车间半成品、原料采购的各方面情况,保证供应。细水长流就是要尽量延长每批原料的使用期,力求做到多批号生产,如 6 ~ 8 个批号。吃透两头、合理调配就是要及时摸清用原料趋势,随时掌握产品质量反馈信息,机动灵活、精打细算地调配原料。

1. 配棉的目的

(1)保持生产和成纱质量的稳定,合理使用原棉,尽量满足纱线的质量和纱线细度的要求,因为纱线质量和特性要求不尽相同,加之纺纱工艺各有特点,因此,各种纱线对使用原棉的质量要求也不一样。另外,棉纺厂储存的原棉数量有多有少,质量有高有低,如果采用一种原棉或一个批号的原棉纺制一种纱线,无论在数量上还是在质量上都难以满足要求,故应采用混合棉纺纱,以充分利用各种原棉的特性,取长补短,满足纱线质量的要求。

(2)节约用棉,降低成本。原棉是按质论价的,不同纤维长度、等级的原棉价格差别很大,原棉投资在棉纱成本中占50%~85%(视品种而异),如果选用的原棉等级较高,虽然成纱质量可以得到保证,但是生产成本增加,意味着吨纱利润降低。因此,配棉要从经济效益出发,控制配棉单价和吨纱用棉量,力求节约原棉成本。例如,在纤维长度较短的配棉中,适当混用一定比例的长度较长的低级别原棉,不仅不会降低成纱质量,相反可以提高成纱强力,对于原棉下脚、回花、精梳落棉、再用棉等成分,可按一定比例回用到配棉中,也可以起到降低用棉成本、节约用棉的效果。

2. 配棉的方法　目前,棉纺企业普遍使用分类排队法的配棉方法,分类排队法即根据原棉的特性和纱线的不同要求,把适合纺制某品种纱线的原棉划分为一类,排队就是将同类原棉按产地、性质、色泽基本接近的排在一队中,然后与配棉工程相结合编制成配棉排队表。分类排队法的优点是可以有计划地安排一个阶段的纱线配棉成分,可以保证混用效果,是一种科学的配棉方法

(1)原棉的分类。

①可以按照纺制产品的规格对原棉进行分类。例如,精梳14.6~18.2tex(32~40英支)针织用纱使用同类原棉。

②每批原棉技术指标差别不要过大。例如,控制范围如下:品级1~2级,长度2~4mm;含杂率:1%~2%,含水率:1%~2%。

③棉纺工艺流程不同,配棉分类时也要灵活掌握。例如,同样的原棉在不同年节出现不同成纱质量时,配棉分类时就应及早调整。

(2)原棉的排队。在分类的基础上,将同一类原棉排成几队,把产地、技术指标相对接近的原棉排在一个队内,以便当一个批号的原棉用完以后,用同一个队中的另一个批号的原棉接替上去,使正在使用的原棉的特性无明显变化,达到稳定生产和保证成纱质量的目的。

(三)清梳工序及质量要求

1. 开清棉　清花工序主要根据不同的原料和纺纱品种,确定打手形式、工艺速度和隔距。在清花工序应尽量减少对纤维的损伤和棉结的增加。一条好的清花生产线,经过该工序后,纤维的短绒增加率一般不应超过1%,棉结增加率一般不应超过75%。喷气涡流纺纱对于清花工序原料的开松要求更高,纤维束受到气流的作用既要开松彻底,又要避免纤维之间互相纠缠,提高纤维的取向度。

(1)自动抓棉机。自动抓棉机的作用主要是从棉包中抓取原料,并喂给开清棉机组,同时伴有一定程度的开松与混合作用。抓棉机高速回转的抓棉打手抓取棉块时,受到肋条的

阻滞,其工艺作用是撕扯。抓棉机不仅要满足流程对产量的要求,而且还要对原棉进行缓和、充分开松,并把不同成分的纤维按配棉比进行混合。为达到这些目的,要求抓棉机抓取的棉束尽可能小,即所谓的精细抓棉。开清棉阶段,浮在棉束表面的杂质比包裹在棉束内的杂质容易清除,纤维混合精确、充分,其密度差异小、可避免在气流输送过程中因棉束重量悬殊产生分类现象。小棉束能形成细微均匀的棉层,有利于后续机械效率的发挥、提高棉卷均匀度。

(2)多仓混棉机。混棉机的主要任务是对原料进行混合,并伴有扯松、开松、除杂及均匀给棉等作用。主要是利用多个储棉仓进行细致的混合作用,同时利用打手、角钉帘、均棉罗拉和剥棉罗拉等机件起到一定的开松作用。多仓混棉机的混合作用,都是采用不同的方法形成时间差混合而成的。按照行程时间差的不同方法,目前国内外流行的多仓混棉机有两种典型代表,一种是不同时喂入的原料、同时输出形成时间差实现混合,另一种是同时喂入的原料,因在机器内经过的路线长短不同,而不同时输出形成时间差进行混合。

(3)开棉机。开棉机是将紧压的原料松解成较小的棉块或棉束,以利于混合、除杂作用的顺利进行。开棉机的共同特点是利用打手(角钉、刀片或针齿)对原棉进行打击,使之继续开松和除杂。开棉机的打击方式有两种,即自由打击和握持打击。合理选用打手形式、工艺参数和运用气流,对充分发挥打手机械的开松与除杂作用、减轻纤维损伤和杂质破碎有重要意义。

各种开棉机的目的与要求不同,其采用的打手形式也各不相同,可以分别使用刀片式打手、梳针式打手、锯齿式打手、综合打手等。

2. 清梳联 清梳联是棉纺技术的发展趋势,是棉纺工程实现自动化、连续化和现代化主要标志之一,清梳联不是清棉与梳棉的简单连接,而是把两者在新的条件下重新组合成一条新的生产线。清梳联分有回棉和无回棉两种工艺流程。

在有回棉工艺流程中,为使各台梳棉机喂棉箱得到相同数量的原棉,不断在配棉管路中输送,从第一台开始喂入,最终将多余原棉返回喂棉箱。在无回棉工艺流程中,利用各机台棉箱排气量及输棉通道的压力变化来控制棉箱的输入量。在正常情况下,输棉通道的压力与喂棉箱中纤维存量成正比。当上喂棉箱纤维存量多时,出风口被盖面变大,箱内压力也变大,原棉输送变慢,反之亦然。

无论是开清棉还是清梳联,为保证纤维的充分开松和减少短绒的产生,均以"勤抓少抓、以梳代打、均匀混合、少喂勤供、连续供给、先落大后落小、多落少碎"为工艺设计的原则。

3. 梳棉机 梳棉是整个棉纺的心脏,肩负着分梳、除杂、混合、均匀成条的任务,梳棉工艺对半成品指标及成品指标有着至关重要的影响。喷气涡流纺对于纤维的伸直平行度要求很高,所以梳棉工序的梳理效果直接影响喷气涡流纺工序的成纱质量和生产效率。

根据生产的品种不同,梳棉工艺也存在差异,可根据盖板隔距、盖板速度、锡林转速等的不同大致分为两类工艺。

一类纯棉工艺:锡林转速较快,盖板隔距较小(通常为7英寸、6英寸、6英寸、7英寸),盖板速度较快。

二类化纤工艺:锡林转速较慢,盖板隔距稍大(7英寸、6英寸、6英寸、7英寸或9英寸、8

英寸、8英寸、9英寸),盖板速度较慢。

(四)精梳及精梳前准备工序及质量要求

梳理机输出的条子,通常称为生条,表示其虽然已具有条子的外形,但其内在质量还不够好,生条中纤维排列比较混乱,伸直度差,大部分纤维呈现弯钩状态,如果直接用生条在精梳机上加工梳理,梳理过程中就可能形成大量的落棉,并造成纤维严重损伤,短绒增加。同时,锡林梳针的梳理阻力大,易造成针齿损伤,还会产生新的棉结。为了适应精梳机的生产要求,提高精梳机的产品质量以及节约用棉,生条必须先经过精梳前准备才能在精梳机上加工,预先制成适应精梳机加工的、质量优良的小卷。

1. 精梳准备　精梳机前准备工序工艺配置应按照偶数法则配置,根据梳棉机锡林与道夫之间的作用分析及实验结果可知,道夫输出的棉网中后弯钩纤维所占比例最大,占50%以上。每经过一道工序,纤维弯钩方向改变一次。精梳机在梳理过程中,上下钳板握持棉丛的尾部,锡林梳针梳理棉丛的前部,因此,当喂入精梳机的大多数纤维呈前弯钩状态时,易于被锡林梳直;而纤维呈后弯钩状态时,无法被锡林梳直,在被顶梳梳理时会因后部弯钩被顶梳阻滞而进入落棉,因此,喂入精梳机的大多数纤维呈前弯钩状态时,有利于弯钩纤维的梳直,并可减少可纺纤维的损失,所以,在梳棉与精梳之间的设备道数按照偶数配置,可使喂入精梳机的多数纤维呈前弯钩状态。

精梳准备的工艺流程如下。

(1)预并条、条卷。这种流程的特点是机器少,占地面积小,结构简单,便于管理和维修。但由于牵伸倍数较小,小卷中纤维的伸直平行不够,且由于采用棉条并合方式成卷,制成的小卷有条痕,横向均匀度差,精梳落棉多。

(2)条卷、并卷。条卷并卷特点是小卷成形良好,层次清晰,且横向均匀度好,有利于梳理时钳板的握持,落棉均匀,适于纺细特纱。

(3)预并条、条并卷。其特点是小卷并合次数多,成卷质量好,小卷的重量不匀率小,有利于提高精梳机的产量和节约用棉。但在纺制长绒棉时,因牵伸倍数过大易发生粘卷,且此种流程占地面积大。

2. 精梳工序

(1)合理选择精梳准备工艺流程与工艺参数。合理的工艺流程与工艺参数可以提高精梳小卷的质量、减少精梳落棉和粘卷。目前,精梳准备的工艺路线有并条与条卷、条卷与并卷、并条与条并卷三种,应根据纺纱品种及成纱质量要求合理选择。同时,要合理地确定精梳准备工序的并合数、牵伸倍数,尽可能提高纤维的伸直度、平行度,减少精梳小卷的粘连。

(2)合理确定精梳落棉率。合理的精梳落棉率可以提高精梳产品的质量与经济效益。精梳落棉率的大小应根据纺纱的品种、成纱的质量要求、原棉条件及精梳准备流程及工艺情况而定。

(3)充分发挥锡林与顶梳的梳理作用。要根据成纱的品种及质量要求合理选择精梳锡林的规格及种类,以提高其梳理效果。

(4)合理确定精梳机的定时、定位及有关隔距。合理的定时、定位及隔距有利于减少精梳棉结杂质,提高精梳条的质量。

（五）并条工序及质量要求

并条工序主要实现牵伸、混合的作用，牵伸的实质是纤维集合沿集合体的轴向作相对位移，使其分布在更长的片段上，其结果是使集合体的线密度减小，同时使纤维进一步伸直平行。

由于牵伸过程中，纤维在牵伸区中的受力、运动和速度等是变化的，导致牵伸后纱条的短片段均匀度恶化。其恶化的程度与牵伸形式、工艺参数等设置有关。摩擦力界就是牵伸中控制纤维运动的一个摩擦力场，通过合理设置摩擦力界，可以实现对牵伸中纤维运动的良好控制，从而减少输出条的均匀度恶化。

由于喷气涡流纺工序纺纱速度快，总牵伸倍数大，对熟条纤维的平行伸直度要求较高。经过多年来的实际验证，并条工序采用三道并合工艺，既可以降低生条的重量不匀率和重量偏差，更重要的是可以改善纤维的平行伸直度，有利于降低熟条的条干均匀度。由于纤度较小的纤维素纤维或者合成纤维在并条工序牵伸过程中，易出现绕罗拉、绕胶辊、堵四条斜管等现象，故并条工序的工艺应采用"大隔距、顺牵伸"的原则，保持环境相对湿度在63%~68%，以提高纤维的可纺性能，提高熟条的品质。并条工序工艺参数设置如下。

1. 熟条定量　熟条定量的配置应根据纺纱线密度、产品质量要求及加工原料的特性等来决定一般纺细特纱及化纤混纺时，产品质量要求较高，定址应偏轻掌握。但在罗拉加压充分的条件下，可适当加重定量。

2. 牵伸倍数

（1）总牵伸倍数。并条机的总牵伸倍数应接近于并合数，一般选择范围为并合数的0.9~1.2倍。在纺细特纱时，为减轻后续工序的牵伸负担，可取上限，在对均匀度要求较高时，可取下限。同时，应结合各种牵伸形式及不同的牵伸张力综合考虑，合理配置。

（2）各道并条机的牵伸分配。

①头并牵伸大（大于并合数）、二并牵伸小（等于或略小于并合数），又称倒牵伸，这种牵伸配置对改善熟条的条干均匀度有利。

②头并牵伸小、二并牵伸大，又称顺牵伸，这种牵伸配置有利于纤维的伸直，对提高成纱强力有利。

在纺特细特纱时，为了减少后续工序的牵伸，也可采用头并牵伸倍数略大于并合数，而二并牵伸倍数可更大（如当并合数为8根时，可用9倍牵伸或10倍以上牵伸）。原则上，头并牵伸倍数要小于并合数，头并的后区牵伸选2倍左右；二并的总牵伸倍数略大于并合数，后区牵伸维持弹性牵伸（小于1.2倍）。

（3）部分牵伸分配的确定。目前，虽然并条机牵伸形式不同，但大都为双区牵伸，因此，部分牵伸分配主要是指后区牵伸和前区牵伸（主牵伸区）的分配问题。由于主牵伸区的摩擦力界较后区布置得更合理，因此，牵伸倍数主要靠主牵伸区承担。一方面，后区牵伸中摩擦力界布置的特点不适宜进行大倍数牵伸，因为后区牵伸一般为简单罗拉牵伸，故牵伸倍数要小，只应起为前区牵做好准备的辅助作用，一般配置的范围为头道并条的后区牵伸倍数在1.6~2.1倍、二道并条的后区牵伸倍数在1.06~1.15倍；另一方面，由于喂入后区的纤维排列十分紊乱,棉条内在结构较差,不适宜进行大倍数牵伸。另外,后区采用小倍数牵伸,则牵伸后进入前区的须条,不至于严重扩散,须条中纤维抱合紧密,有利于前区牵伸的进行。

①主牵伸区具体牵伸倍数配置应考虑的主要因素为摩擦力界布置是否合理、纤维伸直状态如何、加压是否良好等因素。

②张力牵伸前张力牵伸应考虑加工的纤维品种、出条速度及相对湿度等因素,一般控制在 0.99~1.03 倍。张力牵伸太小,棉网下坠易断头;张力牵伸过大,则棉网易破边而影响条干。出条速度高、相对湿度高时,牵伸倍数宜大。纺纯棉时前张力牵伸宜小,一般应在 1 以内;化纤的回弹性较大,混纺时由于两种纤维弹性伸长不同,前张力牵伸应略大于 1。后张力牵伸与条子喂入形式有关,主要应使喂入条子不起毛,避免意外牵伸。

3. 罗拉握持距的确定 罗拉握持距为相邻两罗拉握持点间所包含所有线段长度之和,其对条子质量的影响至关重要。确定罗拉握持距的主要因素为纤维长度及其整齐度,纤维长度长、整齐度好时可偏大掌握。握持距过大,会使条干恶化、成纱强力下降;过小,会产生胶辊滑溜、牵伸不开,拉断纤维而增加短绒,破坏后续工序的产品质量。为了既不损伤长纤维,又能控制绝大部分纤维的运动,并且考虑到胶辊在压力作用下产生变形使实际钳口向两边扩展等因素,罗拉握持距必须大于纤维的品质长度,这是针对各种牵伸形式的共同原则。另外,罗拉握持距的确定还应考虑棉条定量(定量偏轻时握持距可偏小掌握)、加压大小(加压重时握持距可偏小掌握)、出条速度(出条速度快时握持距应偏小掌握)、工艺道数(头道比二道的握持距应偏小掌握)等因素。

4. 罗拉加压 重加压是实现对纤维运动有效控制的主要手段,它对摩擦力界的影响最大,重加压也是实现并条机优质高产的重要手段。并条机罗拉加压的确定,必须考虑牵伸形式、牵伸倍数、罗拉速度、棉条定量以及原料性能等,一般为 200~400N。罗拉速度快、棉条定量重、牵伸倍数高时,加压宜重。棉与化纤混纺时的加压量应较纺纯棉时提高 20% 左右,加工纯化纤时应增加 30%。

二、喷气涡流纺专件管理

(一)集棉器

集棉器的作用就是在纤维经过后区与中区牵伸后,进入主牵伸区前对纤维进行收束,控制纤维运动,确保纤维变速点的集中,从而提高成纱条干均匀度。集棉器的选择以刚好能控制纤维为佳,不可因为集棉器过大而导致条干恶化,更不可因为集棉器过小而导致牵伸力过大,导致牵伸不稳定。对于蓬松的纤维,可以适当放大集棉器。

(二)纺锭

在 NO.861 喷气涡流纺纱机上,配套的纺锭有 1.0mm、1.1mm、1.2mm、1.3mm、1.4mm 共 5 种规格,随着纱线细度的变化,纺锭规格也应随之调整。如需减少涤纶品种的弱捻纱问题,可以在原有纺锭规格的基础上减小一档规格使用。

在 NO.870 喷气涡流纺纱机上,配套的纺锭有 F1、M1、C1 及超大型纺锭 4 种,一般常用的为前 3 种,超大型纺锭用在 36.4tex 以上(16 英支以下)的品种上,也可以用于生产手感柔软的品种。

(三)喷嘴

在 NO.861 的喷气涡流纺纱机上,一般用到的喷嘴有标准喷嘴、ECO 喷嘴、Star 喷嘴、CROWN 喷嘴四种,常用的有 ECO 喷嘴和 Star 喷嘴。详见本章第二节所述。

(四)胶圈、胶辊

胶辊、胶圈是纺纱的重要牵伸器材。胶辊与罗拉、胶圈与上下销组成两对弹性握持钳口,完成对纤维的握持和牵伸。很多胶辊生产厂家在推销自己的产品时,往往介绍说其胶辊采用先进的工艺配方制造,能够提升成纱水平,抗绕、抗静电性能好等,过分夸大了胶辊、胶圈的配方作用,实际上胶辊的生产过程与纺纱过程一样,即人、机、料、法、环五要素缺一不可,胶辊配方仅排第四位。人是完成生产、工艺的首要因素,排第一位。没有好的设备及完好的设备状态、优质的橡胶原料,再先进的配方工艺都不可能生产出好的胶辊、胶圈产品来。胶辊制造过程中关键工序控制及对成纱质量的影响如下。

(1)胶辊胶料的综合分散度。胶辊胶料的综合分散度是考核胶辊内在质量的重要指标,分散度越高,胶料配方中的各组分(包括抗静电剂和补强填料)分布越均匀,其相应的各种功能充分发挥,因此,胶料的强力、磨耗、弹性、抗静电性能都可得到改善。分散度高的胶辊在胶料中形成电子通道,常称隧道效应,可使体积电阻率降低、导电性能(抗静电性能)提高;反之,分散度低的胶辊抗静电剂分散不匀,使体积电阻率上升、导电性能(抗静电性能)下降,而且因胶料内部含有微小气孔和没有分散的块状,易造成胶辊硬度不匀,使胶辊在运转中产生周期性握持力波动,直接影响成纱条干。因此,为了保证胶辊质量,高品质胶辊要采用小批量及多次混料的方法,以使胶料达到应有的分散度。胶辊的质量标准过去主要是考核硬度、回弹性、恒定压缩永久变形率及几何尺寸等;而目前对胶辊的分散度越来越重视,国家标准GB/T 6030—2006《橡胶中炭黑和炭黑/二氧化碳分散的评估 快速比较法》中规定分散度共分为 10 级,5 级以下为差,5~6 级为不确定,7 级为可接受,8 级为好,9~10 级为很好,纺织用胶辊分散度应在 8 级以上。

(2)胶辊的表面粗糙度。胶辊的表面粗糙度可采用轮廓算术平均平偏差 Ra 来表示,Ra可以通过粗糙度仪器测试。

胶辊表面处理通常有三种方法:表面酸处理(由于对人体危害较大,同时对操作者要求很高,风险较大,处理后胶辊易老化,易早期龟裂,现在基本不用了)、表面光照处理和表面化学涂料处理,在同一磨砺工艺条件下,表面光照处理和表面化学涂料处理的胶辊表面粗糙度各有差异,见表 3-8。

表 3-8 不同处理方式下的胶辊粗糙度 Ra 值

胶辊表面处理方法	胶辊实测 Ra 值(μm)	Ra 值绝对值差(μm)
未处理	0.654	0.145
光照处理	0.532	0.076
化学涂料	0.664	0.137

化学涂料处理并不能改善胶辊表面粗糙度,原先通过化学涂料处理胶辊可以达到"削高填低"、改善胶辊粗糙度的提法并不准确,它只是在胶辊表面增加了一层涂覆层。而通

过紫外线光照处理胶辊的方法,通过 γ 射线改变胶辊橡胶分子结构,对胶辊的粗糙度有所改善。有时用涂料处理比用紫外线处理成纱的质量好,但这并不是涂料处理降低了胶辊的粗糙度的原因,而是提高了胶辊的可纺性,胶辊的可纺性和胶辊的粗糙度是两个不同的概念。

(3)胶辊表面粗糙度 Ra 值大小与成纱质量的关系。胶辊内在质量不同,在同一磨砺工艺条件下,其表面粗糙度 Ra 值也不尽相同,Ra 值的大小决定了胶辊的握持力和摩擦力,胶辊的摩擦力直接影响成纱条干质量。一般纺纯棉中支纱推荐胶辊的粗糙度为 $0.8\mu m$ 左右,一般高精度宽砂轮磨床一个往复即可;一般纺制高支纱推荐 $0.6\mu m$ 左右,高精度宽砂轮磨床两个往复也可以满足;而纺制化纤及特殊品种(如 0.8 旦的超细旦纤维)时,为了提高握持力,胶辊表面粗糙度 Ra 值不宜过小,而且要根据胶辊的处理方式和工艺条件来决定。

牵伸倍数与胶辊表面粗糙度 Ra 值大小对成纱质量也有影响。胶辊表面粗糙度 Ra 值大小随着纺纱牵伸倍数的增大而增大;随着牵伸倍数的减小而减小,牵伸倍数大、纤维离散度高,只有较大的胶辊动摩擦力才能保证其纤维抱合力,从而减少浮游纤维。纺纱牵伸倍数小,对胶辊表面粗糙度的要求适应面较宽,如粗糙度 Ra 值过高对条干不理想,且细节有所增加在纺纱牵伸中,胶辊表面粗糙度在混纺品种中尽可能加大至 $0.8\sim1.0\mu m$,而在纺纯棉品种中可适当加大到 $0.5\sim0.7\mu m$,而在生产细旦天丝品种时,尽可能增加胶辊粗糙度到 $1.0\mu m$ 以上。但粗糙度过大会带来静电聚集,产生绕花,但由于当前不处理辊的抗静电性能强,粗糙度适当加大也不会产生静电绕花。但过大的粗糙度会产生缠绕现象,必须通过加覆涂层处理提高其抗缠绕性能。

胶辊表面粗糙度不均匀易造成动摩擦系数波动,摩擦力不均匀,影响对须条的握持力,进而产生粗细节;而胶辊表面粗糙度均匀,可使胶辊动态握持力相对均匀,有利于改善成纱条干。由于胶辊的粗糙度直接影响牵伸握持力,所以,当纺纱厂在不同温湿度和不同的工艺情况下,生产不同细度、长度及不同性质的纤维时对胶辊加工的粗糙度会有不同要求。例如,某企业在生产 0.8 旦 G100 天丝和兰精莫代尔混 19.7tex 喷气涡流纺纱时,采用进口贝克磨床磨砺胶辊时,由于胶辊表面的粗糙度较小,成纱条干恶化、细节增加较明显,而调整磨砺参数后,提高了胶辊的粗糙度,成纱细节显著下降。

(4)生产不同的品种选用不同性能的胶辊。生产色纺纱及氨纶包芯纱时,由于纤维中含有色素和油剂,容易出现胶辊起鼓现象。而同一款胶辊由于橡胶分子中的亲油基分子及添加剂不同,耐油剂性能也不同,主要表现为胶辊耐油的能力和耐油剂的品种不一样。LXC-766、LXC-766a 为抗油剂胶辊,能有效解决纺色纺及氨纶纱胶辊起鼓现象。有些企业,车间温湿度控制不良,特别是生产化纤品种时,胶辊缠、绕、损现象突出,可选用抗缠绕性能较好的 D-85/90 石墨烯胶辊,该胶辊即使在高温高湿情况下,"三抗"效果也良好。生产喷气涡流纺纱线,可选用 V-73、V-78 胶辊,其性能可与进口胶辊相媲美,周期和 9 级纱疵水平都不差于进口胶辊,但价格远低于进口胶辊。生产对胶辊耐磨性要求较高的产品(如紧密纺),可选用 JA-65、JA-75 聚氨酯胶辊,该胶辊耐磨性能好,磨砺周期长,可有效节约胶辊房用工。

三、喷气涡流纺纱线产品的开发与利用

(一)喷气涡流纺试纺原料

1. 天然纤维 大自然中能够称作纤维的有成千上万种,但是目前能够被纺织业广泛使用的天然纤维也就是十几种,其中以棉、毛、丝、麻使用最为广泛。天然纤维最大的特点是外观形态以及力学性能等方面的离散性很大,这给纺纱带来很多特殊的问题。喷气涡流纺由于特殊的纺纱方式,对天然纤维的可纺性能有着更高的要求。

(1)棉。从外观形态上来讲,棉纤维最大的优点是纤维的直径细,其缺点是纤维长度偏短且纤维整齐度偏差;从纺纱原理来讲,在其他条件相同时,纤维越长,其构成纱线的力学性能越好。在保证成纱具有一定力学性能的前提下,棉纤维的长度越长,纱线的毛羽越少,条干等方面的指标也就越好。

在传统环锭纺纱机上生产的纯棉纱线品种多、质量优,已积累了丰富的生产经验,但在喷气涡流纺纱机上生产纯棉或棉混纺纱线却难度较大。主要是由于喷气涡流纺生产纱线对原料要求较高,要求使用原料长度长、纤维细、整齐度高,从而使纱线能达到一定强力;但棉花与化纤比较,长度较短,除长绒棉外多数长度在 25~30mm,且有相当数量的短绒(10%~15%),因长度整齐度不高而给生产带来一定困难。

(2)麻。麻纤维种类也很多,主要以亚麻、苎麻、大麻、黄麻、罗布麻为主。麻类纤维的主要特征是细度相对偏粗、缺少卷曲、纤维模量偏高、刚度较大、纺纱毛羽多、纺高支纱难度大。喷气涡流纺可采用亚麻纤维。麻类纤维中亚麻相对较细,单纤维细度一般在 12~17μm,但纤维的长度较短,为 17~25mm。从力学性能来看,亚麻比较硬脆、刚性大、弹性低、抱合力差、纤维断裂与伸长率小,纤维可纺性较差,成纱支数也难以提高。所以,亚麻纤维生产喷气涡流纺纱需要与纤维素纤维混纺,且亚麻纤维比例建议不超过30。为提高亚麻纤维在喷气涡流纺工序的可纺性,应使用脱胶效果好、麻皮含量少的高档亚麻。在棉纺设备上生产麻纤维,应在生产前对亚麻纤维进行充分的预处理。

(3)羊毛。羊毛主要分为绵羊毛和山羊毛。绵羊毛形态上最大的特点是够长而不够细,且细度差异大。按细度来分,绵羊毛可分为超细毛(直径小于 14.9μm)、细毛(直径 18~27μm,长度小于12cm)、半细毛(直径 25~37μm,长度小于15cm)以及粗毛(直径 20~704μm)。超细毛也就是极细羊毛,由于生物育种技术的发展,国际上极细羊毛的细度也是越来越细,有的已经可以达到 13μm 以下。从力学性能来讲,绵羊毛纤维强度偏低、弹性大、断裂伸长率高。绵羊毛的纺纱性能较差,从生产实际来看喷气涡流纺可以生产一定比例的绵羊毛品种,建议与纤维素纤维混纺,所占比例不超过30%。在棉纺设备上生产毛型纤维,需在生产之前对绵羊毛纤维的长度和养生方面进行充分的预处理,以提高其可纺性。

羊绒纤维属于特种动物纤维,只有出自山羊身上的绒才称作羊绒,也就是山羊绒。羊绒是一根根细而弯曲的纤维,其中含有很多空气,并形成空气层,可以防御外来冷空气的侵袭,保留体温不会降低。羊绒比羊毛细很多,外层鳞片也比羊毛细密、光滑,因此,重量轻、柔软、韧性好。纤维横截面近似圆形,平均细度多在 14~16μm,细度不匀率低,约为 20%,长度一

般为 35 ~ 45mm,强伸长度、吸湿性优于绵羊毛。若生产喷气涡流纺纱线,建议与纤维素纤维混纺,所占比例不超过 30% ,羊绒纤维在生产之前同样需要进行预处理,以使纤维可纺性能提高。

2. 化学纤维

(1)黏胶纤维。黏胶纤维属于纤维素纤维,它是以天然纤维为原料,经碱化、老化、磺化等工序制成可溶性纤维素黄原酸酯,再溶于稀碱液制成黏胶,经过湿法纺丝制成。目前我国生产的黏胶有普通黏胶纤维、富强纤维和强力黏胶纤维。

由于黏胶纤维本身强度较低,通过原液染色后强度更低,因此,需要与强度较高的纤维混纺,可以达到增强效果,并可发挥各种纤维的特性。

(2)涤纶。涤纶即聚酯纤维,由短脂肪烃链、酯基、苯环、端醇羟基构成。涤纶分子中除存在两个端醇羟基外,并无其他极性基团,因而涤纶亲水性极差。采用熔纺法制得的涤纶在显微镜中观察到的形态结构具有圆形的截面和无特殊的纵向结构,在电子显微镜下可观察到丝状的原纤组织。

涤纶具有强度高、抗皱性好、易洗快干等优点,是国内外合成纤维中产能最大和用途最广的纤维之一。但由于涤纶分子结构紧密,初始模量较高,若不经过改性处理,则在喷气涡流纺设备上使用难度较大。为了使涤纶适合在喷气涡流纺纱机上加工,国内外纤维制造商对纤维从物理与化学性能上进行处理,改进纤维的外观结构,推出了超仿棉、吸湿排汗纤维、蜂窝型结构涤纶等。

(二)喷气涡流纺产品

1. 喷气涡流纺色纺纱　色纺纱是目前十分流行的一类纱线,它先将纤维染成有色纤维,然后将两种或两种以上不同颜色的纤维经过充分混合后,纺制成具有独特混色效果的纱线,色纺纱能实现白坯染色所不能达到的朦胧的立体效果和质感,还可以最大限度地控制色泽。因此,颜色柔和时尚,能够应对小批量多品种灵活生产的色纺纱,被越来越多地运用于中高档服饰中。

色纺纱由于采用先染色、后纺纱的新工艺,缩短了后道加工企业的生产流程,降低了生产成本。比传统工艺节水减排 50% 以上,符合低碳环保要求,生产一件普通的衣服,色纺纱可节约 4kg 水。如果过去的一年,中国所有的纺织品都采用色纺纱的话,可节约 5000 万吨水,并具有较高的附加值,相对于采用先纺纱后染色的传统工艺,色纺纱产品性能优于其他纺织产品,有较强的市场竞争力和较好的市场前景。

色纺纱染色工艺独特,在纤维染色、配色及多纤维混纺方面具有较高的科技含量。更多新型面料的诞生,促进了服装、家纺产品呈几何级数增长。整个纺织行业中,传统工艺的占比为 65% 左右,染色纱占 20% 左右,色纺纱占 15% 左右,因此,色纺纱的成长空间很大。现在还是靠流通拉动生产,未来如果实现消费拉动生产,则色纺纱的前景就不可估量。

色纺喷气涡流纺纱具有毛羽少、耐磨性佳等优点,制成的织物色彩靓丽,有利于提高纱线的附加值,增加盈利空间。近几年来,浙江纺纱企业加大了对喷气涡流纺色纺纱的开发,其中湖州威达、华孚金瓶、杭州宏扬、杭州奥华等企业已成功在喷气涡流纺机上开发出三大系列色纺纱线。生产品种有以下三大类。

（1）麻灰系列色纺纱。麻灰系列色纺纱有两种：纯黏胶纤维麻灰纱以及黏胶纤维和其他纤维混纺麻灰纱。前者采用原液着色黏胶纤维与本色黏胶纤维混纺，后者是将10%～30%天丝、涤纶、腈纶等强力较高的本色纤维混入原液着色黏胶纤维中，既可提高纱线强力，又可克服黏胶纤维过于柔软的缺点，纱线风格改善，附加值提高。该类纱线可根据用户要求来生产深、中、浅色，通过调整混用本色纤维的比例即可实现，如图3-22所示。目前麻灰系列色纺纱主要用作针织内衣用纱，具有良好的吸湿、透气、亲肤性能。

图3-22　麻灰系列色纺纱　　　　　麻灰系列色纺纱（彩图）

（2）彩色系列色纺纱。彩色系列色纺纱是用有色黏胶与其他多色彩纤维混合纺纱而成，有丰彩系列、七彩系列多种，如浙江湖州威达纺织公司（以下简称"湖州威达"）生产的"威彩纱"（图3-23），采用92%的黑色黏胶与8%的七彩涤纶混纺，使纱线与织物呈现出新颖、多彩、靓丽的风格。平湖市华孚金瓶纺织有限公司（以下简称"华孚金瓶"）近几年先后开发了喷气涡流纺闪光纱、亮光纱、点子纱、七彩纱等多种色纺纱，将彩色黏胶与三角异形涤纶、彩色涤纶及彩色涤纶粒子等混纺，混合比例仅10%左右即可使纱线呈现闪光、发亮、多彩色的效果。

图3-23　彩色系列色纺纱——"威彩纱"　　彩色系列色纺纱——"威彩纱"（彩图）

（3）多纤混纺色纺纱。由于黏胶纤维本身强度较低，通过原液染色后强度更低，如与强度较高的纤维混纺，可以达到增强效果，并可发挥各种纤维的特性。如湖州威达开发的"威涤纱"采用1.33dtex×38mm彩色涤纶与有色黏胶纤维进行混纺，"威尔纱"采用1.33dtex×38mm莫代尔与有色黏胶纤维混纺，由于两种纤维的强度均大于黏胶纤维，使混纺纱的强度显著提高。尤其是与莫代尔的混合，使用"威尔纱"制成的织物手感滑爽、透气、舒适，档次提升，是黏胶纱制成织物的升级产品。

2. 喷气涡流纺改性涤纶纱线 目前浙江的纺纱企业，除普遍采用阳离子易染涤纶来生产"阳粘"混纺纱外，杭州奥华纺织有限公司与上海德福伦化纤有限公司合作研发了多种功能的涤纶喷气涡流纺纱线。库思玛是德福伦研发的超仿棉纤维，由于纤维的异形截面形成多排水通道，使纱线具有较强的吸湿排汗及快速干爽的功能，彻底改变常规涤纶吸湿性差、不透气的弊端(图3-24)。

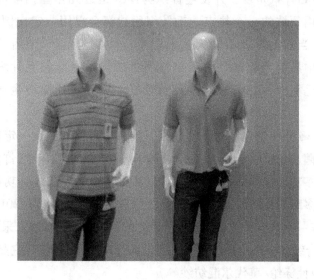

图3-24 采用库思玛纤维制成的服装

3. 喷气涡流纺纯棉及棉混纺纱 由于喷气涡流纺生产纱线对原料要求较高，要求使用原料长度长、纤维细、整齐度高，从而使纱线能达到一定强力，但棉纤维与化纤比较，长度较短，除长绒棉外多数长度在25～30mm，且有相当数量的短绒(10%～15%)，因长度整齐度不高而给生产带来一定困难。但近几年江苏悦达、百隆东方、华孚金瓶等纺纱企业先后在喷气涡流纺纱机上成功开发出精梳高支喷气涡流纺纯棉及棉混纺色纺纱，为扩大棉纤维在喷气涡流纺上的应用迈出可贵的一步。

4. 喷气涡流纺麻类纤维混纺纱 麻类纤维的缺点是刚性大、断裂伸长率低、抗皱性能差，用喷气涡流纺纱机生产麻类纱线的难度较大。但近几年国内许多纺纱企业在开发喷气涡流纺麻类纤维混纺纱中进行了积极的研究和探索。从以上企业的生产实践可知，开发喷气涡流纺麻类纤维混纺纱应把握好以下几点关键技术。

（1）必须做好生产前对麻类纤维的预处理，改善纤维的力学性能，增强其柔软性。

（2）合理设计纺纱参数，由于麻类纤维较粗，为保持纱线截面根数，纺制纱线应以中低支数为主，一般不应该超过19.7tex。

（3）控制好麻纤维的混纺比例，用于出口的麻类织物，麻的混纺比例应小于50%；用于国内麻类服饰，麻的混用比例应控制在30%~35%。混用麻的比例越高，喷气涡流纺纱生产的难度越大。

（4）要根据麻纤维的特性来优化纺纱工艺设计，前纺工序要加强对麻纤维的梳理，排除麻纤维中有害疵点，麻纤维混用比例纺制时应与其他纤维分别进行清梳工序处理，在并条机上混合（即条子混棉）。

（5）在喷气涡流纺机生产时要加大喷嘴压力，适当降低纺纱速度，使麻纤维能良好包覆。

5. 喷气涡流纺毛针织用纱　开发毛针织物用纱是近几年国内喷气涡流纺企业提升产品档次、扩展应用领域的一个热点。毛针织用纱都会混用一定比例的羊毛或羊绒，提高产品的附加值。当前毛针织用纱大多采用半精纺工艺生产，但由于纱线中纤维离散度高，在穿着过程中易起毛起球。由于喷气涡流纺技术生产的毛针织物用纱是表面包覆结构纱线，具有毛羽少、耐磨性好的特性，较好地克服了环锭纺生产的纱线易起球掉毛的弊端。

6. 功能性喷气涡流纺纱线　功能性纱线是指由对人体健康有一定功能的纤维纺纱而成，如吸湿排汗、抗菌、亲肤、防紫外线、发射负离子等功能。近几年来，许多纺织企业不仅在环锭纺生产中开发多功能性纱线，在喷气涡流纺生产中也开发出各种功能性纱线。开发功能性纱线一般采用多纤混合纺纱，使各种纤维的优良性能充分发挥。2017年中国国际纺织纱线展览会上，山东一家纺纱企业展出一款"莱爽麻"喷气涡流纺纱线，采用天丝、亚麻、羊毛3种高品质纤维混合纺纱。还有浙江宏扬集团近期开发的"煦暖纱"，它是线密度为37tex的中空涤纶/咖啡炭改性涤纶/莫代尔混纺纱等。

总之，用各种功能性纤维多组分混合纺纱，能显著改变单纤维纱线存在的功能单一、用途狭窄的缺陷，为拓宽喷气涡流纺纱应用领域创造了良好条件，但在开发功能性纱中，首先要控制好功能性纤维使用比例，发挥其功能性；其次根据各种功能性纤维的特点，采用相应的混合方法，纤维性能相近的可采用全混法，即在开清棉工序中混合，纤维性能差异较大的采用条混为宜。

7. 缝纫线与装饰织物用纱

（1）缝纫线。为提高缝制张力，目前服装缝纫线多采用涤纶作纱线原料，先纺成单纱再合股成线，但纺纱工艺流程长，需要消耗大量的人力与能源成本。山东省高密市元信纺织有限公司在青岛大学专家指导下，在喷气涡流纺设备上成功纺制了涤纶缝纫线。虽其单纱强力虽略低于环锭纱，但通过合股后其强力增加率大于环锭纺，二者均能达到国家标准一等品的强力要求，甚至达到优等品标准。在纱线毛羽方面，无论是采用喷气涡流纺生产的单纱或股线，其毛羽指数均远少于环锭纺，能显著减少因毛羽问题对缝制过程造成的危害。同时，用喷气涡流纺来生产缝纫线可比环锭纺减少30%的用工、

30%的能耗,从而降低生产成本,提高经济效益,为喷气涡流纺使用领域的拓展增加一条新的途径。

(2)装饰织物用纱。随着人们生活质量的提高,对室内装饰织物的需求量日益增加。例如,沙发布、窗帘布、地毯等均需要采用阻燃性好、耐污染能力强的纱线做原料。杭州萧山万盛纺织有限公司先后在喷气涡流纺纱机上开发出阻燃涤纶、腈纶及亚麻混纺的中低支(29.5~59tex)装饰织物专用纱线,既显现出粗犷、悬垂、挺括的风格,又有阻燃、耐光性好、防污等功能,投放市场后受到装饰织物加工企业的欢迎,市场前景看好。

8.包芯纱与花式纱

(1)包芯纱。包芯纱是一种复合纺纱,在环锭纺细纱机上生产已有较长历史,有弹性包芯纱与非弹性包芯纱两种。但这两种包芯纱在成纱质量上仍存在一定的弊端,如芯丝与外包纤维配对不当,很难保证长丝包覆在纱线中间,经常会造成芯丝外露。在后道染色加工中易出现不上色的瑕疵,喷气涡流纺技术的发展为其提供了很好的解决方案。

近几年来,德州华源、杭州奥华、百隆东方等企业先后在喷气涡流纺纱机上成功研发出多种纤维组合与各种规格的包芯纱,芯丝不仅有弹性和非弹性之分,并有单芯丝与双芯丝,生产的包芯纱规格与性能各异,可在各种服饰上使用,拓宽了包芯纱的应用领域。

(2)喷气涡流纺花式纱。花式纱是目前十分流行的一种新型纱线,它与色纺纱的不同之处在于,其不但有色泽变化而且有纱线形态结构的变化。百隆东方最近在喷气涡流纺机上成功开发出彩点纱和段彩纱等纱线。

①彩点纱。与环锭纺生产彩点纱的原理相似,喷气涡流纺生产彩点纱有两种方法,一种是在清花工序混棉中加入一定比例的彩色粒子,再按常规色纺纱的工序制成彩点纱;另一种是将混有彩色粒子的条子和普通条子在并条机中进行混合,在喷气涡流纺上制成色彩斑斓的彩点纱。彩点纱产品如图3-25所示。

图3-25　彩点纱产品

彩点纱产品(彩图)

②段彩纱。用喷气涡流纺生产段彩纱的方法与环锭纺不同,它是将不同颜色的条子先制成段彩条子,直接在喷气涡流纺纱机上纺出段彩纱。因喂入喷气涡流纺纱机的条子已经具有段彩风格,通过涡流纺的高倍牵伸拉长拉细,使纺出的段彩纱呈等线密度状态,粗细均

匀,有立体效应,较好地克服了环锭纺生产段彩纱易产生短粗节与长细节等缺点,用喷气涡流纺段彩纱制成的服装外观别致。段彩纱产品如图3-26所示。

图3-26　段彩纱产品　　　　　　　　段彩纱产品(彩图)

四、喷气涡流纺的不足与展望

从喷气纺演变为喷气涡流纺表明了新型纺纱方式在不断地进步与发展,但喷气涡流纺目前仍存在一些问题。从加工技术方法来说,由于采用了高速涡流的加捻方式,相对于机械加捻的效率大大提高,但是高压气流容易抽拔出受纱体控制力不足的纤维,从而导致纤维被随机抽拔,使得最终纱线细节增多、条干质量下降;从纱线结构来说,喷气涡流纺纱线由芯纤维、转移包缠纤维、规则包缠纤维三部分组成,与环锭纺纱线中纤维的螺旋形态结构相比,芯纤维的平行伸直结构使得纤维之间的抱合能力较弱,致使纱线的断裂强力主要由规则包捻纤维与芯纤维的侧向摩擦力贡献,从而使纱线强力偏低。

另外,喷气涡流纺纱技术自1995年日本Murata公司研发推出以来,由MVS851发展到如今的MVS870在这期间只有瑞士Rieter公司已研究并开发了喷气涡流纺J10技术与设备。我国还没有形成具有自主产权的喷气涡流纺纱技术的加工系统和产业化装备,设备严重依赖于进口,技术升级受制于国外技术。不过,相信在将来,我国可以形成自产自销的喷气涡流纺加工系统和装备,这样一来,喷气涡流纺的加工生产成本将大大降低,成纱产品的利润大大提高。

--- 思 考 题 ---

1. 简述喷气涡流纺技术的优点与缺点。
2. 简述喷气涡流纺成纱的基本原理。
3. 了解喷气涡流纺中纤维的空间运动轨迹。
4. 简述在成纱机构与性能上,喷气涡流纺纱线与环锭纺纱线的异同。
5. 简述喷气涡流纺的工艺参数对成纱质量的影响。
6. 简述喷气涡流纺各专件的作用及重要性。
7. 简述喷气涡流纺的适纺性及产品的多样性。

第四章 摩擦纺纱

> ● **本章知识点** ●
>
> 1. 几种主要的摩擦纺纱机的作用原理和工艺过程。
> 2. 摩擦纺的原料及前纺工艺特点。
> 3. 摩擦纺的喂给分梳机构及作用。
> 4. 摩擦纺的纤维输送机构及作用。
> 5. 摩擦纺的加捻机构及作用。
> 6. 摩擦纺纱的成纱结构和性能特点。
> 7. 主要摩擦纺产品的性能与用途。

第一节 概　述

一、摩擦纺纱的发展概况

摩擦纺纱是以空气动力与机械相结合的方法,在取得吸附凝聚纤维作用的同时,借助须条与摩擦件的回转运动获得捻回而成纱的。这是由奥地利费勒尔博士(Dr. Ernst Fehrer)在1973 年发明并经逐渐改进的一种新型纺纱方法。这种纺纱方法首先在奥地利,然后在美国、英国、瑞士等国获得专利,并以字母 DR、E、F 组成 DREF(特雷夫)来命名这种纺纱方法。费勒尔公司先后推出 DREF1 型、DREF2 型、DREF3 型等摩擦纺纱机。

后来费勒尔公司与两家德国公司共同开发了 DREF5 型摩擦纺纱机适用于生产纯棉、棉/化纤混纺纱以及 50mm 以下的纯化纤短纤纱。该机纺纱速度可达 200m/min,纺纱线密度为 6.6 ~ 26.5tex,其产量是转杯纺纱机的 2 ~ 2.5 倍,并且完全实现了自动化。目前他们还在继续合作研究开发 DREF6 型、DREF7 型、DREF10 型更为先进的新机型。

英国、意大利、德国等也相继开发了各具特色的摩擦纺纱机。由英国洛威尔公司生产的 Master Spinner 型摩擦纺纱机,其纺纱原理是:分散的单纤维通过输棉通道凝聚到有孔的回转盘上,通过孔的吸气作用被吸附到盘上,由于盘的回转而将纤维带向一个无孔罗拉,该罗拉和盘之间留有一狭小间隙,当纤维到达间隙处,就在罗拉和盘的表面间滚动而形成纱尾,纱就沿着间隙被引出并卷绕在筒子上。该机可生产纯棉、纯涤纶、纯腈纶、纯黏胶纤维以及棉与各种化纤的混纺纱线。适纺纤维长度为 40mm 左右,可纺线密度为 6.6 ~ 26.5tex,纺纱速度可达到 300m/min。

我国最初的摩擦纺纱机是 1986 年杭州地区研制的 FS1 型摩擦纺纱机,可供纺无芯或包芯高线密度纱。该机加捻器由一只尘笼和一只摩擦辊组成,尘笼为集体吸风式,分梳、输送、加捻为一个封闭系统,这有利于对分梳辊上纤维的剥离,且分梳辊和摩擦加捻部件可以摆动脱开,便于维修操作。FS2型作为FS系列产品之一,采用了倾斜尘笼,通过减小凝聚与输送角度来改善纱线质量,该机的工艺性能较前者又有了进一步提高。另外,我国天津地区研制的TCF 1型,上海地区研制的CL1型、SF型、SFA型等摩擦纺纱机均各有特色。

国外、国内摩擦纺纱机的主要机型与技术特征分别见表4-1、表4-2。

表4-1 国外摩擦纺纱机的主要技术特征

机型		DREF2型	DREF3型	Master Spinner型
纺纱线密度(tex)		4000~100	170~33.3	58~14.7
适纺纤维		化学纤维、天然纤维、废料、再生纤维等,纤维线密度为1.7~17dtex,纤维长度为10~150mm	芯纱:化学纤维、长丝、特种纤维等;表层:棉、化纤、特种纤维、长丝等,纤维线密度为1.6~3.3dtex,纤维长度为30~60mm	棉、化纤,棉纤维线密度为3.3dtex,细特纱纤维线密度为0.6~1.7dtex,纤维长度为40mm
尘笼	直径(mm)	81	44	44
	转速(r/min)	1000~3500	3000~5000	4500~9000
分梳辊	直径(mm)	81	80	60
	转速(r/min)	2800~4200	12000	4500~10000
头数		48(8节,每节6头)	短机12(4节,每节3头),长机96(32节)	144(双面机)
卷装尺寸(直径×宽度)(mm)		平筒:φ400×150,200,250;锥筒:3°31′,4°42′,φ280×(200~250)	φ450×200	φ290×150
卷装重量(kg)		3~9	9	4.2
最高出纱速度(m/min)		300	300	300

表4-2 国内摩擦纺纱机的主要技术特征

机型	FS1型	CL1型	TCF1型	SM1型	SF12型	SFA5701型
适纺纤维长度(mm)	15~150	15~60	15~65	15~100	15~38	15~150
适纺原料	棉、毛、麻、涤锦腈、下脚	棉、毛、麻、黏、下脚	棉、毛、麻、化纤、下脚	棉、毛、麻、化纤、下脚	棉、涤、下脚	棉、毛、麻、化纤、下脚
适纺线密度(tex)	200~100	200~55.56	100~55.56	200~55.56	100~55.56	200~100
纺纱最高速度(m/min)	200	200	150	200	150	200
纱线类型	有芯为主	有芯为主	有芯无芯	有芯为主	有芯无芯	有芯为主
附属类型	圈圈纱	圈圈纱	无	无	无	竹节、圈圈花色纱
实测功率(kW/头)	1.6	0.97	0.64	0.7	—	3.6
噪声(dB)	88	85.8	90.6	84	—	93.3

二、摩擦纺纱基本原理与工艺流程

1. 普通纱的生产　以 DREF2 型摩擦纺纱机为例,一组条子(最多6根)喂入一只喇叭口1,经由三对罗拉2、3、4组成的牵伸装置,使须片呈薄层喂入分梳区,接受分梳辊5的开松梳理而成为单纤维,分梳辊[直径为180mm,转速为$(2.8 \sim 4.2) \times 10^3$ r/min]包有金属齿条。分梳辊周围覆以罩壳6,但在纤维进、出口处各有一段弧面是开口的,以利于排杂。经分梳后的单纤维在其离心力和来自吹风管7的气流共同作用下,从分梳辊上剥离。在沿挡板8下落的过程中,随尘笼内胆的吸气气流而到达两尘笼的楔形区,接受摩擦滚动加捻后,成纱被输出并卷绕成筒子。其工艺过程如图4-1所示。

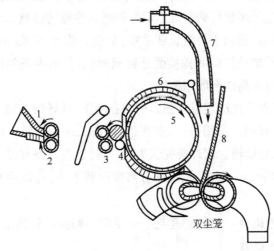

双尘笼

图4-1　DREF2型摩擦纺纱机工艺流程示意图

2. 包芯纱的生产　以 DREF3 型摩擦纺纱机为例,其与 DREF2 型在结构上的不同之处在于有两套纤维喂入和牵伸机构,可以加工包芯纱等花式纱产品。

DREF3 型和 DREF2 型相比,虽然都是靠两只尘笼加捻,但在成纱原理上有着本质不同。DREF2 型生产普通纱,属自由端纺纱,成纱为真捻结构;而 DREF3 型生产包芯纱,属非自由端纺纱,成纱属假捻包缠结构。

DREF3 型摩擦纺纱机由两套喂入牵伸机构和一对尘笼加捻机构组成。第一喂入牵伸机构是一套四上四下双胶圈罗拉牵伸装置,在此喂入一根棉条,经牵伸装置牵伸后喂入尘笼的加捻区形成芯纱;经第二牵伸装置喂入的纤维经分梳辊开松后,作为外包纤维包在芯纱上形成包芯纱。

在目前比较成熟的新型纺纱中,摩擦纺在纺高线密度纱的领域已成为环锭纺和转杯纺的主要竞争者。国外有人认为摩擦纺已成为五大实用纺纱方法(环锭、转杯、喷气、摩擦、包缠)之一,而且纺纱速度高,适纺纤维广泛,可纺纱特范围大,花式品种多,具有较好的发展前景。

三、摩擦纺纱系统与前纺工艺

1. 棉类摩擦纺工艺流程(棉纺流程)

(1)开清棉联合机(成卷)→梳棉机(后弯钩)→头道并条机(前弯钩)→二道并条机(后

弯钩)→摩擦纺纱机(前弯钩)。

(2)粗纱头机(用作开松回花等)→开清棉联合机→梳棉机(后弯钩)→并条机(前弯钩)→摩擦纺纱机(后弯钩)。

(3)粗纱头机→开清棉联合机→清梳联喂棉机→梳棉机(后弯钩)→摩擦纺纱机(后弯钩)。

对比以上三个流程可见:流程(1)在梳棉后经过两道并条工序,多数弯钩纤维以前弯钩喂入摩擦纺纱机,有利于分梳辊对弯钩纤维的伸直,成纱质量较优,适合纺制质量要求较高以及较低线密度的纱。流程(2)主要用作回花的加工,为了防止纤维过度疲劳,梳棉以后只采用一道并条,由此产生了多数弯钩纤维以后弯钩喂入摩擦纺纱机,不利于分梳辊对弯钩纤维的伸直。纤维未被梳直,相当于有效长度缩短,对成纱质量不利。流程(3)以梳棉生条直接喂入摩擦纺纱机,虽然也是以前弯钩接受分梳辊的梳理,但生条的纤维素乱,平行伸直度很差,只适用于要求不高的高线密度摩擦纱。

纺包芯纱时的纱芯组分是决定成纱强力的内在因素,其纤维条经罗拉牵伸拉细,罗拉牵伸对伸直纤维的后弯钩有利。采用头、二道并条,可在二道并条机上伸直大量后弯钩纤维,然后以前弯钩形式进入分梳辊。国外研究认为,生条经二道并条与经一道并条相比,成纱强力可提高10%左右。如再经一道并条,纤维分离度改善不多,且以后弯钩喂入分梳辊,综合效果不明显。

2. 毛类摩擦纺工艺流程　　(精梳)落毛→梳毛机→摩擦纺纱机 。

3. 麻类摩擦纺工艺流程

(1)亚麻(短麻)→梳理机→并条机→摩擦纺纱机。

(2)亚麻(短麻)→联梳机→并条机→摩擦纺纱机。

实际应用中,可针对加工纤维的特性及纺纱条件和产品要求,合理确定工艺流程。

第二节　摩擦纺喂入与分梳

摩擦纺的"喂入",包括将纤维喂入开纤区和纤维进入输纤管道两个方面。须条喂入开纤区接受分梳辊的梳理,其原理与转杯纺相同。纺包芯纱所用的牵伸装置与环锭纺相似。

一、条子喂入与排列

喂入条子的总重量以 15~25g/m 为宜。若条子太重,会增加分梳辊的梳理负担,影响分梳效果;纺化纤时,还可能在梳理过程中产生过多的热量而使纤维产生凝结现象。轻定量多根(3~6 根)喂入,可提高并合作用,对成纱质量有利。为了保证分梳辊的梳理效果,喂入条子尽可能平行排列,要避免条子间的交叉、重叠、纠结现象。

在生产混纺产品时,条子的不同排列,对成纱强力有影响。例如,国内在 DREF2 型摩擦纺纱机上加工的羊毛/兔毛/锦纶(70/20/10)下脚生条 2 根和中长涤/维(50/50)下脚黑灰条一根,以不同排列顺序喂入,纺 142tex 纱,在所有工艺条件相同情况下,仅改变喂入条子的次序,成纱强力明显不同。用羊毛下脚作里层纱芯喂入时,涤纶、维纶处于表层的单强只有以涤纶下脚为纱芯、羊毛等处于表层时的75%左右。这与摩擦纺的成纱结构有关。

二、纱芯层与外包层的组分

DREF3型摩擦纺纱机有两个纤维喂入机构,一个是罗拉牵伸供应纱芯组分,另一个是分梳辊牵伸供应外包层纤维。如两者为不同的纤维品种,改变其比例,可获得不同的纺纱效果。即使是相同品种而其物理性能有差异的纤维,改变其比例,或不改变其比例而调换其组分的位置,同样可获得不同的纺纱效果。当纱芯与外包层为同种纤维时,纱芯比例大,纺纱顺利,容易形成纱条主体,但外包纤维少,捻度约束作用弱,成纱强力较低。相反,如纱芯比例小,形成纱条主体较难,但外包纤维多,纱强较高。曾有人用同样的羊毛条与棉条纺同一线密度的纱线,但纱芯层与外包层比例不同,成纱强力也不同。其试验结果见表4－3。

表4－3　不同的纱芯层/外包层比例与成纱质量

线密度(tex)	纱芯层/外包层	成纱强度(cN/tex)
98.4	50/50	5.2
	70/30	2.2
73.8	50/50	4.3
	70/30	2.6

由表4－3可见,外包层的比例由30%提高到50%后,成纱强度分别提高3cN/tex和1.7cN/tex。如纱芯层与外包层的组成都为纯棉,若将物理性能较好的纤维做纱芯,性能较差的纤维作外包纤维时,其成纱强度优于用性能较差的纤维作纱芯,性能较好的纤维作外包层时的纱线。

三、棉条的分梳

利用分梳辊作为牵伸元件对单根或多根条子进行开松并使之成为单纤维状态,因处理的纤维量较大,为了保证一定的梳理度,必须加快分梳辊的速度。由于分梳辊牵伸作用剧烈,故损伤纤维较罗拉牵伸严重。国外曾用直径$19.7\mu m$,长度为$35.77mm$的羊毛经分梳辊处理后,纤维平均长度减短了23%,而用罗拉牵伸(握持距54mm),纤维平均长度仅减短了12%,两者相差近一倍。因此,在确定分梳辊转速时,应考虑纤维的物理性能及成纱线密度等因素,特别在纺中、低线密度纱时,在纤维较细,强度较弱情况下,分梳辊速度不可太高。

第三节　纤维的输送和转移

一、输送与转移的目的与要求

经分梳辊分梳后的单纤维在离心力和吹风管气流的共同作用下,从分梳辊上剥离后沿着由挡板构成的输纤管道下落,受到尘笼内胆的吸气气流的作用而进入两尘笼的楔形区。此过程要求纤维能顺利均匀地从分梳辊表面剥离,并在输送和转移过程中能有效地控制纤维的运动,并使其获得一定的伸直作用,以提高成纱质量。

二、纤维输送运动作用分析

摩擦纺的成纱质量基本上决定于纤维的开松和喂给条件,特别是纤维在输送过程中的形态以及纤维添入纱尾时的伸直和排列状态。

1. 输棉通道内气流分布对纤维输送的影响 图4−2为DREF2型摩擦纺纱机原纤维输棉通道内A、B、C三个位置实测气流速度沿纱轴分布图。由图4−2可知,气流速度自输棉通道入口至出口处基本上是减速的,这对纤维伸直不利。

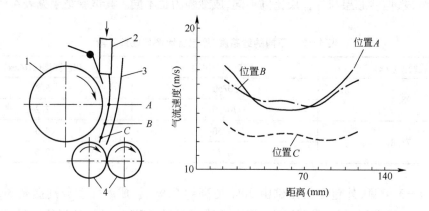

图4−2 DREF2型摩擦纺纱机输棉通道内气流速度分布

1—分梳辊 2—吹风管 3—挡板 4—尘笼

但C点处的气流速度沿纱轴接近均匀分布(它是由吹风气流速度沿纱轴递增分布和两尘笼内胆气流速度沿纱轴速减分布叠加而得),这为沿纱轴均匀输送纤维创造了有利条件。

DREF2型摩擦纺纱机原有的吹风和输送纤维系统,因输棉通道的不封闭,产生多处补风、漏风。这样,不仅使输送通道内的气流自上而下减速,而且气流紊乱,流场不稳定,难以有效地控制纤维。加上吹风气流是利用尘笼回风,不可避免地将尘笼内的杂质要带到输棉通道。

国内相关研究曾对高线密度摩擦纺纱机的纤维输送系统做了如下改进:以补风取代吹风;采用渐缩封闭型输纤管道,同时还加装了剥棉刀,有利于纤维从分梳辊上向输纤管道转移。改进后的输纤管道及其内部的气流速度分布(实测)如图4−3所示。

气流速度自进口A至出口D基本上是递增的,纤维在管道中有一定的加速运动,有利于纤维的伸直。位置A处的气流速度分布曲线比较平坦,说明补风气流均匀平稳,有利于均匀地从分梳辊上剥离纤维和输送纤维。位置D处的气流速度沿纱轴基本上呈线性递减分布,这是尘笼胆内吸气负压递减所致。如改进尘笼胆的结构设计,则可望使输棉通道出口处的

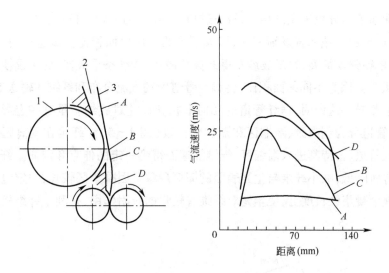

图4-3　纤维输送系统及气流速度分布
1—分梳辊　2—补风　3—风道

气流速度沿纱轴均匀分布。

2.剥离点的位置和气流对纤维输送的影响　虽然输纤管道的主气流源来自尘笼胆的吸气,但剥离点的最小隔距和补风口气流的射入方向与纤维的剥离效果有关。因为剥离点的最小隔距决定了剥离区的气流速度,而气流速度与分梳辊表面速度的比值与剥离纤维是否彻底有关。一般认为,这一比值在1.5~4的范围内可望获得良好的剥离效果。补风口气流的射入方向要保证与剥离点相切,才有助于对纤维的剥离。

3.纤维输送方式对输送效果的影响　纤维的输送方向与纱轴的相对位置对纤维的输送效果和成纱质量有较大影响。纤维垂直于纱轴输送的方式,因输送纤维的速度比成纱输出速度高许多倍,当纤维与回转的纱尾接触时,纤维产生对尘笼表面的撞击,其伸直度和定向性受到破坏,纤维在纱条中的长度利用率减小,成纱强力降低。当喂入的是一组条子时,具有并合效应,即对凝集区纤维的数量不匀具有补偿作用。

由于纤维垂直于纱轴方向喂入,有导致成纱强力低的缺陷,所以在纺中、低线密度纱的机上改用输纤管道倾斜于纱轴的输送方式。图4-4即为该种喂入装置的一种。

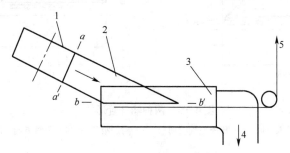

图4-4　倾斜输棉通道
1—分梳辊　2—输纤管　3—尘笼　4—吸气　5—卷绕

纤维输棉通道与分梳辊壳体相连,管道进口 a—a′ 截面一定,管道出口 b—b′ 对准尘笼的楔形区,由进口至出口截面宽逐渐变化,形成不同的进出口面积比。试验证明,这一面积比为1:3.3时,单纱强度最高,每米成纱获得的捻度最多,成纱条干最佳,百米成纱纱疵(棉结、粗节、细节)最少。因为不同的面积比,会影响管道中的气流分布和纤维的输送效果,从而使成纱质量产生差异。这说明,输纤管道的几何形状和尺寸对成纱质量有一定影响。还有人提出,将输纤管道分为剥离区、渐缩区和渐扩区三段(图4-5)。纤维在剥离区从分梳辊上剥离下来进入管道后,待其进入渐缩区,纤维加速而得到一定的伸直和定向。纤维在渐扩区的运动速度有所降低,减小纤维与尘笼表面的撞弯现象。因凝集区较长,一定量的纤维可均匀地分配在整个凝集区长度上,使尘笼对纤维有较强的吸附作用,有利于纤维较整齐地凝集在尘笼表面。

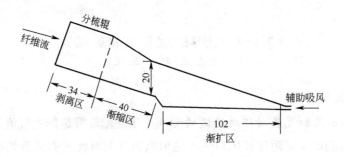

图4-5　附有减缩区的倾斜输纤管道

为了进一步改善纤维在输送过程中的伸直度以及在纱条中沿纱轴平行排列的程度,国外设计了两种方式,一是在输纤管道中部开一压缩空气喷射口[图4-6(a)],另一是在输纤管的终端增有附加吸气口[图4-6(b)]。两者引纱方向不同,一种是顺向引纱(纤维输入方向与纱条引出方向相同),另一种是逆向引纱(纤维输入方向与纱条引出方向相反)。

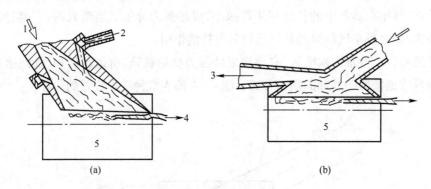

(a)　　　　　　　　　　　(b)

图4-6　两种输纤管形式
1—纤维喂入方向　2—压缩空气喷射口　3—附加吸气口　4—引纱方向　5—尘笼

在相同原料与工艺条件下,纺中、低线密度纱时,采用30°倾角的输纤管道,使用两种引纱方法,然后测定成纱强度及其不匀率。结果表明,逆向引纱的成纱强度比顺向引纱的强度高,而且成纱越粗增值越大,强度不匀也是逆向引纱的低。

倾斜式输纤管道的倾角(纤维输入角)也与成纱质量有关。倾角小,纤维凝集时其轴向与尘笼比较靠近,纤维两端几乎同时被尘笼吸附,纤维头尾变速的时间差小,纤维发生过冲和打圈的现象较少,减弱了纤维在凝集过程中伸直度受到破坏。当倾角在15°~30°时,对提高成纱强度较有利。

国外有研究表明,采用单根条子倾斜喂入(如 DREF5 型摩擦纺纱机),沿凝集区扩大纤维流的分布范围,同样可以增加并合作用,改善成纱均匀度,纺纱结果可接近多根条子垂直喂入凝集区的成纱质量。

第四节 摩擦纺加捻机构与作用

一、摩擦纺加捻的基本原理

在摩擦纺纱机上,广泛采用的加捻元件是一对圆柱形尘笼,或一只尘笼和一只摩擦辊。因尘笼表面开孔,且尘笼内胆沿轴向开槽及一端吸气,使两尘笼的楔形加捻区产生负压,楔形区的纱条即在负压作用下压向两尘笼表面[图4-7(a)]。当两尘笼同向回转时,纱条与尘笼间产生的摩擦力矩带动纱条绕轴线回转而获得捻度。图4-7(b)中卷绕点 D 为握持点,纱尾始点 A 为自由端(N_A 为纱条转速)。如果纱条与尘笼接触部分(AC 段,其中 C 点为纱条与尘笼接触终点,转速为 N_C),具有相同的直径,则在这段纱上各截面之间没有相对回转,而是作为一个整体回转,因而在这段纱上不存在捻度,仅在 CD 段形成捻度。实际上,AC 段纱条受摩擦力矩驱动而绕自身轴线回转时,其中纱尾 AB 比纱段 BC 快,且纱尾各截面的转速也不同。随着纱尾截面由 A 至 B(纱尾终点,转速为 N_B)逐渐增大,各截面转速则相应逐渐减少,使纱尾各截面间产生相对角位移,从而自由端纱尾内部产生了复杂的加捻效应。纱条 AB 段的捻回方向与 CD 段相同,并通过 BC 段、CD 段最后到成纱内。所以摩擦纺纱条的结果捻度,是由纱尾获得的捻度与在 CD 段获得捻度的叠加。

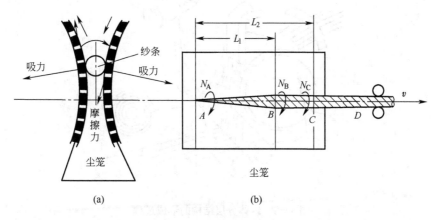

(a)　　　　　　　　　　(b)

图4-7 纱条加捻示意图

二、加捻作用分析

(一)自由端摩擦纺纱的加捻过程

1. 纤维条的运动特征和纱体结构的形成　自由端摩擦纺纱具有与转杯纺纱相类似的喂入机构和开松机构,它采用回转的摩擦部件(一般是用两个作同向回转的表面多孔的尘笼)将经由分梳辊开松及气流输送的单纤维吸附凝聚成纤维条并加捻成纱。

被凝聚的纤维条在两个尘笼之间的楔形凝棉槽内作复合运动,即在同一时间内既作沿尘笼轴向输出的直线运动,又作切向的回转运动,其结果是使纱条形成由里到外具有一定捻度分布的分层结构。

在楔形凝棉槽内,一方面由于纤维的不断添入,使纤维条的直径不断增大;另一方面被凝聚和加捻而形成的纱尾又作轴向输出运动,使纱尾各处截面具有不同的直径,越接近凝棉槽出口处的纱体,其直径越大,因为后来输入的纤维逐渐地被添加并捻入到原先喂入并已凝聚的纤维条上去,所以整个凝棉槽中的纱尾成为近似于圆锥体外形(未加捻时)和抛物体外形(加捻后)的纱体。

当纤维条从尘笼间楔形槽的一端向另一端输出时,由于输入纤维逐渐地被添加和捻入到纤维条,形成了从纱芯到外层的分层结构。如图4-8所示,如按喂入分梳辊的条子的排列顺序来看,条子 a_1 中被开松的纤维落在尘笼的左后方,即凝棉槽的起始点,当它作轴向输出时,形成最内层的纱芯,而条子 a_2、a_3、a_4、a_5 中的纤维则依次逐层凝聚和包覆在纱芯外层,条子 a_6 的纤维是最后添入凝棉槽终点的,形成纱体的最外层。这种从里到外,逐层包覆的分层结构是一种理想的、可以控制各个"组分"的多样化的包芯纱结构,这种特有的成纱结构有利于开发各种不同用途以及不同结构特点的纱线。例如,可将高性能的纤维放置在条子 a_1、a_2 位置,让它处于纱的内部,而将手感较好的纤维放置在条子 a_5、a_6 位置,使其处于纱的外层和表面。也可将低级原料处于纱的内部,而将服用性能好的原料包覆在纱的外层。

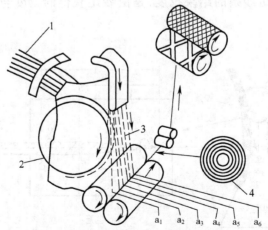

图4-8　纱体分层结构的形成过程

1—喂入须条　2—分梳辊　3—单纤维　4—纱的分层结构

2.加捻过程和纱线的捻度结构

（1）纱条在尘笼表面轴向捻度分布特点。如图4－9所示，由分梳辊开松并输送的单纤维落在两个尘笼间的楔形槽（AB区）中，先落入的纤维一经凝聚（靠尘笼内的负压产生对纤维的吸附能力），就被尘笼表面摩擦力带动回转而形成初步的纱体，后落入的纤维则包覆并捻入这个正在输出的纱体上。AB区既是凝聚区，又是"预加捻区"，它使纱体的里外层获得不同的捻度，实际上是纱尾在AB区内形成了纱体径向捻度分布的基础，也可以说是成纱里外层都在AB区获得了不同的"基础捻度"。纱体再通过BC区（其长度约占尘笼总长度的1/3），沿着尘笼的轴向，被引纱罗拉握持并送向卷绕机构卷成筒子纱。

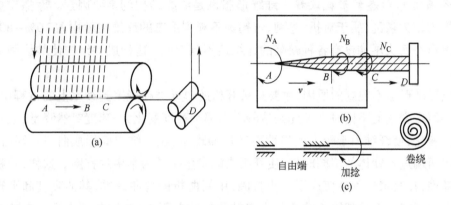

图4－9　加捻区域与加捻过程

BC区为捻度的增强区，纱的外层捻度在此区形成，即最外层的纤维由B点开始捻入纱体，到C点基本上全部包覆在纱体中。里层的纤维也逐步增强了捻度。

CD区对纱体里外层捻度起到整理和匀整作用，因为总的来说，在凝聚区直至尘笼的输出点C为止，纱体上沿长度方向获得的捻度也是不太均匀的，经过CD区可以使由于喂入纤维不匀造成的捻度不匀得到改善。

（2）纱条里外层捻度分布特点。摩擦纺成纱在形成分层结构的同时，还导致了成纱里外层捻度的不同，即径向的捻度差异。这种差异的形成过程较为复杂，包括两个阶段分两步进行：纱尾（自由端）的预加捻过程和纱体的加捻过程。根据测定，纱条芯层的捻度约为表层捻度的1.5～2.5倍，如以平均值计，则纱芯层捻度近似于表层捻度的2倍。设纱条为圆形且其密度相等，则纱条的平均捻度可近似地以分割内外层纤维数量相等的这一层纤维的捻度来表示。通过计算可得：纱条的平均捻度约为外层捻度的1.3倍，说明外层纱条的捻度只有平均捻度的0.8倍左右。

在实际成纱过程中，加捻是在半握持、半自由状态的凝集槽内进行的，纱尾各截面处的直径、抗扭刚度、尘笼对纱体的吸附力、空气阻力以及纱体回转时受添加纤维的牵连作用等因素将会使纱条在加捻过程中产生不同程度的滑溜，从而影响加捻效率。生产环境的温湿度变化也会引起尘笼表面摩擦性能发生改变，同样影响加捻效率。在滑溜率较大的情况下，加捻效率η一般在10%～20%。因此，在设计成纱外层捻度时，可用下式计算实际捻度：

$$T = \frac{Dn}{10dv}\eta \tag{4-1}$$

式中：T——实际捻度，捻/10cm；

D——摩擦辊(尘笼)直径，m；

n——摩擦辊(尘笼)转速，r/m；

d——成纱直径，m；

v——引纱速度，m/min；

η——加捻效率。

3. 不同纤维形态的形成过程 纤维形态也是纱线结构的重要因素。摩擦纺成纱中纤维的形态较为紊乱，属于对折、卷缠、弯钩等不规则形态的纤维在纱中占70%~80%，属于螺旋线形态而头尾端没有各种缺陷的纤维还不到10%，这种成纱结构使纱线强力显著地降低。

造成纤维形态不规则的原因，主要是被开松的单纤维在凝聚到纱尾上的过程中，由于纤维头尾两端变速的不同时性及先到达凝聚面那端速度变化大，速度突然降低，运动方向也有较大变化，使纤维由于较大的惯性而有过冲现象，在纤维中间形成曲折。同时，由于纤维头尾两端进入纱体的不同时性，使纤维头端发生了较为集中的打圈。这样，一根完全伸直的纤维，在凝聚过程中变成了一头打圈，中间曲折的弯曲纤维，其伸直度和平行度受到了较大的破坏。下面就输棉管道与尘笼轴线的倾角不垂直时，各种纤维形态的产生过程加以分析。

(1)顺向纺纱。图4-10为顺向纺纱纤维凝聚状态。顺向纺纱是指纤维的喂入方向与成纱的输送方向一致。

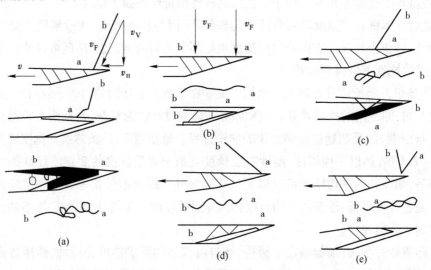

图4-10 纱线中纤维形态的形成过程

第一种情况，当喂入纤维的一端碰到纱尾时，由于接触状态具有随机性，没有立即被捻入纱尾,而作短暂的停顿。假设纤维的喂给线速度为 v_F,其倾斜方向可理解为纤维垂直下落方向与尘笼内气流方向的合成方向,在 Master spinner 型摩擦纺纱机上纤维输入方向是倾斜的,其水平方向的分速度为 v_H,纱线输出线速度为 v。在所有情况下,纤维进入凝聚区时在成纱输出方向上的分速度 v_H 都要比成纱输出速度 v 高许多倍,造成纤维沿纱线输出方向的"超喂"现象,使纤维被突然减速而折皱、屈曲[图 4-10(a)]。纤维以这种不规则形态捻入纱尾,其结果是形成卷缠、打圈纤维。

第二种情况,当喂入纤维一端碰到纱尾时,立即被捻入纱尾,其结果将按照当时纤维的伸直程度、喂入方向及其与纱尾的倾斜角度不同而出现下列几种现象。

①喂入伸直的纤维落入凝棉槽时平行于纱尾,即纤维的头端和尾端基本上同时接触纱尾,其结果形成较规则的圆锥形或圆柱形螺旋线纤维[图 4-10(b)],其方向性较好。

②喂入伸直的纤维,与纱尾接触时的位置是顺着纱线的输出方向[图 4-10(c)],其结果是纤维头端 a 沿锥形纱尾包卷成螺旋状,而尾端 b 则由于追赶头端而又未能超越头端的位置(沿输出方向)而被甩在纱尾之外,容易与外层新喂入的纤维纠缠在一起而形成后端卷缠的形态,纤维的伸直度在捻入过程中受到破坏。

③喂入伸直纤维,但其与纱尾接触时的位置是逆着纱线输出的方向[图 4-10(d)],其结果由于尾端 b 很容易超越头端的位置而与头端 a 同样被包卷在纱尾上,形成螺旋线形态,纤维的伸直度未被破坏。

④喂入不伸直的对折形纤维,这种纤维是在落下过程中与另一根纤维碰撞而造成的,其中部被捻入纱尾,结果由于纤维的两端被同步拖动和回转,两端之间相对运动的幅度很小,最终形成一端封闭的打圈、卷缠形态的纤维[图 4-10(e)]。纤维的伸直度在捻入过程中基本上维持原先的情况。

(2)逆向纺纱。图 4-11、图 4-12 为逆向纺纱时纤维凝聚状态。逆向纺纱是指纤维喂入方向与成纱输出方向相反,逆向纺纱纤维凝聚状态分两种情况:纤维进入凝聚区位置的方向与输送气流方向一致及纤维进入凝聚区位置的方向与输送气流方向相反。

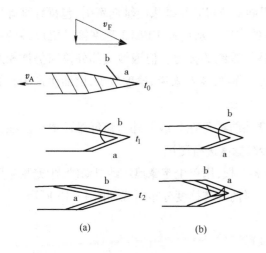

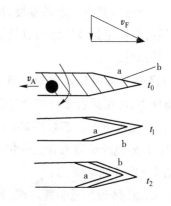

图 4-11　逆向纺纱时纤维的凝聚过程(一)　　　图 4-12　逆向纺纱时纤维的凝聚过程(二)

第一种情况:纤维进入凝聚区位置的方向与输送的气流方向是一致的,如图4-11所示。在 t_0 时纤维的头端a刚与纱尾相接触,在 t_1 时头端a凝聚到纱尾内,尾端b仍在纱外。到 t_2 时整根纤维凝聚加捻成纱。假如纤维凝聚的角度较小,并且作用在纤维水平方向的速度很大时,则纤维尾端b向纱尾方向倒下完成凝聚加捻,整根纤维头端在前,尾端在后,如图4-11(a)所示。假如水平速度较小时,纤维头端a与纱尾相接触后,纤维尾端b快速倒伏在纱尾上,成纱中纤维尾端在前,头端在后部,如图4-11(b)所示。

第二种情况,纤维进入凝聚区位置的方向和输送气流的方向是相反的,如图4-12所示。

纤维由时间 t_0 开始到时间 t_2 凝聚加捻过程中,纤维尾端b始终在气流的水平速度作用下向后运动,纤维头端a则以输出速度向前运动,这样纤维的头尾两端不仅运动方向相反,且尾部速度较大,从而使纤维间产生很大的拉伸作用。这种凝聚方式无任何附加纤维运动,纤维的加捻成纱状态比较理想,所以成纱中纤维长度长,利用率高,捻回也较多。

顺向纺纱和逆向纺纱相比,纤维的平均长度稍短,螺旋状的单纤维数量少,弯钩和不规则螺旋状单纤维的数量多。逆向纺纱凝聚过程与引纱方向相反,给纤维和纱尾的接触造成不利条件,因而纺纱稳定性不如顺向纺纱。

(二)非自由端摩擦纺纱的加捻过程

这主要是指DREF3型摩擦纺纱机的纺纱原理。如果在DREF3型摩擦纺纱机上只有从第一牵伸装置喂入连续的纤维条,这个纤维条一端被前罗拉钳口握持,另一端被引纱罗拉握持,而在中间受到高速回转的加捻器即尘笼的摩擦加捻作用。此种加捻方式属于假捻,即在喂入端(前罗拉至尘笼间)的纤维条上获得的捻回与输出端(尘笼至引纱罗拉间)的纤维条上获得的捻回方向相反,在离开引纱罗拉后,纱条上正反方向的捻回由于受到相反方向的扭矩的作用,将在某一时间阶段内完全抵消,纱条最终不存在任何捻回。但是如果采取某种措施,使被加捻纱条中的纤维状态发生变化,可以保持假捻效应。在DREF3型摩擦纺纱机上就是利用第二牵伸装置喂入单纤维作为包覆纤维的办法来保持假捻,当单纤维落在纱芯纤维条之上,随着尘笼对芯纤维条进行加捻和引纱罗拉对芯纤维条沿轴向牵引,包覆纤维即以螺旋形包覆在纱芯外面起到固定芯纱中捻度的作用。从而使DREF3型摩擦纺纱机成纱的主体部分芯纱纤维束具有一定的捻度,因此保持了纱线的强力。但因纱线部分捻回仍被相互抵消,包覆纤维固定捻度的作用也只能达到某一程度,相对来说,捻度较少,因而生产细特纱有一定的局限性。

1. 捻度分布与加捻过程的分析 有芯摩擦纺纱是在芯纱上外包短纤维而成纱。在正常纺纱条件下,可用摄影法对加捻过程中的纱线捻度进行测试。

(1)芯纱捻度分布。芯纱用29tex黑白纱各1根,用单尘笼摩擦纺纱机纺纱,尘笼真空度为4900Pa,有外包纤维喂入和无外包纤维喂入时的纱芯捻度分布曲线如图4-13所示。

从图4-13中可以看出:

①最大捻度区段偏近尘笼左端(纱线入口)。

②经过最大捻度区后,芯纱逐渐解捻。对于无包缠纱线来说,在尘笼右端(纱线出口)捻

度几乎解尽;对于有外包纤维的纱芯来说,捻度过 A 点后有所减少,但剩余捻度被外包纤维固定下来。

③有外包纤维喂入的捻度分布与无外包纤维喂入的捻度分布规律在 A 点之前基本一致,但前者曲线低于后者。这是因为有外包纤维时纱线直径粗,尘笼每转一转时给纱线加的捻回少。

(2)加捻过程。分析捻度分布曲线可见,加捻过程是芯纱加捻(假捻),随后芯纱解捻时外包自由端纤维凝聚在芯纱表面,随芯纱解捻而加上真捻,即加捻(假捻)→解捻过程。图 4-13 中 OA 段是芯纱的加捻(假捻)阶段,A 点以后是芯纱的解捻过程,同时也是外包自由端纤维的加捻过程。在图 4-13 中由 A 点引一平行于横轴的直线 AC,阴影部分为芯纱的解捻过程,同时也是自由端纤维加捻的过程。

外包纤维是一面凝聚,一面加捻,先凝聚的纤维捻度大,后凝聚的纤维捻度小。这种加捻方法导致内层纤维的捻回多,外层纤维的捻回少,又导致芯纱上包缠的纤维有方向性,即类似鳞片状的表面结构,导致包缠纤维逆鳞片(逆纺纱)方向易剥落,包覆牢度差,顺鳞片(顺纺纱)方向则包缠牢固,不易剥落。

摩擦纺包芯纱的加捻效率为 25%～30% 。

2.影响加捻效率的因素

(1)尘笼负压。尘笼负压与纱线捻度 T 的关系如图 4-14 所示。

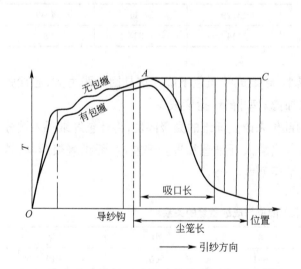

图 4-13　纱芯捻度分布曲线

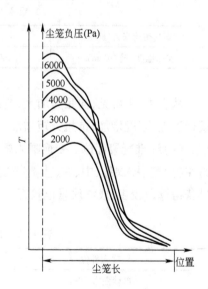

图 4-14　尘笼负压与纱线捻度的关系

从图 4-14 中可以看出,当尘笼的抽气负压绝对值越大时(即真空度大),则在尘笼加捻区各处的捻度都增大。一般负压的绝对值应掌握在 4900Pa 以上,但也不能过高,否则噪声和能耗增加。因为负压越大,纱条与尘笼之间接触越紧密,摩擦力矩越大,所以加捻效率越高。

(2)摩擦比。摩擦比 m 一般是指摩擦元件(尘笼或摩擦辊)表面速度 v_1 与引纱速度 v_2

的比值。

$$m = \frac{v_1}{v_2} = \frac{2\pi rn\eta}{v_2} = 2\pi rT\eta \qquad (4-2)$$

式中：v_1——尘笼表面线速度；

v_2——引纱速度；

r——纱线半径；

n——纱线转速；

η——加捻效率；

T——纱线捻度；

m——摩擦比。

从式（4-2）可导出：

$$T = \frac{m}{2\pi r\eta} \qquad (4-3)$$

式（4-3）说明，纱线的捻度与摩擦比成正比，即摩擦比越大，纱线捻度越大。

（3）芯纱初捻张力。用改变张力片重量来改变初捻张力。通过测试，初捻张力与纱线捻度的关系见表4-4。

表4-4　初捻张力与捻度的关系

实测初捻张力（cN）	4.12	13.29	24.11	34.89
实测捻度（捻/10cm）	140	114	103	98

从表4-4可见，初张力加大，捻度减小，导致成纱质量下降。这是因为张力大，芯纱张紧程度大，刚度增加，抗扭力矩增加，所以加捻效率降低，捻度减少。

（4）纤维凝聚部位。变换喂入棉条的部位来改变纤维的凝聚部位，将外包纤维喂入端分为左（尘笼喂入端）、中、右（尘笼输出端）。当喂入纤维越靠近尘笼左端，纤维凝聚越早，越早获得捻回较多，成纱质量也较好。实验结果见表4-5。

表4-5　纤维喂入部位与成纱质量的关系

喂入部位	左	中	右
单纱强力（cN）	941	866	819
包覆不牢度（磨损根数）	4.7	6.4	7.6
成纱直径（mm）	0.4203	0.4530	0.4703
毛羽数（2mm以上）	670	746	1170

表4-5中包覆不牢度（磨损根数）的测试，是在20根纱上往复磨40次，数包缠纤维磨掉（露出纱芯线）1/3长的根数，即为磨损根数。磨损根数越多，包覆牢度越差，纱线质量越差。

第五节　摩擦纱的成纱结构与性能

一、摩擦纱中的纤维形态

纤维条经分梳辊开松成为单纤维后会加速运动,并在输纤管道中继续加速(特别是渐缩形管道),而使纤维伸直;同时也以较高的速度冲向笼凝集区。由于引纱速度比纤维向凝集区输送的速度小很多,所以部分已经伸直的纤维有可能重新变成弯曲纤维,纤维的有效长度减短,致使成纱强力下降。而且还因纤维在进入凝集区的位置、平行状态以及纤维被捻入纱尾的时间等有差异,所以纤维在成纱中的形态有很大的不同。

由于纤维在输送及捻入纱尾过程的复杂性,致使成纱中的纤维形态产生很大差异。根据资料,通过浸没描迹法,可得出摩擦纱中示踪纤维的各种排列形态。图4-15为摩擦纱中涤纶的实际排列形态。

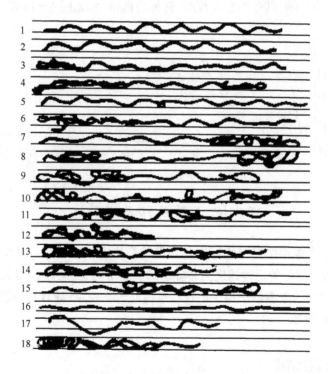

图4-15　涤纶在摩擦纱中的实际形态

1—圆锥形螺旋线纤维　2—圆柱形螺旋线纤维　3—前弯钩纤维　4—前、后弯钩纤维

5—中打圈纤维　6—前端卷绕纤维　7—后端卷绕纤维　8—前、后两端卷绕纤维

9—前卷绕、后弯钩纤维　10—前卷绕、中打圈、后弯钩纤维　11—中卷绕纤维

12—纠缠纤维　13—前卷缠、中屈曲纤维　14—前对折纤维　15—后对折纤维

16—伸直纤维　17—内外转移纤维　18—前纠缠对折纤维

表4-6为摩擦纺与转杯纺中不同纤维形态的百分率对比(在DREF2型摩擦纺纱机上纺棉)。

表4-6 摩擦纺与转杯纺中不同纤维形态的百分率对比

纤维类别	摩擦纺	转杯纺
圆锥形螺旋线纤维	0.65	2.34
圆柱形螺旋线纤维	3.27	14.02
头、中、尾端有缺陷纤维(含各种弯钩、卷绕等)	45.76	50.28
不规则纤维(含前后对折、纠缠等)	50.33	33.33

可见,摩擦纱中按圆锥形和圆柱形螺旋线排列的纤维只占3%～4%,而转杯纺中则为16%左右,而且纤维在纱体中有一定转移。在摩擦纱中其他有缺陷或不规则排列的纤维占96%左右,而转杯纺中则为84%左右。摩擦纱中纤维排列形态的众多缺陷,必然会影响摩擦纱的强力。

摩擦纺属低张力纺纱,其张力比环锭纺、转杯纺低得多,如图4-16所示。

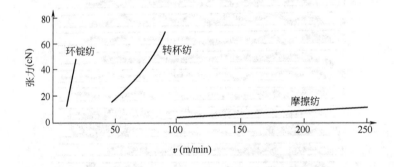

图4-16 不同纺纱方法的纺纱张力

根据已有资料,在摩擦纺的引纱速度比环锭纺高出10倍以上时,其纺纱张力只有环锭纺的20%左右。当摩擦纺的引纱速度为转杯纺的2.5倍时,其纺纱张力只有转杯纺的14%左右。由于纺纱张力低,摩擦纱中很少出现纤维内外转移现象,导致纱中圆锥形和圆柱形排列的纤维少,而且毛羽多。

二、摩擦纺的成纱结构

由摩擦纺的加捻过程及特点可以看出,摩擦纺的成纱呈明显的分层结构,包括径向组分分层和捻度分层结构两种。

1. 组分分层结构 因摩擦纱的纱尾一方面有输出运动,另一方面又被摩擦部件(尘笼)整个握持搓转加捻,其纱尾实际上形成了螺旋形纱尾,如图4-17所示。图中的单纤维部位是由多根条子1、2、…、6自左至右排列,则条子1的纤维落在自由端的起点位置,是成纱最内层的纱芯,条子6的纤维落在自由端的终点位置,处于成纱的最外层。这种从里到外逐层包覆的组分分层结构为摩擦纱产品多样化以及合理利用原料开辟了新的途径。这是其他纺纱方法难以比拟的。

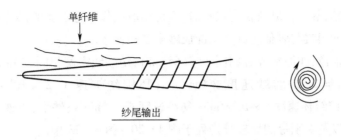

图 4-17 螺旋形纱尾

在 DREF2 型摩擦纺纱机上纺非包芯纱以及在 DREF3 型机上纺包芯纱时,所纺纱条的截面如图 4-18 所示。图 4-18(a) 中 1~6 层是 1~6 根条子喂入的纤维。图 4-18(b) 中纱芯为第一层,是采用化纤长丝或由短纤维纺制的纱条,第 2 层是由双胶圈牵伸机构喂入的芯纤维层,纤维比较伸直平行。第 1 层和第 2 层所占比例一般为 50%~80%,而覆盖层 3 的比例则为 20%~50%。包芯纱强力比无芯纱高(线密度相同),但覆盖层纤维与芯纱结合较差,经多次摩擦后容易产生"脱层"现象,所以用作机织经纱时要特别注意。

2. 捻度分层结构 摩擦纺在自由端的形成过程中,纱尾在输出处的截面中外层纤维捻度较少,因为外层纤维是最后被添加到纱尾上的,纱尾较粗;反之,纱条截面中心处的纤维是最先凝集的,纱尾较细,所以捻度比较多。摩擦纱和环锭纱的捻度分布是不同的,如图 4-19 所示。

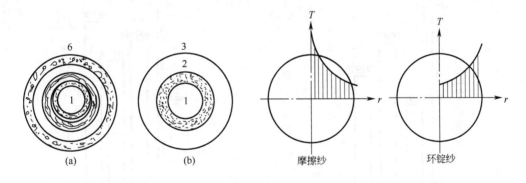

图 4-18 摩擦纱断面结构

图 4-19 捻度径向分布示意图

环锭纺捻度内层少,外层多,成纱内松外紧,毛羽少,较紧密、耐磨。摩擦纱则相反,捻度内层多,外层少,成纱内紧而表层蓬松,毛羽多,耐磨性较差,但起绒性则优于环锭纱。

摩擦纱内因纤维排列比较紊乱,且径向的捻度分布不合理,这对成纱捻度的设定、控制和测定均带来困难,只能凭经验控制捻度。

三、摩擦纱的特点和性能

摩擦纺做普通纱线,因受到成纱机理的限制,在目前的技术条件下,其性能较环锭纱差,有些指标则略优于转杯纱。摩擦纺做包芯纱,可用棉、麻、化纤及其混纺纱作纱芯,也可用长丝或弹力丝作纱芯,甚至在原料长度较短时,也可用股线作纱芯。其纱芯原料与性能的多样性使得摩擦包芯纱很难与其他纺纱方法的成纱质量相比较。

据国外资料报道,在原料成分相同 T/C(65/35),纺纱线密度相同(20tex),摩擦纺(非包芯)的摩擦比 $m = 2.2$,纺纱速度 200m/min;环锭纺锭速 1.2×10^4 r/min,纺纱速度 15.4m/min;转杯纺纺杯速度 4×10^4 r/min,纺纱速度 47m/min 条件下,成纱的主要指标如强度、伸长率、条干以及毛羽等的比较分别列于图 4-20~图 4-23 中。

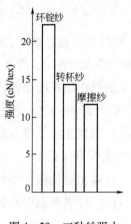

图 4-20　三种纱强力

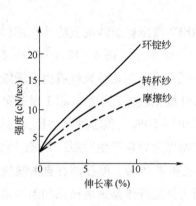

图 4-21　三种纱的应力应变曲线

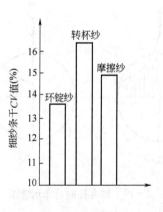

图 4-22　三种纱的条干不匀

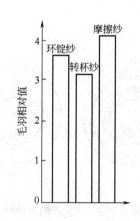

图 4-23　三种纱的毛羽相对值

1. 成纱强力　摩擦纱的成纱强度最低,只有环锭纱的 60% 左右,比转杯纱低约 20%。其主要原因是纤维在成纱中排列紊乱,伸直度差,长度利用率低。同时摩擦纱在纺纱过程中,很少发生纤维的转移作用。圆锥形、圆柱形纤维少,纤维间的径向压力小,拉伸时,纤维间的摩擦力低,也是纱线强度低的原因之一。在典型的应力应变曲线中,也表明摩擦纱的强度比转杯纱低。

2. 条干均匀度　摩擦纱、转杯纱条干不匀率的数值均高于环锭纱,说明两者的条干均逊于环锭纱。这是因为摩擦纺与转杯纺采用分梳辊开松纤维、气流输送纤维代替了环锭纺的机械牵伸的缘故。但摩擦纱的条干却优于转杯纱。

3.毛羽 摩擦纱的毛羽最多,且毛羽较长。比较黑板条干,摩擦纱比转杯纱略粗,结构蓬松。

摩擦纱的质量还与喂入条子的质量有关。据国外用 Master Spinner 型摩擦纺纱机纺纱的报道:利用同一原料纺同一线密度的环锭纱、转杯纱和摩擦纯棉纱,摩擦纺的喂入条子又有精梳条与普梳条之分,几种纺纱方法所得成纱质量指标分别列于表4-7、表4-8中。

表4-7 摩擦纱与环锭纱的质量比较(100%精梳纱)

质量值	20tex	
	摩擦纱	环锭纱
断裂长度(km)	12.9	19.2
强力 CV 值(%)	7.4	4.9
伸长率(%)	9.1	8.4
U 值(%)	11.8	9.1
千米细节(个)	24	9
千米粗节(个)	40	9
千米棉结(个)	25	3

可见,用精梳条纺20tex纱,摩擦纱的强度只有环锭纺的67%,条干比环锭纱恶化23%。但用次中级普梳条纺摩擦纱,其强度与转杯纱相当,是环锭纱的80%,但摩擦纺的条干则优于转杯纱与环锭纱。

表4-8 三种纱的质量对比(100%次中级普梳纱)

质量值	29.4tex		
	摩擦纱	转杯纱	环锭纱
断裂长度(km)	11.7	11.5	14.4
伸长率(%)	8.6	9.2	7.7
U 值(%)	11.4	12.4	13.7
千米细节(个)	49	24	60
千米粗节(个)	19	85	345
千米棉结(个)	22	547	314

上述实验结果可以说明以下几个问题。

(1)纤维长度不是影响摩擦纱强力的主要因素。

(2)摩擦纱的条干有可能优于环锭纱,因为环锭纱的条干在环锭细纱机的机械、工艺正常条件下,主要取决于喂入粗纱的均匀度。环锭纺在牵伸时不存在像摩擦纺楔形槽处的纤维随机分布现象。同时,如尘笼表面纤维量多时,吸力小,不易吸附纤维;反之吸力大,容易吸附纤维。这在一定程度上将使摩擦纱的条干得以改善。

(3)用普梳条子纺较高线密度纱,摩擦纺成纱质量的某些指标可以超过环锭纱和转杯纱。

第六节　摩擦纺的适纺性能及产品开发

摩擦纺具有适纺范围广,可纺棉、毛、麻、丝、涤纶、锦纶、腈纶、丙纶、氨纶、黏胶纤维等,还可纺碳纤维、芳纶等功能性纤维,也可用玻璃纤维、金属丝等纺纱;更可利用下脚纤维及低档原料纺制高线密度纱。

摩擦纺的另一特点是能纺制多种包芯纱,如用复丝、单丝、弹性丝、氨纶丝作为纱芯的包芯纱均各具特点。例如,用多根不同性质的纤维条,或不同颜色的纤维条喂入,加上改变色条的喂入位置,可以获得色彩变异的花色纱。再如,在成条之前先撒入带色的结子或有色纤维,经牵伸喂入尘笼的凝集区,便成为结子纱或带色彩的纱。也可用较粗长丝或低捻纱超喂作为饰线,同时喂送长丝作芯线,与经分梳辊处理后的单纤维在尘笼凝集区加捻、固结而直接纺得圈圈纱。还可加装由程序计算机控制的带有电磁离合器的牵伸装置,间歇地向纺纱区添加包覆纤维,制成竹节纱等。

在产品开发中,应充分发挥摩擦纺的优势,扬长避短。应特别重视利用下脚等低级原料,开发传统纺纱方法不易纺制或无法纺制的风格独异的产品,做到以廉取胜,提高经济效益。

摩擦纺纱的织物根据用途可分为起绒织物、服装用织物、装饰用织物、产业用织物和特种用途织物、废纺产品等五大类。这些产品花式新颖别致,产品风格独特,价廉物美。

一、起绒织物

采用的原料有羊毛,腈纶、涤纶、丙纶等长丝及下脚纤维,纱的线密度范围一般为200~833tex,最细可达100tex。产品用途有毛毯、汽车用毯、旅游用毯和电热毯等。

毛毯织物的产品风格要求是:具有良好的保暖性,丰厚柔软的手感,良好的弹性及蓬松性能。摩擦纺纱的纱线结构正好适应上述要求。一方面,摩擦纺纱的捻度结构是纱芯和里层捻度大,外层捻度小,这种结构具有良好的起绒效果;另一方面,由于摩擦纱的蓬松性好(其纱的体积约比同特数环锭纱增大50%),使纱和织物的表面丰满、富有毛茸。摩擦纺成纱蓬松性良好的原因是由于纤维的凝聚和加捻过程都具有随机性,纱线中纤维的伸直度和平行度较差。

毛毯用纱一般都用粗特摩擦纺纱纺制,其产品开发实例见表4-9。

表4-9　粗特摩擦纺纱产品开发实例

纱线线密度(tex)	原料	用途
333.3	涤纶长丝167dtex、腈纶下脚	毛毯用
833.3	涤纶长丝167dtex、腈纶下脚	毛毯用
400	腈纶3.3dtex×60mm(50%)、腈纶6dtex×60mm(50%)	毛毯用
250	涤纶167dtex、棉短下脚	家用织物
833.3	涤纶长丝167dtex、棉下脚	家用织物
192.3	丙纶长丝450dtex、丙纶短纤2.8dtex×60mm	地毯纱底布
192.3	丙纶短纤2.8dtex×60mm、丙纶长丝650dtex	过滤织物

二、服装用织物

用摩擦纺纱机可开发粗纺呢绒和针织物两类产品用纱。

(一)粗纺呢绒用纱

粗纺呢绒用作外衣面料,要求表面毛茸,手感丰满柔软,有良好的弹性及保暖性能。摩擦纺纱机可纺制各种花式纱线,可增加粗纺呢绒的花色品种,满足粗纺呢绒用纱的风格要求。

毛和化纤的下脚料都可用于摩擦纺纱机纺制粗纺毛纱,涤纶长丝废料也可以利用。用氨纶长丝喂入摩擦纺纱机充当芯纱,还可以纺出用于弹性织物的用纱。

产品实例如下。

(1)用90%再生毛与10%合成纤维纺制250~110tex毛纱,用于粗纺呢绒。

(2)以毛/涤纱和涤纶长丝为芯纱,涤纶纤维为包覆纤维,可纺制111tex的粗纺毛纱。

(3)以氨纶长丝为芯纱,棉纤维为包覆纤维可纺制59tex经纱,织造弹性粗斜纹布。

(4)用低捻腈纶纱为芯纱,涤/棉纱为饰纱,成纱外观为毛圈状,织造人字粗花呢,呢面具有立体感,色泽鲜艳,别具一格。

(5)以5tex涤纶长丝为芯纱,用60%精梳落毛和40%棉型涤纶作为包覆纤维,纺制48tex包芯纱,与涤/黏中长纤维纱线交织,做成人字呢。

(二)针织用纱

摩擦纺成纱的捻度较大,手感较硬,与针织用纱要求手感柔软,弹性好相矛盾。但只要合理选配原料,选择恰当的工艺参数,利用摩擦纺成纱独特的纱线结构,开发新品种的针织用纱是极有潜力的。

摩擦纺成纱具有分层结构,可根据针织产品要求做成不同结构的新型纱线,如使用不同质量的毛纱时,喂入毛条时将优质毛条排在右端,成纱后位于纱的外层,可以改善成纱手感和质量。

摩擦纺成纱的捻度分布,内层高而外层低,做兔羊毛针织用纱很有利:内层捻度高,毛纱可达一定强度;外层捻度低,则有利于后整理缩毛处理,使织物表观厚度大、绒面丰满、蓬松度和保暖性好。

产品实例如下。

(1)以羊毛/兔毛/锦纶为70/20/10的比例,纺制100tex兔羊毛针织用纱。可根据不同的需要使用低档次兔毛开松后混合,或使用少量澳毛提高档次,这样摩擦纺纱的成本就低于同特的环锭纺毛纱。

(2)用兔毛30%与腈纶70%纺制成100tex毛纱,可采用有色腈纶纤维按需成条。与兔毛混纺成不同色泽的毛纱,编织成衫后,无须染色,可降低产品成本。

(3)采用黏胶纤维包覆在麻纤维的外层,或丝纤维包覆在麻纤维的外层,喂入纱条时将黏胶纤维(或丝)排在纱线出口端,成纱后黏胶纤维(或丝)置于纱线外层,可改善黏/麻或丝/麻纱的刺痒感。

(4)用罗布麻60%、棉40%纺制26.5tex针织用纱,可用于T恤衫、汗衫等。

(5)用涤/棉纱为芯纱,用63%的羊毛(大部分为下脚料),30%腈纶下脚料和7%黏胶纤维作为包覆纤维,纺制143tex毛/腈有芯混纺纱,做棒针绒线。

用羊毛/兔毛/锦纶为70/20/10的环锭纺粗纺针织毛纱与同特摩擦纺针织毛纱在同一台横机上织成毛衫,其产品风格与服用性能对比见表4-10。

表4-10　环锭纺针织物与摩擦纺针织物性能对比

试样		环锭纺	摩擦纺
保暖率(%)		63.2	71.1
耐光牢度(级)		3	3
耐磨牢度	干	4	4
	湿	2~3	4

由于摩擦纺的纱线捻度偏大,纱的刚性较大,在针织横机上退纱时易产生自捻打结的现象,编织前可对毛纱进行预热定形处理。

三、装饰用织物

装饰用织物以装饰、美化环境作为产品的主要用途。因此,其织物更加注意表面效果,力求产品风格粗犷、色彩鲜明、悬垂效果好、立体感强。摩擦纺纱机具有纺制花式纱线、粗特和特粗特纱的功能,加上独特的纱线结构,使它的产品适用于品种繁多的装饰织物。

(一)地毯用纱

地毯用纱要求厚实饱满,有良好的缩绒性能,优良的弹性,并具有防腐性和吸湿性。由于摩擦纺成纱外层捻度小,外观蓬松,因而具有良好的弹性和缩绒性能。采用抗腐蚀性较好的纤维,可纺制地毯底布用纱。

产品实例如下。

(1)以丙纶长丝为芯纱,用棉或黏胶纤维做包覆纤维,可纺制130tex的丙纶包芯纱,做低档地毯的底衬。

(2)用13tex棉纱做芯纱,用50%黄麻、50%低级棉做包覆纤维,可纺制1000tex的垫毯用纱。垫毯用手工钩编。

(二)窗帘布用纱

窗帘布要求耐光、防尘、隔音、保暖、色彩鲜艳明快、图案纹理立体感强。摩擦纺纱手感柔软蓬松,通过改变不同颜色纱条的喂入位置,可纺制出色彩变化神奇的花色纱线;还可在成条之前撒入带色的结子或色纱,纺出结子纱或彩色纱、竹节纱等,织成窗帘布。花纹典雅随和,立体感强,具有环锭纱和转杯纺纱都无法比拟的优势。

产品实例如下。

(1)用 1.7dtex 的腈纶(长 38mm),纺制 208tex 的化纤纱织制装饰窗帘布。

(2)用直径 20~30μm 的羊毛纤维作为包覆纤维,以玻璃纤维长丝为芯纱,纺制 208tex 包芯纱织制窗帘布。

(三)贴墙布用纱

贴墙布要求色泽柔和、富有立体感、吸湿性好、防腐耐污。将原棉与腈纶或黏胶纤维混纺,织成吸湿性能好、富有立体纹理的贴墙布用纱。纺制出的纱线整成纱轴后,在浆槽中上黏合剂,再用墙纸胶压机将纱线压粘在大幅的墙纸上,再经烘干而后成卷。

产品实例如下。

用下脚棉和再用腈纶纺制 100~333tex 棉/腈混纺纱,排列密度为 6~12 根/10mm,墙纸规格为长 7.3m×宽 0.19m。

(四)家具覆盖织物

家具覆盖织物要求光滑平整、不易折皱、颜色鲜艳、耐磨性能良好。摩擦纺成纱的条干均匀度好,可使外观平整;又因纱线伸长率较大,可抗折皱;各式花式纱线可使织物色彩缤纷;但织物的耐磨性较差,可以通过工艺调整,改变外层纤维品种来改善纱线的表面结构,改善织物的耐磨性。

以沙发用布为例:沙发用布要坚固厚实、毛型感强、透气性好。可以用 13tex 涤/棉纱做芯纱,用 30% 羊毛和 70% 腈纶做外包纤维纺制 100tex 混纺包芯纱为纬纱,经纱为纯棉线,交织成提花沙发用布。产品在织物结构设计上要体现纬纱浮点较多,使布面富有立体感、雅致大方。

四、工业用布和特种性能用布

(一)过滤布用纱

由于摩擦纺成纱具有较好的均匀度,里紧外松的纱线结构,可以使过滤布具有均匀和立体的多层过滤效果。

产品实例如下。

(1)用 1.7~3.3dtex、40mm 长的黏胶纤维纺制 1000tex 过滤布用纱。

(2)将棉、黏胶纤维、丙纶在粗特摩擦纺纱机上纺制成混纺纱可做工业过滤器。纱的特点是具有较大的体积(比环锭纱大 10%~25%),使过滤器具有较高的过滤效果。

(3)用 2.8dtex、长 60mm 的丙纶短纤维,包覆 650dtex 的丙纶长丝制成 192tex 的包芯纱,织成过滤织物。

（二）特种性能用布

摩擦纺纱的优点是适用原料范围广,对原料的可纺性能要求不高,因而可纺制具有特种性能的纤维,如高强度、防腐、防寒、绝缘、阻燃纤维,还可以纺制碳纤维、陶瓷纤维、玻璃纤维、金属纤维等原料,织制成特种性能用布。如消防服装、绝缘布,轮胎帘子布、运输带、制动器和离合器垫片等。以凯夫拉纤维为例,它可适应180℃高温和－190℃低温,还具有良好的耐化学性能和较高的抗伸长特性,因而在许多方面可取代石棉。

五、废纺织物

粗特摩擦纺纱机在使用低级原料和纱厂下脚料及无梭织机的布边下脚料等方面具有很高的经济效益。可纺纤维可以短至10～20mm,芯纱用废棉纺纱或长丝,也可喂入纤维条。由于这种摩擦纺成纱混合用料十分廉价,且前纺设备简单,卷装大,效率高和产量高等因素,纺纱总成本大大降低。

废纺的摩擦纺成纱因其特有的纱线结构——里紧外松及纱芯捻度大,外层捻度较小,而特别适用做清洁布、拖布等。由于纱线外层纤维抱合较松,所以具有较高的吸湿和吸尘能力。它对小灰尘和绒毛具有优异的收集和吸附能力,且吸水速度很快。

美国和法国都用100%的棉下脚或黏胶纤维下脚料纺制500～1000tex抹布用纱。甚至可用无梭布机切下的布边直接纺制成纱,即将2～6根布边喂入,同时喂入一根长丝做纱芯或喂入一根做外包纤维用的粗纱,制成废纺包芯纱,用于地毯纱或织制成抹布或窗帘布等。

思 考 题

1. 现代新型摩擦纺纱机有哪些性能特点?

2. 摩擦纺普通纱的成纱工艺过程怎样?

3. 摩擦纺包芯纱的成纱工艺过程怎样?

4. 摩擦纺纱用原料有哪些特点?

5. 写出几种主要的摩擦纺纱工艺流程。

6. 摩擦纺纱对棉条的喂入和分梳有哪些要求?

7. 分析影响摩擦纺中纤维转移和输送作用的因素。

8. 比较分析摩擦纺自由端加捻和非自由端加捻的作用原理和特点。

9. 摩擦纺成纱具有怎样的结构特征,分析其形成原因。

10. 分析摩擦纺纱的性能特点及其用途。

第五章 自捻纺纱

本章知识点

1. 自捻纺成纱基本原理和工艺过程。
2. 主要自捻纺产品的生产工艺流程。
3. 自捻纺纱机的牵伸机构及牵伸工艺。
4. 自捻纺纱机的加捻机构及加捻工艺。
5. 自捻纺的成纱结构与性能特点。
6. 主要自捻纺产品的性能与用途。

第一节 概 述

一、自捻纺概况

自捻纺纱是一种非自由端新型纺纱方法。20 世纪 70 年代初首先由澳大利亚应用于工业生产。后来英国、法国均研制出具有两个加捻系统的低线密度包缠自捻纺纱机,将化纤长丝包覆在天然纤维外面。俄罗斯还研制了喷气自捻纺纱机,供纺毛型纤维 12.96tex 双股线,但纱线光洁度差。我国也在 20 世纪 70 年代后期利用棉纺设备加工自捻纺原料,相应设计出 CZ－1 型、CZM－1 型、SFA501 型等自捻纺纱机,适合 65～76mm 的中长化纤、毛、麻和绢等原料的纯纺或混纺,为仿毛、仿麻产品提供原料。自捻纺实际纺纱线密度多在(10～15)tex×(2～4),所生产的都是双股或多股线。目前,自捻纺还不能生产单纱用以织造细、薄织物。

二、自捻纺纱基本原理与工艺过程

1. 基本原理　自捻纺纱的基本原理是将两根须条的两端握持,同时施加假捻(中间加捻),形成两根各具有正、反捻交替的单纱,再利用它们的自捻作用,使两根单纱结合成一根具有正反捻的双股线。如图 5－1 所示,图中手指表示加捻器,当手指对两端被握持的两根须条同时加捻时,手指两侧的须条各得方向相反的 S 捻和 Z 捻。如手指把两根纱贴近并松开时,两根纱条由于各自的退捻扭矩产生自捻作用而互相捻合,形成一根较稳定的双股纱结构,一般称为"自捻纱"。

自捻纱有同相自捻纱与相差自捻纱之分。经搓捻辊搓捻后的单纱上,得到具有周期性的 S 捻、Z 捻交替变化的捻度。而在交替部分形成了"无捻区",无捻区内纤维平行,强力最低,是自捻单纱强力的弱环。当两根有捻单纱汇合时,如两根捻向相同的单纱片段完全重合

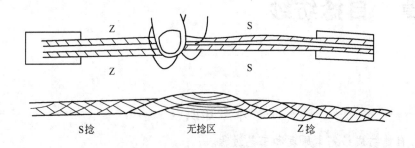

图 5-1 自捻纱的形成

时,这时的自捻纱称为同相自捻纱。同相自捻纱的强力低、条干差、断头多。用同相自捻纱加工织物,无捻区在织物表面会形成"条影",故不适用于织造。

为了改善自捻纱的结构,提高强力,改善条干水平,采取在两根单纱汇合时,使两根捻向相同的片段相互错开一段距离(主要错开无捻区),可得相差自捻纱。图 5-2 为自捻纱的相位结构示意图。相位差虽可使自捻纱的强力提高,但相位差不是越大越好,而是有一个临界值,超过临界值,强力反而会下降。

图 5-2 自捻纱的相位结构

相差自捻纱虽具有一定的强力和耐磨性,但在股线上仍保留着捻向交替与一定的无捻区。因此,织物外观仍存在条花或有规律性的花纹,而且强力也不符合经纱的要求,必须将相差自捻纱再在捻纱机或倍捻机或三捻机上进行追加捻度。通过追加捻度的自捻纱,称自捻股线。自捻股线改善了捻度分布,具备了织造条件。

2. 自捻纺纱工艺过程 图 5-3 所示为自捻纺纱的工艺过程。由前罗拉 1 输出的两根须条,一端受前罗拉握持,另一端受汇合导纱钩 3 的握持,在两握持点之间有一对既作往复

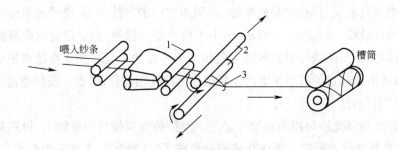

图 5-3 自捻纺纱工艺过程

运动又作回转运动的搓捻辊 2（相当于假捻器），须条经搓捻辊的搓动，在搓捻辊两侧的须条分别获得捻向相反的 S 捻和 Z 捻的单纱条。当两根捻向交替变化的单纱离开搓捻辊而在汇合导纱钩处相遇时，由于两根纱条各自的退捻扭矩产生了自捻作用而相互捻合成一根股线。

三、自捻纺纱系统与前纺工艺

一般讲，自捻纺纱适纺平均长度 55mm 以上的中长化纤、毛、麻、绢等大部分长纤维，其纺纱工艺流程视所纺纤维的种数及产品要求而异。

（一）中长化纤超大牵伸自捻纺工艺流程

其具体工艺流程为：

开清棉→梳棉→头并→二并→三并→自捻→捻线→络筒

中长化纤自捻纺的前纺设备可以采用一般环锭纺的中长前纺设备，但自捻纺用中长纤维的长度偏长，一般都在 71~76mm，且采用 120 倍左右的超大牵伸，对喂入半制品的要求较高，因此，必须在前纺设备上采取相应的措施。

1. 开清棉　由于中长化纤弹性好，含杂少，仅含少量的纤维疵点（硬丝、并丝等），其开清工艺应采用短流程，多梳、少打，少落或不落，充分混合，薄喂勤喂的原则，一般采用两箱两刀或两刀三箱的工艺流程，后者可增加混合效果。开棉设备中的打手可以采用梳针式，同时还应放大隔距，降低打手速度，减小尘棒间距等。

2. 梳棉　用于超大牵伸的生条应达到结粒少、短绒少、疵点少、纤维分离度好的要求。为此，在梳棉工艺中常采取如下措施：将给棉板工作面长度弧形接长，放大给棉板与刺辊的隔距；采用化纤型针布及锯条，大压辊加装积极加压装置；在第一盖板托脚处加装分梳罗拉进行预分梳，避免较大的纤维块进入盖板区造成纤维损伤。

3. 并条　自捻纺纱机采用超大牵伸，由于喂入条子定量要求及防止前弯钩喂入纺纱机，并条宜采用三道。

4. 捻线　自捻纺以后的捻线，目的是将自捻纱再捻成追捻自捻线。若直接将自捻纱用于针织，则不需经过捻线工序。

5. 色纺混合工艺　在中长化纤自捻纺中采用色纺工艺可以增加花式品种，较好地体现出自捻纺的优势。自捻纺色纺混合的方式有清花前散纤维混合及并条机上条子混合两种。

散纤维混合作用较彻底，成纱色泽均匀，没有色差，用于有色坯布、针织布等用纱。这种混合方式工艺简单、管理方便，适宜一般产品的大批量生产。

条子混合的作用效果灵活多变，更能体现出色纺产品的风格特点，例如，派力司、法兰绒、啥味呢一类产品用纱，并不要求非常彻底的混合效果。利用并条机进行条子混合，其混合程度随着混并道数的增加而提高，对混合要求不高的产品，可以在末道并条机上混合，对有一定混合要求的条子可经过两道并条机混合。由于生条不匀率较大，为了达到混合比正确，一般不采用头道并条机混合。并条机上条子混合改变色泽的灵活性较大，品种翻改简便，适合多品种、小批量生产。但混后回条处理较麻烦。

在自捻纺纱中，混色还可以在自捻纺纱机上采用不同颜色的单纱条自捻成花色纱。加上不同颜色纱的多股捻合及交织等,可以生产各种色织物。

(二)四股腈纶膨体自捻纺工艺流程

其具体工艺流程为:

牵切腈纶混合条→头道再割→二道再割→自捻纺→捻线→络筒→摇纱→成包

在这一工艺流程中采用两道再割机,替代了全部前纺设备。这两道再割的目的是把混合条中的超长、倍长纤维拉断,使纤维平均长度适合于目前自捻纺超大牵伸机构,同时进行必要的并合,并把条子定量做到适合于超大牵伸自捻纺纱机对喂入品的要求。

四股腈纶膨体自捻纺工艺把自每台自捻纺纱机上汇合钩出来的四根自捻纱,通过一定的相位差再两两汇合后分别绕到两只自捻筒子上,这对提高成品质量与捻线机产量都有明显的好处。

四股腈纶膨体自捻线在进行织造以前都要经过膨化处理,故都要在摇线机上摇成绞纱。这一工艺流程保持了化学纤维原有的伸直平行状态,工艺流程短,经济效果显著。

(三)维纶牵切、再割、自捻纺工艺流程

其具体工艺流程为:

维纶长丝束→维纶专用牵切机→再割机→自捻纺

这一工艺流程和上述的四股腈纶膨体自捻纺工艺流程类似,用于把维纶长丝束加工成农用塑料管底布及三防帆布等产品。

(四)毛精纺中的自捻纺工艺流程

其具体工艺流程为:

精梳毛条→混条机→头道针梳机→二道针梳机→三道针梳机→粗纱机→自捻纺纱机→捻线机→络筒机

在毛精纺中,自捻纺纱机喂入的半制品一般是粗纱,不需用超大牵伸,由于羊毛纤维长且整齐度较差,其牵伸机构常用双胶圈滑溜牵伸形式。毛精纺自捻纺的前纺工艺流程与传统的环锭纺工艺一致。

第二节　自捻纺牵伸机构与作用

一、牵伸类型与特点

自捻纺与属于自由端纺纱的气流纺、静电纺等新型纺纱不同,它不要求纱条分离成单纤维状态后再成纱,故所用牵伸装置和传统纺纱的罗拉牵伸机构类同。自捻纺纱有条子喂入和粗纱喂入两种方式。条子喂入时采用超大牵伸装置,牵伸倍数常在120左右。加果采用粗纱喂入,牵伸倍数一般只需30左右。

自捻纺纱机的牵伸形式根据所纺纤维类型的不同而不同。纺中长型化纤的自捻纺纱机一般采用条子喂入,其牵伸装置为四罗拉三胶圈形式。用于毛纺的自捻纺纱机大多采用粗纱喂入,由于超长纤维多及纤维长度整齐度差,所以都用三罗拉双区滑溜牵伸,前区采用双短胶圈。纺苎麻的自捻纺纱机,其牵伸装置与毛型的相仿。

二、牵伸机构

图5-4所示为国产生产中长化纤自捻纱的自捻纺纱机采用的超大牵伸装置。它由四罗拉三胶圈组成，前牵伸区采用双短胶圈，阶梯下销圆弧面上托1.5~2mm，配用弹簧摆动上销，胶圈厚为1.2mm，以充分发挥胶圈钳口的弹性作用，使前牵伸区中胶圈钳口能够比较有效地控制6~8根须条进行集中牵伸。后区加装单下胶圈，既解决绕罗拉现象，又可增强对纤维的托持控制作用。加压采用双摇架，两边弹簧加压，摇架与胶辊不是固定联结在一起，以防止抬起摇架时纱条上的捻度进入牵伸区。在每个牵伸区都配有不同类型的集合器，以集束纤维，加强控制。整个牵伸区配有吸风斗及绒板等清洁装置。

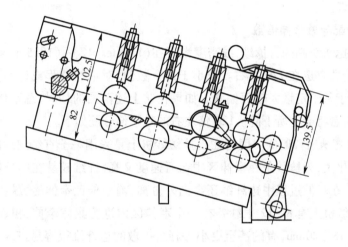

图5-4　自捻纺纱机超大牵伸装置

三、牵伸工艺

环锭细纱机适纺化纤纱的牵伸工艺原则是：重加压、紧集合、强控制。这些对中长化纤自捻纺纱机上的牵伸工艺控制，包括超大牵伸工艺的控制也是适用的。

（一）胶辊加压与胶圈钳口

在环锭细纱机上纺中长化纤，由于纤维长度长，牵伸过程中纤维之间的接触面积较大，致使牵伸力较大，因此，胶辊加压应较纺棉纤维时适当增大，以保证钳口下牵伸力与握持力相适应。

为了实现强控制，除增加牵伸罗拉上的胶辊加压外，还应相应减小前牵伸区一对胶圈钳口的隔距。但纺中长化纤时，如果牵伸力过大，罗拉加压不能与之相适应时，胶圈钳口只能稍大，以减小牵伸力，这不利于加强对纤维运动的控制。增大各列罗拉上胶辊的加压，就有可能采用较小的胶圈钳口，以组成在牵伸过程中对纤维运动的强控制。

国内有工厂的试验表明，在中长化纤超大牵伸自捻纺的牵伸装置上，适当增加胶辊加压与减小胶圈钳口，以加强在牵伸过程中对纤维运动的控制，能提高成纱品质。

(二)罗拉中心距

为了加强对纤维运动的控制,在罗拉钳口的握持力足够的前提下,罗拉中心距可偏小掌握。一般中后牵伸区的罗拉中心距应比纤维长度大 10~15mm,前牵伸区有双胶圈控制,主要应考虑浮游区长度。因为自捻纺纱机的前罗拉直径较大(35~40mm),其后面还要装集合器,所以浮游区长度常在 20mm 以上。

据报道,采用 120 倍左右的超大牵伸,所纺纤维长度为 65mm 的涤/腈混纺条时,前、中、后区牵伸罗拉中心距分别由 78mm×80mm×80mm 改为 75.5mm×75mm×78mm,条干质量与断头情况均有改善。且在同样牵伸条件下,仅将罗拉中心距改为 76mm×75mm×80mm,用以纺 71mm 长度的纯涤纶,由于相对地缩小了罗拉中心距,增强了对纤维运动的控制,布面条干有显著改善。

(三)牵伸分配与总牵伸倍数

中长化纤自捻纺纺制的自捻纱,线密度大多在(14.8tex×2)~(18.5tex×2)。若采用超大牵伸,总牵伸倍数宜选在 120 左右。若小于这个数值,对牵伸过程或许略为有利,但前纺设备的供应会由于条子定量太轻而偏紧。如果在纺上述范围的纱时,总牵伸倍数比 120 大得过多,则成纱质量将会有所下降。120 倍左右的总牵伸分配如下。

1. 前区牵伸不大于 20 倍　因为在自捻纺纱机上是采用条子直纺细纱的超大牵伸,被牵伸纱条截面变化大,无捻纱条在牵伸区中运行速度又高,纤维较易在纱条横向扩散,仅靠集合器局部约束,在牵伸过程中边纤维还会向外分离,前牵伸区牵伸倍数越大,则这种趋势越明显。自捻纺纱机上有 8~12 根纱条在一个牵伸区内进行集体牵伸,相邻两根牵伸须条之间的距离只有 18~20mm,有的甚至更小,因此,扩散的边纤维很容易搭入相邻的须条中,形成所谓搭桥纤维。这种搭桥纤维有些可能被前罗拉出口处的分纱器所"拆除",但有些就可能导致断头。在纺膨体腈纶的超大牵伸自捻纺纱机上,曾试过 26 倍的前区牵伸,几乎绝大部分须条上都出现搭桥纤维难以正常纺纱。

另外,从成纱质量来看,将前区牵伸倍数限制在 20 倍以内也是有利的。有的纺织厂进行了有关的对比试验。一个方案是前区牵伸 20.8 倍,总牵伸 125 倍;另一个方案是前区牵伸 17.5 倍,总牵伸 106 倍,中后区牵伸倍数都是 1.56×3.88,纺 18.5tex×2 涤/黏中长自捻纱。在纺出自捻纱捻度基本相同的情况下,17.5 倍前区牵伸所纺自捻纱的单纱强力比 20.8 倍纺出的要提高 17% 左右,其条干不匀率也有所降低。

从成纱品质与纤维搭桥情况来看,前区牵伸倍数一般是偏小掌握为好。但从整个技术经济效益来看,为了不使总牵伸倍数小于 120,前区牵伸还是不要比 20 小得太多为佳。

2. 中区牵伸倍数一般采用 1.5 倍左右　适当增加中区牵伸,在总牵伸倍数不变的情况下,可以减小前区牵伸,对整个牵伸过程有利。有的厂也曾做过这样的试验,前中区的牵伸倍数分别用 21.8×1.35、19.4×1.41、17.5×1.56 三个方案。其他条件相同,纺纱条干及其他质量指标均以后者为好。

3. 后区牵伸一般采用 4 倍左右　当纺纱线密度减小时,除了适当减轻条子定量外,还可以适当提高中后区的牵伸倍数。但后区牵伸倍数是影响成纱中长片段不匀的主要原因,即使后区采用单下胶圈控制纤维,其牵伸倍数也应控制在 5.5 倍以下。

如果中长化纤自捻纺纱机采用粗纱喂入,则一般只需两个牵伸区,后区牵伸通常在 1.5 以下,前区可以高达 25 倍左右。若是利用原有的四罗拉超大牵伸装置,则牵伸条件更好。但也可拆除后面一对牵伸罗拉,改为两个牵伸区,牵伸装置的传动设计,特别是牵伸变换齿轮的设计,应考虑到这些情况。SFA501 型自捻纺纱机若采用粗纱喂入,可用两个牵伸区,牵伸倍数可调范围为 24.25～42.23;若用条子喂入,则采用四罗拉三牵伸区的超大牵伸,牵伸倍数可调范围为 93.24～186,其中每档牵伸倍数的递增率均为 3%。

国外 MK2 型自捻纺纱机主要用于毛纺,用粗纱喂入两个牵伸区,其后区牵伸倍数固定为 1.14,前区牵伸倍数可调范围为 15～38.2。

(四)各牵伸区集合器的形状与口径

集合器的主要作用是收缩纱条宽度,增加纱条紧密度,提高成纱强力。自捻纺纱纱速度高,相邻两根纱条靠得近。为了防止纤维搭桥以及有利于搓捻辊加捻效率的提高,集合器尤为重要。自捻纺采用超大牵伸装置时,由于喂入与纺出纱条宽度相差悬殊,而且要连续经过几个牵伸区牵伸,故在各牵伸区内均应配置相应的集合器。CZ 型与 SFA501 型自捻纺纱机纺中等线密度中长化纤纱时,采用的各区集合器形状与口径分述如下。

1. 喂入喇叭　超大牵伸喂入条子时,后区牵伸倍数较大,采用尼龙喂入喇叭,出口呈矩形,以使纱条横向受压均匀,为后区牵伸提供有利条件。

2. 后区集合器　防止纱条在后区牵伸过程中扩散,并适当收小纱条横向的宽度,采用进口 12mm 和出口 4mm 的上开口黄铜集体式集合器。

3. 中区集合器　中区为简单罗拉牵伸,须条无控区较长,为了进行有效的集束,采用长度为 50mm,进口与出口分别为 3mm 和 1.5mm 的楔形集束器,出口尺寸可以自行作适当地收放。

4. 前区集合器　该集合器可以防止纤维搭桥,促使成纱结构紧密及提高搓捻辊加捻效率。出口通常用 1mm,进口圆弧 $R=5mm$,为上开口整体式。由于前区须条的运动速度快,且有一定的紧密度,为了防止磨出槽纹,通常用不锈钢制造。该集合器的安装位置也很敏感,既要高低适宜,又要注意其后端与胶圈前沿的开档不能太近,否则容易使牵伸须条中纤维的运动受罗拉表面气流与下面吸风的干扰。

采用粗纱喂入时,由于粗纱捻度可良好地控制纤维,因此,各牵伸区中纤维的扩散情况要好些,但也应使用相应的集合器。

(五)自捻纺纱牵伸特点

通过对上述牵伸工艺参数的分析,可以归纳出自捻纺纱牵伸过程具有以下特点。

(1)在一个牵伸区内同时进行着 8～12 根单纱条的集体牵伸,一般环锭细纱机的弹簧摆动上销在这里几乎起不到调节钳口的作用,而是通过增厚胶圈,加强胶圈的弹性来进行调节。采用这种销子形式,结构简单,便于操作,调整压力也方便。由于集体牵伸中相邻两根单纱条距离近,所以防止纤维扩散而引起搭桥是一个重要问题。

(2)牵伸罗拉表面速度快,特别是在 250m/min 以上的纺纱速度下,罗拉高速回转引起的气流对牵伸过程有相当影响,由于高速牵伸而引起的纱疵问题必须认真研究解决。

(3)尽管中长化纤中尘杂、垃圾、短绒等较少,但由于纺纱速度快,牵伸装置的清洁工作应该认真及时,搓捻辊钳口对沉积物的反应很敏感,特别在高速情况下,这是引起断头的重要原因之一。

(4)CZ 型与 SFA501 型自捻纺纱机上各牵伸区的集合器都是集体式的,都不作横动,牵伸速度快,又大多加工化纤,胶辊表面容易磨出槽纹,所以也要注意胶辊的维修保养。

(5)自捻纺由于加工纤维长,罗拉直径比较粗,且罗拉短而无接头,刚性较好,这是有利的方面。另外,加工纤维的长度整齐度较好,这也对牵伸过程有利。实践表明,一定长度范围内的不等长纤维原料对牵伸过程更加有利。

第三节　自捻纺加捻机构与作用

一、自捻纺纱机加捻机构

自捻纺纱机利用一对搓捻辊实现对纱条加捻,属于非自由端加捻,搓捻辊的回转速度1000r/min,是全机转速最高的机件,因此,低速高产是自捻纺纱的特点之一。

两根纤维条经牵伸装置拉细,由前罗拉、搓捻辊输出,在导纱钩处汇合。搓捻辊除回转外,还作快速轴向往复运动,搓转纱条,使搓捻辊前后的纱条获得方向相反的捻回。在导纱钩处汇合后的两根纱条,依靠它们本身的抗扭力矩自行捻合成双股自捻纱。

二、搓捻机构的传动与分析

搓捻机构是自捻纺纱机的心脏,它既影响纺纱速度,也影响成纱质量。因为搓捻辊不仅要对须条加捻,还要输出纱条。为了输出纱条,搓捻辊需作自转;为了加捻,搓捻辊要作横向往复直线运动。其自转的速度决定产量,往复运动的速度决定加捻程度和成纱质量。

用作传动搓捻辊作复合运动的机构多为周转轮系型,具有速度高、振动小、噪声低等优点。根据周转轮系的设计原理,一个小圆与另一个直径为小圆直径 2 倍的大圆内切,并沿大圆滚动时,则小圆上的任一点都做直线运动,即它的运动轨迹就是大圆的直径。

实现上述原理的机构如图5-5所示,周转轮系由一对内啮合齿轮 A 和 B 组成,且与链轮 C 装配一体。这样,固定不动的内齿轮 A 相当于太阳齿轮,小内齿轮 B 即为行星齿轮,而链轮 C 则相当于动臂的作用。当齿轮 B 沿齿轮 A 的内壁滚动(作公转)时,过小齿轮节圆任一点 P 的运动轨迹是一条直线。齿轮 B 在作公转的同时,又受齿

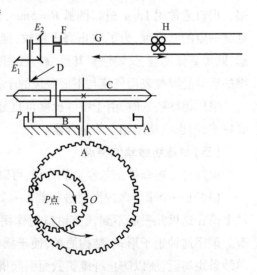

图5-5　搓捻辊传动机构

124

轮 A 的啮合作用而作自转运动。根据维里斯公式可以证明:当齿轮 B 公转一周时,恰巧反转一转(自转),而 P 点沿齿轮 A 的直径完成一个往复运动。为了将 B 的自转运动和在它节圆上任一点 P 的平移运动同时传给搓捻辊,将 B 轮中心轴作成曲拐 D,同时 D 轴的中心位置要对准 A、B 两齿轮节圆上的啮合点 P。这样,曲拐轴 D 一方面按链轮 C 的回转方向作反向自转,另一方面 P 点的往复运动则通过连杆 G 用橡胶联轴节 F 拖动搓捻辊也做直线运动。当 B 自转一周时,D 也回转一周,D 的一端 E_1 固定,通过 E_2 带动搓捻辊 H。可见,搓捻辊的往复动程等于齿轮 A 的节圆直径,或等于齿轮 B 的节圆直径的 2 倍。在单位时间内,搓捻辊的往复次数等于链轮 C 的转速。搓捻辊的转速等于往复次数乘以 E_1/E_2,即搓捻辊转速:往复次数 $= E_1 : E_2 = 1.76 : 1$(CZM1 型自捻纺纱机的 E_1 为 37 齿,E_2 为 21 齿)。

由上述机构获得搓捻辊的横动速度是变化的,具体变化如下。

(1)当搓捻辊运动到两端极限位置时,横动速度等于 0,即搓捻辊改向时速度最小。

(2)当搓捻辊到其行程的中部位置时,横动速度最大。因此,造成单纱和自捻纱半周期长度(指一个无捻区,一个有捻区)内获得的捻度分布不匀。行程中部速度最大,捻度中间多;两端改向时,速度小,两头捻度也稀,如图 5-6 所示。

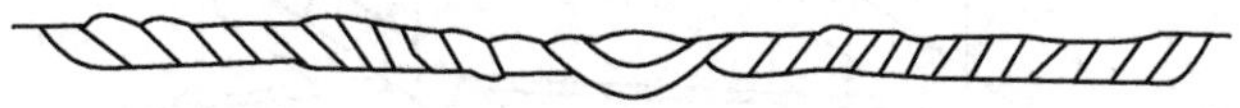

图 5-6　单纱条的捻度分布

三、加捻工艺参数的选择与控制

自捻纺纱的加捻方式使得纺出自捻纱的自捻捻度的精确控制较环锭纺纱复杂,从而也给自捻捻度不匀率的控制带来困难。然而,自捻捻度及其不匀又是影响自捻纺成品质量的重要因素。因此,必须合理地设计自捻机构并选择、控制加捻工艺参数,以及提高搓捻辊钳口对纱条的加捻效率。

从机构上来看,行星轮系的平衡与结构,以及支承搓捻辊轴承的类型,都将影响搓捻辊加捻钳口的运动。因此,轮系要按理论要求平衡,使振动降至最小,搓捻辊支承采用旋转精度高,且几乎不存在磨损的空气静压轴承,保证搓捻辊持续运转平稳,在机械方面为搓捻辊加捻钳口的长期稳定打下基础,同时也为降低自捻捻度不匀率创造良好的条件。例如,国内搓捻辊支承采用滑动轴承及轮系未按理论要求平衡的自捻纺纱机,纺纱速度在 160m/min 左右时,其纺出自捻纱的捻不匀一般在 10% 以上。它与原料的性质有关,65mm 长度的涤/黏中长纤维自捻纱的捻不匀,比 80mm 长度的腈纶膨体自捻纱的捻不匀更高一些,后者捻不匀一般在 7%~10%。当采用空气静压轴承和轮系按理论要求平衡后,在纺纱速度为 260m/min 时,纺腈纶膨体自捻纱的捻不匀可降为 4%~8%。国外自捻纺纱机都采用空气静压轴承,纺羊毛自捻纱的捻不匀(均方差系数)为 4%~8%,腈纶膨体自捻纱捻不匀(均方差系数)为

7%~9%。

影响自捻纱的自捻捻度及其不匀的工艺参数主要有以下几项。

1.搓捻辊往复动程和自捻纱周期长度 要使纺出自捻纱上半周期捻回数足够,且无捻区也短,在保证加捻机构动力学性能的前提下,这两个设计参数应匹配选取。纺中长化纤时,由于纤维长度较短,采用搓捻辊动程72mm与周期长度200mm匹配;纺羊毛等较长纤维时,采用搓捻辊动程76mm与周期长度220mm匹配。后一种匹配纺出自捻纱单位长度内的捻回数略低,无捻区较长,但对提高纺纱速度有利。

2.搓捻辊钳口与前罗拉钳口的距离 U、与导纱钩的距离 V(图5-7) 由图5-7可见,U 的增大会使该纱段上捻度减少,将导致进入搓捻辊钳口的纱条紧密度差,影响搓捻辊的加捻效率,使输出纱条上捻度减小,且也会引起 U 区纱段断头。因此,在选定搓捻辊直径与罗拉胶辊直径后,在不妨碍操作的前提下偏小选取 U 值,一般为 45~55mm。V 越小,纺出纱条上捻度越多,但设计时需考虑导纱钩的正确安装和便于操作,V 值一般选取 18mm 左右。

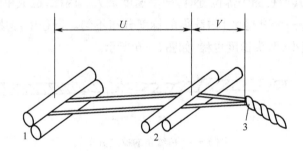

图5-7 加捻区捻度的变化
1—前罗拉 2—搓捻辊 3—汇合导纱钩

3.纺纱速度与搓捻辊加压 自捻纺纱机搓捻辊往复速度与回转速度的比值,不随纺纱速度的变化而变化。因此,不同纺纱速度下加给自捻纱的理论捻度值不变。但由于随着纺纱速度的提高,前罗拉输出纱条更松散,搓捻辊钳口的抖动频率及幅度也相应增加。这样,搓捻辊对纱条的加捻效率将随之下降,致使纺出自捻纱的实际捻度,随着纺纱速度的增加而减小。

相关实践表明,若其他条件不变,在纺中特纱时,纺纱速度每增加 10m/min,自捻捻度要下降0.3 捻/10cm 左右。因此,如果其他条件不予改善,自捻纺纱机速度由 160m/min 增至 260m/min,自捻捻度将下降约 3 捻/10cm。

搓捻辊加压通常用来调节自捻纺纱的自捻捻度,但它对自捻捻度的影响较为复杂。加压不足,会增加纱条在搓捻辊间的滑溜,加捻效率低。图5-8表示了三种纺纱速度下搓捻辊加压与自捻捻度的关系,具体分析如下。

(1)只有在搓捻辊加压基数较小的情况下,增加搓捻辊压力才可能明显地增加自捻捻度。当加压值达到每根单纱条 100cN 左右时,再增加压力对自捻捻度影响不大。这是由于每根单纱条的加压量在 100cN 以下时,压力主要由纱条承受,加压超过这个数值以后,上、下

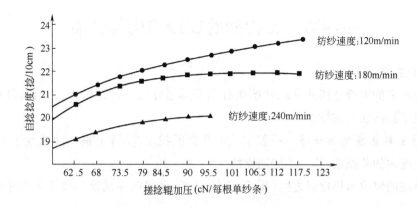

图 5－8 搓捻辊加压与自捻捻度的关系

搓捻辊直接接触,增加的压力就由搓捻辊橡胶承受,因此,不再增加加捻效果。由此可见,每根单纱条上搓捻辊的有效加压值应在 100cN 以下。

（2）在纺纱速度比较低时,增加搓捻辊压力,增加捻度较多,纺纱速度越高,捻度随搓捻辊压力增加而增加的数值越来越小,这说明,要想采用增加搓捻辊压力,来补偿高速带来的捻度损失,其效果甚微。

（3）使自捻捻度达到近似最大值的每根单纱条搓捻辊加压值,随纺纱速度的增加而降低。因此,搓捻辊的有效加压值应随纺纱速度的不同而不同。

（4）在实验过程中还发现,导致搓捻辊不正常发热的搓捻辊加压极限值,也随纺纱速度的增加而降低。搓捻辊材料采用肖氏硬度 63° 的聚氨酯橡胶,纺纱速度为 120m/min 时,12根单纱条的搓捻辊加压值达 1500cN 时也能正常纺纱。但纺纱速度为 180m/min 时,加压极限值降至 1400cN。而纺纱速度达 240m/min 时,搓捻辊加压量只能在 1200cN 以下。这也说明,随着纺纱速度的提高,搓捻辊加压量要相应地偏低控制。

综上所述,搓捻辊加压值应视纺纱原料、搓捻辊橡胶性能以及纺纱速度等情况选取。纺纱速度在 150m/min 左右的自捻纺纱机,其搓捻辊加压值可以控制在每根单纱条 80～100cN。而高速自捻纺纱机的搓捻辊加压值应为每根单纱条不超过 80cN,若再增加加压值,非但无助于捻度增加或弥补高速后自捻捻度的损失,反而导致搓捻辊的发热变形和非正常磨损,以及增加搓捻辊传动部件的负荷和引起振动等,从而加剧搓捻辊钳口的抖动,降低加捻效率,甚至难以正常纺纱。所以自捻纺纱机(尤其是高速自捻纺纱机)应该在轻加压的前提下,充分利用所加压力于各根纱条的加捻,从而获得最好的加捻效果。理论和实践都证明,采用搓捻辊两端加压的方式将是合理而有效的加捻工艺。

另外,原料性能和相位差大小也会影响自捻纱捻度大小。原料抗扭刚度大,加捻效率低。纤维粗,抗扭刚度大,一方面捻度不易加入,同时退捻力矩大,自捻捻度少。相位差逐渐增大时,自捻捻度逐渐下降。为了使自捻纱获得一定的强力,适当的相位差是需要的,但相位差不是越大越好,而是一个获得最大强力的临界值。纺纱张力以及温湿度条件对自捻纱捻度也有一定影响,生产过程中应根据实际情况加以控制。

第四节　自捻纱的成纱结构与性能

一、自捻纱的结构

自捻纺特有的加捻作用使其成纱结构有别于其他任何一种纺纱方式,自捻纱的捻度分布特点形成了其纱线结构特点。

1. 单纱条的捻度及其分布　一般工艺上掌握的捻度,实际上是一种捻度平均值,是指半个周期长度内的总捻数,称为半周期捻数。

单纱条在前罗拉与搓捻辊之间(图5-7的U区)获得的半周期捻数T可按单纱条的直径计算:

$$T = \frac{h}{\pi d} = \frac{h}{p} \tag{5-1}$$

式中:h——搓捻辊动程(在搓捻辊输出半周期长度单纱条期间的横动路程),cm;

　　　d——单纱条直径,cm;

　　　p——单纱条截面的圆周长度,cm。

搓捻辊对单纱条所加的捻度在进入搓捻辊和汇合导纱钩之间(图5-7的V区)时,被反向捻回抵消了一部分。因此,实际进入导纱钩时所得捻数要少于式(5-1)计算值,下面简要说明这一点。根据研究,可得出进入汇合导纱钩并由导纱钩输出纱条上半周期的总捻回数T为:

$$T = \frac{h}{p} \times \frac{2\pi UL}{\sqrt{(L^2 + 4\pi^2 U^2)(L^2 + 4\pi^2 V^2)}} \tag{5-2}$$

式中:U——喂入段长度,cm;

　　　V——输出段长度,cm;

　　　L——自捻纱的周期长度,即搓捻辊往复一次纱条通过的长度,cm。

当U→∞,V→0时,纱的捻度最大,T的极限值T_{max}为:

$$T_{max} = \frac{h}{P} \tag{5-3}$$

事实上,U在5cm左右,V在1.5cm左右,所以不能满足上述要求。如果把L看作变数,取T对L的偏导数并使它等于0,可得$L = 2\pi\sqrt{UV}$,这时T值最大:

$$T = \frac{h}{p} \times \frac{U}{U + V} \tag{5-4}$$

理论加捻效率η:

$$\eta = \frac{T}{T_{max}} \times 100\% = \frac{U}{U + V} \times 100\% \tag{5-5}$$

即进入汇合导纱钩的单纱条半周期捻数为:$\frac{h}{\pi d} \times \frac{U}{U + V}$,其值小于$\frac{h}{\pi d}$。

在T的表达式中,如U、V、L和h不变,唯一影响T值的自变量是p。而$p \propto \sqrt{Tt}$(Tt为

纱条线密度),所以:

$$T = \frac{K}{\sqrt{Tt}} \qquad\qquad (5-6)$$

上式中的 K 值即可看做是自捻纱的捻系数,但在搓捻机构中,纱线捻系数 K 在生产中会保持在一个恒定水平上,不必像环锭纺那样在纱线线密度改变时,去调整前罗拉转速和锭子速度之间的比值。所以自捻纺的适纺线密度范围相当大。

2.自捻纱的捻度 关于单纱捻度的分布已如前述,因搓捻辊的速度在往复过程中两头慢、中间快,所以使捻度两头少、中间多。自捻纱的捻度分布与单纱捻度分布是一致的。因为自捻纱是靠纱退捻力矩的作用而自捻成纱的,单纱的退捻力矩越大,自捻纱的反向退捻力矩也越大。

在求得单纱条捻度的条件下,如何求出自捻纱的捻度? 现介绍以下近似方法:

设单纱的捻系数 α 大致与自捻纱相等,并令单纱条捻度为 t,自捻纱捻度为 T;单纱条的线密度为 Tt_1,自捻纱的线密度为 Tt_2,则:

$$t = \frac{\alpha}{\sqrt{Tt_1}} \;; \quad T = \frac{\alpha}{\sqrt{Tt_2}} \qquad (5-7)$$

所以:

$$\frac{T}{t} = \frac{\sqrt{Tt_1}}{\sqrt{Tt_2}} = \frac{d}{D} \qquad\qquad (5-8)$$

因纱条的直径与线密度的平方根成正比,因此,两者捻度之比等于两者直径的反比。假定自捻纱的断面接近圆形,密度和单纱条相同,则自捻纱的截面积约为单纱条的 2 倍,即:

$$\frac{\pi D^2}{4} = 2 \times \frac{\pi d^2}{4}$$

$$\frac{d}{D} = \frac{1}{\sqrt{2}} \qquad\qquad (5-9)$$

所以:

$$\frac{T}{t} = \frac{d}{D} = \frac{1}{\sqrt{2}}$$

$$T = \frac{t}{1.414} \qquad\qquad (5-10)$$

实际的自捻纱捻度等于 $(1/1.4)\sim(1/1.5)$ 乘以单纱条的捻度。

3.自捻股线的结构和捻度 图 5-9(a)所示为自捻纱原来的结构;图 5-9(b)所示为追加捻度时的状态;如按上半部的 S 捻追加捻度后,则上半部 S 捻增加,下半部 Z 捻被抵消而退捻;如继续追加捻度,直至全部退掉 Z 捻,使下部两根单纱完全呈现并列的状态,如图 5-9(c)所示,这种状态叫作"对偶",达到这个阶段所需的追加捻度,称为对

(a) (b) (c) (d) (e)

图 5-9 自捻股线的形成

偶捻度;继续再追加捻度的结果,如图5-9(e)所示的状态,这时纱的捻向都成为S捻;追加捻度的最后结果如图5-9(d)所示的状态。捻度分布有改善,具备了织造的条件。

自捻股线有三种捻度,即单纱捻度、自捻捻度和追加捻度(其中还包括对偶捻度)。根据国外经验,追加捻度 T_a(每米捻度):

$$T_a = \frac{半周期自捻数}{0.071} + \frac{880}{\sqrt{Tt}} \qquad (5-11)$$

式中:Tt——自捻股线的线密度。

根据国内的经验:

$$T_a = (0.7 \sim 0.8) \times 同品种环锭捻线的捻度 \qquad (5-12)$$

二、自捻纱的特点与性能

1. 自捻纱的种类

(1)自捻纱(ST)。自捻纱由两根或两根以上的纤维条组成,各根纤维条的名义线密度与设计线密度相同。

(2)自捻股线(STT)。自捻股线是将ST纱对其某一捻向(S向或Z向)追加捻度,最终形成自捻股线。

(3)STM纱。这是一种自捻时纤维条为长丝包缠而形成的纱线。

(4)双股自捻纱(2ST)。双股自捻纱用两根纱条采用相位差在自捻纺纱机上合并后,再经捻线机追加捻度所得的自捻纱。

(5)(STM)M纱。这是一种包卷自捻纱,是用一根单纱与另一根合纤长丝自捻,然后将这跟自捻后的单纱再与第二根合纤长丝在自捻纺纱机上经第二加捻系统自捻而成的纱。

(6)(ST)ST纱。这是一种二次自捻的三股自捻纱,即三根单纱条为一组,喂入自捻纺纱机,第一加捻区接受加捻,单纱条自加捻钳口出来后,其中两根单纱条先汇合自捻,然后再与第三根单纱条一起进入第二加捻区分别加捻,待从第二加捻钳口出来后,一根双股线与第三根单纱条汇合自捻而成三股捻线。

2. 自捻纱的特点 自捻纱最明显的特点是捻度分布不均匀。ST纱具有周期性的S捻与Z捻,而S捻与Z捻段之间有无捻区。由于自捻纱由单纱条退捻力矩自捻成纱,所以自捻纱捻度分布是中间密、两端稀(由于搓捻辊往复运动速度是按正弦函数变化)。STT纱虽然只有一个方向的捻回,但也有强捻、中捻与弱捻区段。由于各区段捻度的不同,引起自捻纱截面形状和大小也呈周期性变化:紧捻及中捻区段,截面较圆整紧密;弱捻区段,截面较扁平、松散。就大多数区段来说,自捻纱都比同特环锭纱股线松散,截面直径也较大。

3. 自捻纱的性能 就上述几种自捻纱产品分述其主要性能如下。

(1)ST纱是明显存在S捻向和Z捻向并带有无捻区交替出现的股线。这种纱不能承受与综箱的摩擦和织造开口时的张力变化,最后只能供纬纱和针织使用。自捻纱结构的周期性,在机织物上易形成条路,用作纬纱也易显现菱形纹路。如通过特殊浆纱处理,也会随机形成经向条影。因此,需要选择能隐蔽条纹的织物,如色纱色织、隐条、提花织物、花呢织物、异色经纬交织以及起绒织物等。

（2）STT 自捻股线的捻度分布还有一定的周期性。如 ST 纱的捻度过多,追加捻度必然随之增大,则 STT 纱强捻与弱捻段捻差增大,影响光泽和手感,如 ST 纱捻度较低,捻度不匀又较小时,由此制得的 STT 纱能获得较好的织物外观和手感。这种纱可用做机织纱,但捻不匀比环锭纱大,而成本比环锭纱低。

（3）STM 纱在长丝不经搓捻辊而在低张力状态下直接引入而包缠成纱。这种纱强力低,稳定性差,使用价值不大。

（4）2ST 纱由于采用 4 根单纱合并,条干均匀,无捻区分布也比较均匀,故这种股线强力高。同时两根 ST 纱合并,追加捻度时,不必对自捻纱的异向捻向区先退捻,所以追加的捻度比 STT 线减少 70% 左右,可提高捻线机产量。2ST 纱因其截面呈圆形,条干均匀,结构膨松,可生产各种膨体纱或起绒织物。

（5）（STM）M 纱的特点是基本上属单纱,所以成纱线密度较低（可达 17tex）,可用于织造薄、细织物。两根长丝都不经牵伸,也不加捻,从而直接从汇合导纱钩处引入而自捻成纱。这种纱可用于针织、机织、经编,织造单纱织物。因为有长丝,染色时织物会出现色花或白丝。

（6）（ST）ST 纱的成纱方法不必追加捻度,可直接供针织用,使用于膨体针织纱。

第五节　自捻纱的适纺性能及产品开发

自捻纺采用的原料范围较广,无论是天然纤维或化学纤维,纯纺或混纺,只要纤维长度较长、刚性不大都可在自捻纺纱机上加工。纺制不同原料的品种时,除了牵伸工艺参数要进行适当调整外,其他部分无须改变,且自捻纺产品翻改方便,既适于小批量生产,又适合大批量生产,自捻纺还能生产一些传统环锭纺难以适应甚至不能生产的产品。

由于自捻纱加捻原理的特点及纱条捻度分布不均匀性,自捻纺纱不适宜加工棉及棉型化纤。自捻纺纱适纺原料长度一般为 60 ~ 230mm,而在这个长度范围内,纤维越长越容易纺纱。所以目前自捻纺主要用于中长纤维纺纱及精梳毛纺,且羊毛不可太粗,一般品质支数在58 支以上。

一、膨体腈纶类

这是生产量最多的一类自捻纺产品,包括服装用布、装饰用布、围巾、毛毯、枕巾、披肩、毛巾等。这类产品采用膨体腈纶为原料,一般在化纤厂经牵切拉断直接成条。来自化纤厂的膨体腈纶牵切条俗称混合条,系由 40% 高收缩纤维和 60% 正规纤维组成。在纺成自捻纱线后经汽蒸处理,其中高缩纤维回缩,正规纤维便蓬松膨胀,形成既丰满又柔软的腈纶膨体线。膨体腈纶类产品大多为 17tex × 4（2ST）T 自捻线,是在自捻纺纱机上将两根 ST 纱,通过第二次一定相位的汇合直接进行并纱,然后又通过捻线机的少量追捻纺成的。因为是四股并合,纱线均匀度好,加上其（2ST）T 结构,追捻无须经过退捻再加捻,有利于克服自捻纱线的弱点,而且由于追捻捻度少,手感较理想。四股自捻线截面结构松紧一致,吸色深且均匀。

这类产品的纱线一般要求较粗,经拉毛、起绒等处理后,由于自捻纱线捻度分布不匀所引起的织物表面条干不匀及反光效应不甚理想等,都能得到一定程度的掩盖。腈纶膨体自捻纱线可用于装饰用布(窗帘布、沙发布等)、服装用布(粗花呢、花式呢等)、围巾、毛毯、枕巾、毛巾被、披肩等。

腈纶膨体自捻线的各类产品,都有一个毛型感要求,在这方面与环锭产品相比还是有差异的,除了要从自捻纱线结构方面采取措施外,不改变或尽量少改变腈纶牵切混合条中的纤维长度将会有好处。采用再割来减短纤维长度,主要是为了适应现有中长自捻纺纱机的超大牵伸机构。从发展来看,应设法使牵伸机构去适应纤维长度以及合理解决喂入条子的定量问题。

二、色纺中长化纤类

色纺中长化纤产品是由中长化纤经原液染色后纺制的自捻纺产品。中长化纤包括涤纶、腈纶与黏胶等化学纤维,一般是几种化纤混纺。在自捻纺纱中,应根据产品品种的需要选择混纺纤维的种类与比例,在纤维的性能上主要考虑纤维的长度与细度。

选择纤维长度时,应考虑中长散纤维要经过传统的棉纺前纺设备的加工,平均纤维长度应在76mm以下,否则现有的梳棉机工艺等难以适应。但也不能过短,若短于60mm,则由于自捻纱有无捻区,自捻纱强度就会过低而增加自捻纺与捻线追捻加工中的断头。国内大量的实践证明,用于自捻纺的中长化纤,其纤维长度应控制在65~76mm的范围内,适当增加纤维长度可以使自捻纱(ST纱)及自捻线(STT纱)的强度等指标明显改善。所以,配有独立前纺设备的中长化纤自捻纺车间,均已把纤维长度控制在71~76mm,但有些中长自捻纺车间因与环锭中长合用前纺,纤维长度仍为65mm左右,其纺出自捻纱线的强度等指标就偏低。通常,涤纶、黏胶等中长纤维大多采用平切(等长),纺纱时,应将两种以上长度不同的纤维混用,不要采用一种等长纤维。自捻纺用中长化纤的细度,应以每根单纱条断面内纤维平均根数不少于35根为宜。不同原料混纺时,与传统纺纱一样,纤维可以粗细不同。

色纺中长化纤类自捻纺产品可用来生产细特全涤派力司、纺毛花呢、啥味呢、法兰绒、银枪大衣呢、丝毛呢以及针织产品等。

三、羊毛类

根据纤维的长度来看,自捻纺可以用于毛纺,但发展并不是很快。主要原因可能是毛纺产品的原料成本在产品总成本中占的比重很高,且一般属于高档产品。由于自捻纱在质量上有某些缺陷,难以提高产品的质量和档次,故在毛纺上的应用受到一定限制。用于自捻纺的毛纤维原料一般要满足下述两项要求。

(1)若采用纯毛纺,则单纱条断面内平均纤维根数应不少于37根。一般讲,用于毛精纺织物的毛纤维细度应在26μm或更细。但粗羊毛也可以通过自捻纺做地毯、装饰布等产品。若用毛与化纤混纺,则单纱条断面内平均纤维根数应多于35根。

(2)用于自捻纺的毛纤维平均长度应在60mm以上,短于20mm的纤维含量应在10%以下。

目前,除长毛绒外,还很少用纯羊毛纺自捻纺精纺产品,大多采用毛与化纤混纺,如毛涤、毛/黏花呢等,自捻纺特数大多为28tex×2~17tex×2,但也有供衬衫料用的达10tex×2的自捻纱线。国内曾生产过三股自捻纱毛/涤花呢,通过三根单纱条的相位差调节,在一定程度上克服了自捻纱结构上的缺陷,加上便于多种颜色搭配,风格新颖,具有立体感。同时,国内还生产过涤/黏疙瘩纱钢花呢,在成品表面分布着彩色疙瘩点子,既可掩盖自捻纱的反光不匀,又可使成品别具风格。

四、苎麻类

苎麻是我国的特产,做夏季衣料有良好的服用性能。按自捻纺纱的要求,苎麻纤维的长度是足够的。苎麻纺纱工艺在采用精梳以后,纤维整齐度也能满足要求,但苎麻纤维的细度不太理想,而苎麻纱用做夏季服装料又要求特数低,这是一个矛盾。即使有些地区生产的苎麻纤维较细,可达0.53~0.56tex(1800~1900公支),但根据自捻纱每根单纱条中纤维根数要达40左右这一基本要求,其纯纺的纱特范围也有限。再由于苎麻纤维的刚性大、抱合力差,因此,必须采用苎麻纤维与涤纶等化纤混纺的方法。一般使用的混纺比例为30:70(苎麻:涤纶),若采用经碱变性处理的苎麻纤维,因其伸长、勾接强度与卷曲度、抱合力等性能都有改善,在纺10tex×2麻/涤自捻纱时,苎麻纤维的混用比例可提高到40%。自捻纺纺苎麻,主要生产麻/涤夏季衣料,纺纱特数在(12tex×2)~(10tex×2)。

由于传统苎麻纺的环锭工艺,生产水平相对于棉纺还有一定差距,故在苎麻纺中采用自捻纺的经济效果更为显著。采用自捻纺能降低麻涤的可纺特数及增加苎麻纤维的混纺比例,用以织造更为凉爽的高档夏季服用衣料。自捻纺纺出的麻/涤纱比环锭麻/涤纱毛茸少,小白点少,布面光洁,这对苎麻织物是很可贵的。自捻麻/涤线的强力低于环锭,但织物的质量不相上下。

麻/涤织物都是浅色、细薄产品,故应注意自捻纱线结构缺陷在布面上的反映。除选择好自捻纱和自捻线的捻度外,还应注意织物结构与组织的选择,可以采用提花、变化平纹、隐条、隐格以及印花等设计,以凸显麻类织物的风格特征。

五、维纶类

用自捻纺生产的维纶产品,经试验研究成熟的主要是农用塑料管和三防(防水、防火、防霉)帆布。由于维纶纤维强度高、伸长小,且具有耐碱、耐腐蚀、耐日晒的特点,适于做这类产品。这种产品采用维纶自捻纱后可节省棉花原料。同时,由于维纶环锭纺纺纱不利因素较多,因此,采用自捻纺在工艺、经济以及产品质量等方面也有明显的好处。

1. 农用塑料管 农用塑料管是供农业输水的管道,系利用多股线织成管状骨架材料,然后在内外涂塑而成。采用28tex×2×7牵切自捻纱多股线代替类似规格的棉维混纺或维纶短纤纯纺环锭多股线,可以提高管子的柔软度与爆破强度,既提高了质量,又降低了成本。

2. 三防帆布 工业用的篷盖帆布大多采用292tex、117tex棉帆布经蜡漆处理而成,这要耗用大量的棉花,强度也低,还容易腐烂。改用28tex×4×4和28tex×2×2牵切维纶自捻纱多股线,强度提高,不易腐烂,用纱量减少,加工成本也有所降低。

另外,国内还研究成功用维纶自捻纱做装饰布、鞋面鞋里布等。

思 考 题

1.自捻纺纱的成纱原理和工艺过程怎样?

2.写出主要自捻纺产品的生产工艺流程和工艺特点。

3.分析自捻纺纱机的牵伸形式和牵伸工艺特点。

4.分析影响自捻纺纱机加捻作用的工艺参数。

5.根据捻度的形成分析自捻纱的种类和特点。

6.分析自捻纱的性能特点及其用途。

第六章　新型环锭纺纱方法

> **◦ 本章知识点 ◦**
>
> 1. 集聚纺纱、赛络纺与赛络菲尔纺纱、包芯纺纱、竹节纱、色纺纱、假捻环锭纺纱、嵌入式复合纺纱等七种新型环锭纺纱方法。
> 2. 集聚纺纱的原理及集聚纺技术的优点,目前应用广泛的几种集聚纺纱装置。
> 3. 赛络纺与赛络菲尔纺纱的原理及工艺特点。
> 4. 包芯纱的分类、常见疵点及预防措施。
> 5. 竹节纱控制装置的原理及装置的主要形式,竹节纱考核指标等问题。
> 6. 色纺纱定义、生产特点、技术难点。
> 7. 假捻纺纱的原理、纱线结构与性能。
> 8. 嵌入式复合纺纱的原理、成纱特点与技术完善。

　　尽管转杯纺、喷气纺、喷气涡流纺等新型纺纱方法已经出现很多年,但是传统环锭纺纱仍然以其成纱强力高、条干好、适纺性强、服用性能好等优点在现存纱锭中占据主导地位。多年来,人们围绕环锭纺技术,从加捻三角区的控制、原料搭配与喂入方式、纺纱段张力控制等多方面入手,对传统环锭纺纱技术进行了持续改进与创新,从改善成纱结构、提高质量和节能等方面促进了环锭纺技术的完善和发展。基于环锭纺改进的纺纱技术多种多样,其中技术成熟、影响较大、应用前景较广、已投入工业化生产的环锭纺纱新方法主要有以下几种。

第一节　集聚纺纱

　　在传统环锭纺纱的过程中,从牵伸系统出来的纤维束即达到了所纺纱线的定量,刚刚到达以及正要离开的前罗拉钳口的单根纤维都处于无控制状态,它们仅在捻度的作用下形成纱线,从前罗拉钳口出来的须条宽度与纱线直径之间的差异,是形成加捻三角区的主要原因。如图6-1所示,加捻三角区的存在使边缘纤维未能整根卷入纱体,从而形成了很多伸出纱体的自由端纤维。这些纤维无法为纱线做贡献,相反形成强力不匀、条干不匀和大量毛羽等不良特性。

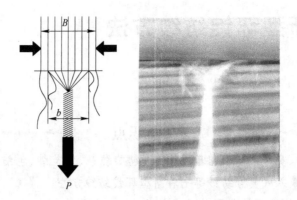

图6-1 环锭纺加捻三角区

一、集聚纺纱原理

消除加捻三角区是提高纱线强度、降低纱线毛羽和飞花的有效方法(图6-2)。此时，须条宽度接近所纺纱线的直径，纤维在须条内伸直平行排列，且相互间排列紧密，基本不存在加捻三角区和边缘纤维。当集聚纺须条加捻成纱后，纱线毛羽量大幅降低，如图6-3所示。

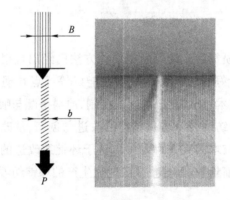

图6-2 集聚纺加捻区

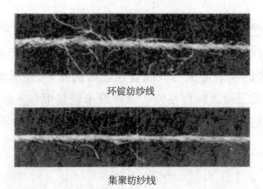

环锭纺纱线

集聚纺纱线

图6-3 集聚纺纱线的外观变化

在传统环锭纺纱装置中,纱条经过牵伸装置牵伸后从前钳口输出,纤维束分布宽度为B_1[图6-4(a)],在纺纱过程中$B_1 > b_1$,这就意味着加捻三角区不可能把纤维束的每根纤维都聚拢捻合到纱线之中。这就造成纤维束的许多边缘纤维或者脱落掉或者以各种方式杂乱地附着在已经加捻的纱体上,形成毛羽。纺纱三角区的存在时形成纱线毛羽的主要原因。

集聚纺纱技术是在传统牵伸装置前增加一个纤维控制区,利用气流(或机械)对通过控制区的纤维束进行横向集聚,使纤维束的宽度大大缩小,缩小后宽度为B_2'[图6-4(b)]。宽度B_2'几乎接近加捻三角区的宽度b_2,即$B_2' \approx b_2$。纤维束经过集聚,然后再被加捻卷绕,加捻三角区大大减小,几乎纤维来的每根纤维都能集聚到纱体中,形成毛羽少、强力高、条干好的集聚纺纱线。集聚纺纱技术基本原理就是"牵伸区不集束,集束区不牵伸",工艺路线是:牵伸须条 → 气流(或机械)集聚 → 集聚装置握持 → 加捻。集聚和加捻相分离,纺纱区以前钳口线和控制钳口线为界分为牵伸区、集聚区和加捻卷绕区三个部分。

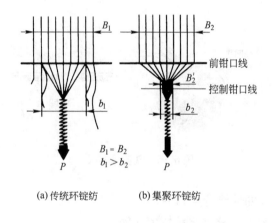

(a)传统环锭纺　　　(b)集聚环锭纺

图6-4　集聚纺纱技术原理

二、集聚纺纱装置

根据不同的集聚方式,可以将集聚纺装置分成如下几类。

1. 空心罗拉式　空心罗拉式集聚纺纱装置结构简图如图6-5所示,图中与前胶辊1组成前钳口的是一特制的空心前罗拉2,它为一直径较大的金属材质空心罗拉,罗拉表面有网眼状小孔或狭长窄槽,以牵伸倍数规定的转速主动回转,在其内部装有吸风组件3,吸风组件呈圆弧状,弧面上开有吸风狭槽。阻捻胶辊4压靠在空心前罗拉2上,形成阻捻钳口,起到阻捻作用。空心前罗拉2分别与前胶辊1、阻捻胶辊4组成前钳口和阻捻钳口,两钳口之间为集聚区,在集聚区的空心前罗拉外侧装有气流导向板5。吸风组件通过空心前罗拉表面的网眼或狭槽抽吸气流,使得空心前罗拉表面的纤维须条集聚,集聚的须条在出阻捻钳口后被加捻。

空心前罗拉表面为凹凸沟槽,改善了对纤维的握持效果,并能防止纤维的黏附。吸风组件的狭槽长度跟须条与前罗拉的接触长度相适应,狭槽的中心线跟纤维须条运动方向有一定倾斜角,可纤维得到充分集聚,气流导向板能确保集聚效率(图6-6)。

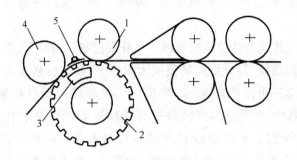

图6-5　立达集聚纺纱系统结构简图

1—前胶辊　2—空心前罗拉　3—吸风组件　4—阻捻胶辊　5—气流导向板

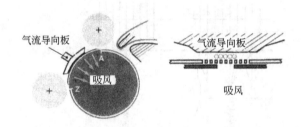

图6-6　气流导向板

罗拉集聚型纺纱系统的性能特点如下。

(1)空心罗拉兼有牵伸、集聚和阻捻三项功能。

(2)结构简单、紧凑,集聚部件寿命长。

(3)能保证须条在进入阻捻钳口之前一直受到集聚气流作用,保持住集聚状态,实现全程集聚。

(4)因前罗拉和阻捻罗拉均由集聚罗拉摩擦传动,使得集聚区域不能设置牵伸张力。

(5)结构较复杂,难以在老机上改装。

2. 网格圈式

(1)三罗拉网格圈式集聚纺装置。如图6-7所示,三罗拉网格圈式集聚纺装置是在前罗拉1和前胶辊2前面增加了一个集聚区。前罗拉前加装一根异形截面集聚管3,集聚管在对应锭位的位置开有狭长吸风槽。集聚管与引出胶辊4组成控制钳口,起握持及阻捻作用。引出胶辊通过过桥齿轮由原来的前上胶辊传动,前胶辊、引出胶辊和过桥齿轮5由罗拉盒构成一个紧凑型组合件,能方便地从摇架拆装。集聚管下方有一钢质撑杆6,网格圈7套在异形集聚管和撑杆上,由引出胶辊摩擦传动回转。

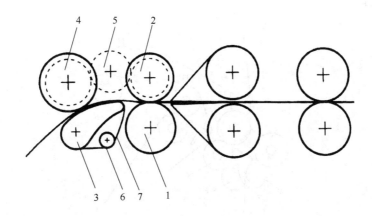

图6-7　三罗拉网格圈式集聚纺纱装置结构示意图
1—前罗拉　2—前胶辊　3—异形集聚管　4—引出胶辊
5—过桥齿轮　6—钢质撑杆　7—网格圈

三罗拉网格圈式集聚型纺装置的性能特点如下。

①异形集聚管表面在每个纺纱部位都开有斜向集聚槽,集聚槽方向相对纤维束运动方向有一定的倾斜角,使须条在运动中产生横向集聚,便于纤维的轴向旋转并向纱轴靠拢集聚。

②异形集聚管表面有一层耐磨涂层,网格圈能在异形集聚管上按照设计速度准确滑动回转。

③异形集聚管的流线型设计使纱线在前罗拉表面的包围弧完全消失,也就是须条离开牵伸钳口后立即受负压气流的作用被吸附在网格圈靠近集聚槽的部位并向前输送到控制钳口,再加上引出胶辊加压较小(压力能保证有效阻捻即可,一般40~50cN),使纺纱三角区大大减小,可纺性较高。

④引出胶辊与前胶辊存在一定的牵伸(牵伸比为1.05~1.08),须条受到纵向牵伸作用,弯曲的纤维被拉直,提高纤维伸直平行度,确保纤维在集聚槽部位受到负压作用而有效集聚。

(2)四罗拉网格圈式集聚纺装置。四罗拉网格圈式集聚纺装置结构如图6-8所示,与三罗拉网格圈式集聚纺装置类似,加装一个新的气流集聚机构在原牵伸装置的前罗拉钳口前端,其余基本保持不变。这个新的气流集聚机构主要部件有引出胶辊1、引出罗拉3、网格圈7、过桥齿轮5和异形集聚管6。引出罗拉和引出胶辊既构成控制钳口又构成新的阻捻钳口,引出罗拉作为主动罗拉,经过桥齿轮依靠前罗拉传动,根据工艺需要可以方便对张力牵伸的调整,引出罗拉通过摩擦带动被动的输出胶辊、加压恒定的引出胶辊,可以积极控制纤维,并不受胶辊大小的影响。因为输出罗拉的存在,前罗拉钳口和阻捻钳口的距离增大,而集聚吸风斜槽的长度有限,所以集聚过程无法到达阻捻钳口,影响了集聚效果,为了尽可能减少这一负面影响,更换过的新罗拉座承载输出罗拉的直径设计较小,以便于异形集聚管更加接近阻捻钳口。

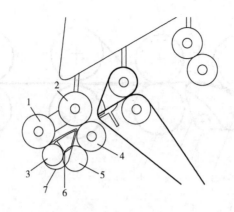

图6-8　四罗拉网格圈式集聚纺纱装置结构示意图
1—引出胶辊　2—前胶辊　3—引出罗拉　4—前罗拉
5—过桥齿轮　6—异形集聚管　7—网格圈

四罗拉网格圈式集聚型纺装置的特点如下。

①与三罗拉网格圈式集聚纺相比,无中间传动小齿轮,引出胶辊和前胶辊通用,相关工艺的张力牵伸系数可以更方便地调节。

②四罗拉集聚纺装置中网格圈传动由引出罗拉带动,为积极式传动,减少了网格圈的磨损程度,增长了网格圈的使用寿命。

③引出罗拉由前罗拉通过过桥齿轮传动,过桥齿轮不密封,容易堆积飞花和粉尘,影响传动。

④由于引出罗拉存在,异形管的截面相对于三罗拉集聚纺中异形管截面减小很多,压缩了气流空间,且吸风斜槽末端不能一直延伸到阻捻钳口处,在一定程度上影响集聚效果。

3. 打孔胶圈式　图6-9所示为青泽(Zinser)公司的Air-Com-Tex集聚纺装置,其特点如下。

(1)打孔胶圈上钻有各种圆形和椭圆形的孔,纤维只能位于孔的上方。

(2)打孔胶圈由驱动罗拉直接驱动,并装有胶圈清洁装置,不会产生胶圈打滑,因此,钻孔胶圈运行状态良好。

(3)在打孔胶圈下方,装有一个气流和纤维导向板,它可以引导气流使纤维凝聚。

(4)胶圈下面的吸气孔通过胶圈上的圆形和椭圆形孔吸入空气,形成负压空间,其中气孔的尺寸和负压值都经过优化。

4. 机械—磁性集聚式　图6-10所示为ROCOS(Rotorcraft公司)集聚纺装置。图6-11为ROCOS集聚纺装置示意图。

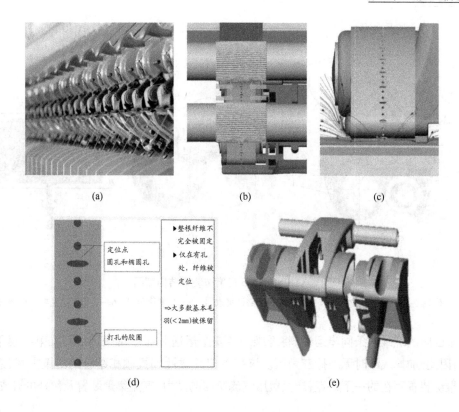

图6-9　Air-Com-Tex集聚纺装置

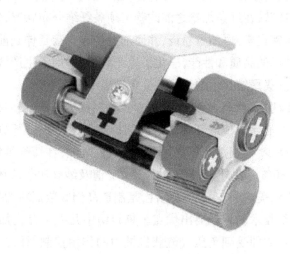

图6-10　ROCOS集聚纺装置图

前下罗拉1支撑前上罗拉2和输出罗拉3,其中前罗拉和输出罗拉的直径和集聚器的半径正确匹配。从钳口线A到钳口线B之间为凝聚区。正确设计的磁性集聚器4在永久磁铁的吸引力作用下紧紧贴在前罗拉上,它与下罗拉一起形成一封闭的压缩区域。前下罗拉的表

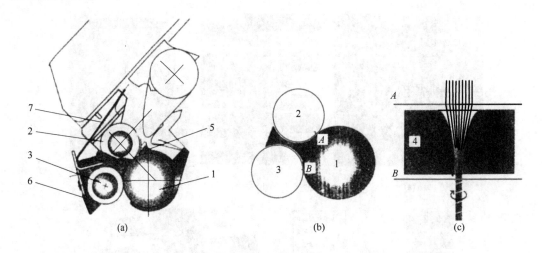

图6-11　ROCOS集聚纺装置结构简图
1—前下罗拉　2—前上罗拉　3—输出罗拉　4—磁性集束器　5—纤维导向器　6—输出罗拉托架　7—弹簧

面同集聚区内的纤维须条同步运动,将纤维须条安全运送并通过集聚区。纤维束在集聚区内被集聚,因此,加捻成纱时无加捻三角区。该装置仅用磁性和机械相结合的集聚方式,避免了其他集聚纺装置存在的一下缺点:产生负压气流所需的动力、气流集聚装置及额外的开支。

三、集聚纺技术的优势

集聚纺技术是环锭纺纱技术领域的一次实质性飞跃。它消除了加捻三角区这个传统环锭纺纱过程中的薄弱环节,在纱条加捻之前改善了须条纤维分布状况,完善了须条结构并使之理想化,使纤维先紧密集聚,再加捻卷绕,并使加捻传递直接延伸到前钳口线,消灭了无控制区,显著地提高了纱线的品质和性能,净化了生产环境,增加了生产效率,也为后续加工工序提供了良好的条件。集聚纺技术的优势主要包括以下几点。

1. 成纱质量明显提高,纱线品质显著改善　毛羽减少是集聚纺技术的突出优点之一。集聚纺技术由于基本上消除了传统环锭纺纱的加捻三角区,因此,所纺纱线表面光洁,毛羽特别是长毛羽大幅度减少,毛羽数变异明显改善。研究表明,在短纤维纺纱中紧密纱比普通环锭纱的毛羽减少约80%。此外,紧密纱的条干CV值及纱疵比普通环锭纱要好,同时纱线具有织物布面洁净、光洁美观和较好的染色性,是制造高档服装面料的优良纱线。

增加强力是集聚纺技术的另一突出优点。集聚纺中几乎不存在加捻三角区,纤维须条从前罗拉钳口输出后可立即受到负压气流获机械力的作用控制,纤维须条的纤维之间基本上是平行顺直状态下被迅速加捻的,同时纺纱过程中几乎所有纤维都被捻入纱体之中,充分利用了每根单纤维的强力,因此,纱线断裂强度提高,强力变异减小,生产过程中断头减少,成纱强度增加,抗摩擦性能好。强力增加的集聚纺纱线在经过后续的络筒工序后,优点会更明显,后续工序的疵点增量显著降低,成品耐磨、耐疲劳性大为提高。

集聚纺对纱线品质的改善程度直接体现出了其价值,在传统环锭纺技术上采用任何其他技术手段都难以达到同样效果。

2. 节约资源，有益环保　集聚纺技术的优势不仅限于其本身产品集聚纺纱线品质的改善，还可以从更高层次上表现为对资源的节约和对环境的保护。纱线的毛羽特别是长毛羽，不仅对生产工艺具有危害性，更重要的是从可持续发展角度看，毛羽的存在是一种资源的浪费。毛羽未被捻入纱体，不仅没有发挥该纤维应有的作用，反而削弱了纱线的整体强度，影响纱线相关品质指标，而且还造成后续工序中更多的浪费，如因毛羽多及强度不足而需要设置的上蜡、上浆、烧毛及捻线等工序。在原料选配上的长度限制，不利于纤维原料的充分利用和开发；在前纺流程中的精梳工序的主要目的是去短绒，在很大程度上也是为了纺纱时减少毛羽，以提高纱线强力，改善纱线的外观。这些附加工艺所造成的资源浪费一时不可估量。集聚纺技术从根本上解决了纱线毛羽问题，因而可使纤维资源得到充分而有效的利用。

集聚纺纱线由于强力高，因而可采用较少的纱线捻度，从而可减少纺纱的能源消耗，提高纱线的质量；集聚纺纱线由于强力的提高和毛羽的改善，因而可用较低等级长度的原料纺出较好品质的纱线，从而可降低原料成本，充分利用好有限的特别是天然的纤维资源。

从环保角度看，所有的资源浪费都是非环保的。集聚纺能减少断头，提高生产效率，节约能源；在生产过程中大幅度减少飞花，既减少了原料消耗，降低了生产成本，又有效地改善了生产环境，具有环保效应。因此，集聚纺技术不仅在纱线品质和后续产品的质量上表现突出，而且在资源综合利用、减少能源消耗及环境保护等社会效益方面也体现了良好的应用价值。

3. 生产成本下降，经济效益提高　集聚纺技术的应用，给纺纱企业实现降本增效带来了机会，体现了集聚纺的经济优势，主要体现在以下几个方面。

（1）降低原料成本。随着纺纱原料价格的不断攀升，纱线售价中原料成本的比例日益加大。采用集聚纺纱技术后，在保持与普通环锭纱品质略优的情况下，可以适当地降低配棉的等级长度，从而可降低原料成本。

（2）减少用棉量。吨纱用棉量直接关系到纺纱成本。有研究表明，采用集聚纺技术后，可以适当减少吨纱用棉量，特别是精梳纱，在保持集聚纺纱线适度纱线品质优势的情况下，通过降低精梳落棉率可减少吨纱用棉量5%~8%。

（3）提高纺纱效率。由于集聚纺纱线强力、毛羽等指标的实质性改善，在满足下游工序要求的情况下，集聚纺细纱机可适度增加细纱机的单产，以提高纺纱效率，降耗增产可以有两种方式：一是保持纱线捻度不变，提高锭速；二是保持锭速不变，减少纱线捻度。

（4）直接获得利益。由于集聚纺纱线的高品质，同线密度的集聚纺纱线售价可比普通环锭纺纱线高出20%~30%；此外，对于集聚纺纱线的适当应用，可用单纱代替传统的双股线，开发高端产品，从而增加附加值；还可用集聚纺普梳纱代替传统的精梳纱，降低生产成本，直接获得经济效益。

集聚纺技术问世以来，以其独特的纺纱原理，优越的成纱性能，显著的经济效益，受到市场的广泛欢迎，发展极为迅猛。

四、集聚纺纱线的结构与性能

为分析研究集聚纺纱线的结构与性能，研究者用视频显微镜测量了捻度在纱线经向位置的分布。在 FA506 型环锭细纱机和德国 Suessen 公司的 Elite 集聚纺纱装置上,以相同的工艺参数分别纺环锭纱和集聚纺纱线。重量比约 0.8% 的黑色棉纤维用作示踪纤维,从而有一两根示踪纤维会在各个纱线横截面内出现,线密度为 11.7tex,捻系数为 115。

图 6-12 和图 6-13 分别给出了示踪纤维在集聚纺纱线和环锭纱中的轨迹。图 6-12 中 γ_i 表示示踪纤维峰/波谷处的径向位置;$L_i/2$ 表示示踪纤维在径向位置 γ_i 处的半螺距。图 6-13 中,X_i、Y_i 和 Z_i 表示 i 点的空间坐标位置。图 6-14 和图 6-15 分别给出了集聚纺纱线和环锭纱的捻度径向分布。两种纱线的捻度都是沿着纱线的径向由内向外逐渐增大,而且纱线的轴心线都不存在捻度。然而,集聚纺纱线的捻度径向分布曲线较为平滑,其纤维的内外转移程度也低于环锭纱。

图 6-16 和图 6-17 所示为示踪纤维在集聚纺纱线和环锭纱中的运动轨迹,图中所示仅为一个内外转移周期,即由纱线轴心到纱线表层,然后再回到纱线轴心。可以看出,集聚纺纱线中,纤维的内外转移螺旋较环锭纱规则。集聚纺纱线中,一根纤维完成一个内外转移周期需 5~6 个螺旋,而环锭纱仅需 3~4 个螺旋。因此,集聚纺纱线的纤维内外转移程度较环锭纱弱。

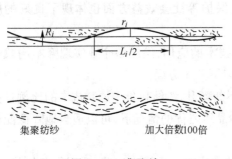

集聚纺纱　　加大倍数100倍

图 6-12　集聚纱

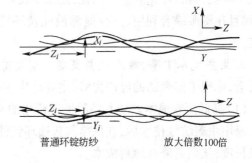

普通环锭纺纱　　放大倍数100倍

图 6-13　环锭纱

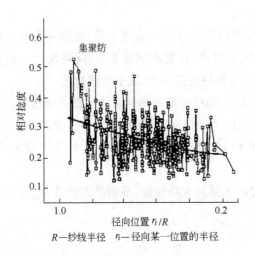

图 6-14　集聚纺纱线的捻度径向分布

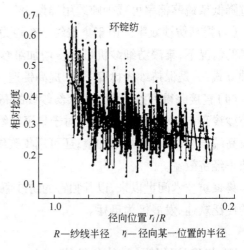

图 6-15　环锭纺纱线的捻度径向分布

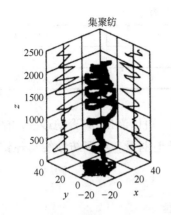

图6-16　集聚纺纱线的纤维转移轨迹

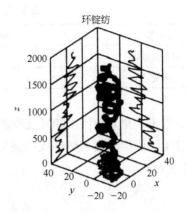

图6-17　环锭纺纱线的纤维转移轨迹

集聚纺纱线和环锭纱中纤维的平均径向位置和内外转移系数 MD ，结果见表6-1。可以看出，集聚纺纱线的纤维内外转移系数为53%，而环锭纱的纤维内外转移系数为69%。

图6-18和表6-2所示为集聚纺纱线和环锭纱的纤维取向度。对于集聚纺纱线，纤维取向角主要分布在7°~14°，平均取向角11.64°。环锭纱的纤维取向角主要分布在10°~20°，平均取向角15.95°。可以看出，集聚纺纱线的取向角明显高于环锭纱。

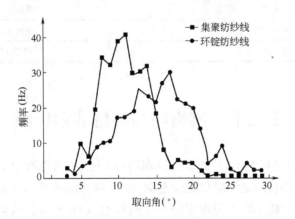

图6-18　纤维取向角的分布频率

表6-1　纤维内外转移系数

参数	纤维的平均径向位置 Y	标准差 D	纤维的转移系数 MD
集聚纺纱线	0.538	34.046	0.53
环锭纺纱线	0.494	86.509	0.69

表6-2 纤维的取向度

参数	纤维的平均径向角(°)	CV 值(%)
集聚纺纱线	11.64	29.3
环锭纱	15.95	30.3

表6-3 给出了集聚纺纱线和环锭纱的强伸性能。可以看出,集聚纺纱线的断裂强度高于环锭纱,这主要归因于集聚纺纱线的高取向度和低毛羽量。集聚纺纱线与环锭纱的质量指标对比见表6-4。

表6-3 强伸性能

参数	断裂强度(cN/tex)	断裂伸长率(%)	断裂功(CN·cm)
集聚纺纱线	25.62	6.63	513.10
环锭纱	22.28	6.29	429.01

表6-4 集聚纺纱线与环锭纱的质量对比

纱线质量指标	对比结果
毛羽	降低50%~85%
纱线强度	提高8%
伸长率	提高7.5%
条干 CV 值	降低2.6%
粗细节	降低13%

第二节 赛络纺与赛络菲尔纺纱

赛络纺纱(Sirospun)技术是由澳大利亚 CSIRO 羊毛工业研究所于1975~1976 年发明的一种纺纱方法。最初的目的是要减少毛纱毛羽,1978 年国际羊毛局将这项科研成果推向实用化。赛络纺是在细纱机上喂入两根保持一定间距的粗纱,经牵伸后由前罗拉输出这两根单纱须条,并由捻度的传递而使单纱须条上带有少量的捻度,并合后被进一步加捻成类似合股的纱线,卷绕在纱管上。赛络纺纱技术在实际生产中实施起来非常简便,对环锭细纱机稍作改动即可,改造后的纺纱机既可纺制赛络纱线,也可根据需要随时方便地恢复成普通环锭细纱机。

一、赛络纺纱原理

如图6-19 所示,在环锭纺纱机上生产赛络复合纱,是借鉴毛纺上赛络纺纱的原理,把两根不同原料或相同原料的粗纱平行喂入细纱牵伸区,两根粗纱间有一定的间距,且处于平衡状态下牵伸,然后在前罗拉对两束纤维进行加捻,形成一个加捻三角区后两纤维会聚,再经加捻形成纱线,从而使复合纱具有股线的风格和优点。由于会聚点两根纤维条的回转,有些纤维端就会被抽出,并随纱条旋转,许多纤维端就有可能卷绕到相邻的另外一根纱条上,最后进入股线之中,从而使复合纱结构紧密、表面纤维排列整齐,外观光洁,表面毛羽大幅度下降,条干均匀光滑。

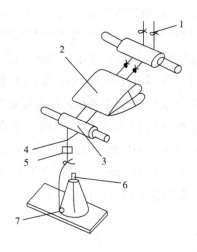

图6-19　赛络纺纱示意图
1—粗纱　2—胶圈　3—前罗拉　4—会聚点　5—导纱钩　6—锭子　7—钢丝圈

二、赛络纺粗纱工艺特点和技术措施

因为在细纱机上要喂入两根粗纱,所以粗纱定量要偏轻掌握,以便减轻细纱的牵伸负担,减小细纱机的总牵伸倍数,有助于减少纤维在牵伸运动中的移距偏差,改善纱条均匀度和提高成纱质量。采用偏大的粗纱捻度和轴向卷绕密度,以提高粗纱强力,采用硬塑小假捻器,避免落纱时打扭易缠绕在假捻器上,和粗细节的产生。由于粗纱定量轻,容易飘头,采用压掌处绕一圈,锭翼顶端绕3/4圈的措施,适当增加粗纱张力,加快捻回传递,减少细纱断头,在粗纱机上安装防细节装置,合理控制温湿度,采用合理的涂料中硬胶辊,适当降低车速和锭速等措施,以提高粗纱质量。其他工艺参数同常规工艺参数,粗纱定量设计为3.4~4.9g/10m,粗纱捻系数为64~74,锭速为495r/min,前罗拉速度为150~154r/min。

三、赛络纺细纱工艺特点和技术措施

(1)细纱采用"重加压、大隔距、低速度、中钳口隔距、适当捻度、大后区牵伸"的工艺原则,以解决因双股粗纱喂入,牵伸力过大,易出现牵伸不开、出硬头的问题。

(2)在细纱机上要重新排列粗纱架,使粗纱架数量增加一倍;选择适当的粗纱喂入喇叭口,使两根粗纱分开喂入;前后牵伸区内加装双槽集合器,以控制被牵伸须条的间距;去掉粗纱横动装置;并选择和安装电子单纱打断装置或打断式罗拉打断单纱装置。

(3)在每锭细纱上采用两个喇叭口喂粗纱,以两根粗纱在喂入牵伸区前分开,保证两根须条由前罗拉输出后能形成加捻三角区,使单股纱能够加上一定的捻度后再并合。但要注

意两根粗纱间的距离不能太大,以免恶化条干水平。

(4)细纱后区牵伸倍数适当选择,能很好地控制浮游区中的纤维,使纤维间结构紧密,提高条干水平。锭速不匀是纱线产生捻度不匀的重要原因,要使锭带长度和锭带张力一致且稳定,从而减少锭速差异。

(5)采用优质的高弹性低硬度胶辊和内外花纹胶圈,选择正确的罗拉钳口压力和适宜的钳口隔距,有利于提高复合纱的质量。使用新型高效节能锭带,有利于降低纱线捻度不匀率。保持细纱机处于良好状态且光洁,使两根须条纤维顺利喂入和输出,以减少须条跑偏现象。采用下支撑 BC9 型多点接触钢领钢丝圈,因为压强下,磨损小,散热快,张力波动小,抗楔性好,纱线通道大,使纱断头少,条干好和毛羽少。因赛络纺复合纱用于针织织物,所以复合纱捻度偏小能使细纱结构蓬松,有利于提高纱线的染色牢度,使织物具有独特的染色效果。细纱捻度一般控制在 310~320 捻/10cm,罗拉隔距为 19mm×(30~32)mm,前罗拉速度为 156~175r/min,锭速为 12000~12500r/min。同时,在实际生产中,挡车工要加强巡查和清洁工作,防止跑单粗纱,以防影响赛络纺复合纱的质量。

四、赛络纺成纱质量情况

1. 粗纱间距大小对赛络纺成纱质量的影响 由表6-5可见,随着粗纱间距增加,毛羽减少;但当增加到5mm以上后,毛羽开始增加,这是因为当粗纱间距适当变大时,前钳口到会聚点这一段纱条上的长度增大。由于力和力矩平衡的随机变化,会聚点上方单根纱条和股线中单纱的捻回数都有所增加,相应地增加了表面纤维圈结的次数,减少了纱线毛羽。随着粗纱间距增加,断头率增加、条干不匀率增加、千米节结数量增加、断裂强力下降、断裂伸长率减少。这是由于赛络纺复合纱除了有类似在普通环锭纱包覆在前罗拉钳口处的无捻三角区外,在会聚点上方还有一段低弱捻区。随着粗纱间距增大,前钳口到会聚点这一段弱捻纱条的长度越长,单根纱条中纤维之间的联系力越弱,由于捻度很小的纤维束被拉长,在纺纱张力作用下,纤维间越易滑脱,故断头率及条干不匀的发生率就会增加。又因为会聚点上方弱捻纱条的动态强力比较低弱,在粗纱间距增大后,单根纱条被拉长的情况下,赛络纺复合纱的断裂强力与断裂伸长率都有所降低。由表6-5中数据可知,随着粗纱间距增大,条干恶化。这是由于粗纱间距增大,捻合点以上的加捻三角形的高度增大,单股须条增长,加之捻合点捻度平衡的随机波动,增加了条干不匀率的恶化程度。

表6-5 粗纱间距和成纱质量的关系

粗纱间距(mm)	2	4	6	8	10	12
2mm毛羽(根/10m)	159	147	142	146	148	169
3mm毛羽(根/10m)	37	30	29	34	38	56
强力(cN)	217.5	206.2	198.85	190.05	180.72	179.42
伸长率(%)	8.19	8.01	7.84	7.46	7.27	7.18
条干 CV 值(%)	13.98	13.80	14.38	14.78	14.72	15.07

续表

粗纱间距（mm）	2	4	6	8	10	12
断头率［根/（千锭·时）］	4	7	9	10	12	17
细节（个/km）	4	3	6	8	10	12
粗节（个/km）	10	15	14	25	31	45
棉结（个/km）	30	36	40	43	57	60

注　品种 T/R50/50 18.5tex 复合纱；锭速 13000r/min，钢丝圈 BC9 型钢丝圈和钢领；前罗拉前移 2mm，镀瓷导纱钩孔
　　径为 2.5mm；采用碳纤维弹性上销和气圈控制环。

2. 粗纱间距大小对赛络纺纱单强 CV 值的影响　由表 6-6 可见，粗纱间距在 2~4mm，赛络纺复合纱单强 CV 值较小，随着间距增加，单强 CV 值变大。这是因为在 2~4mm 的粗纱间距小，在同一个胶圈牵伸系统作用下，两根须条的牵伸波叠合效应有利于改善纱线条干均匀度，减少纱线强力弱环数量，使纱线强力大，单强 CV 值小。在粗纱间距为 0 时，会聚点上方弱捻纱条的动态强力极小，使强力弱环叠合机会减少，因此，纱线强力 CV 值较大。

表 6-6　粗纱间距与单强 CV 值间的关系

粗纱间距（mm）	0	2	4	6	8	10	12
单强 CV 值（%）	14.42	13.59	13.42	14.67	14.70	15.08	15.42

注　品种 T/R50/50 19.7tex。

3. 细纱牵伸倍数对赛络纺纱条干 CV 值的影响　由表 6-7 可见，赛络纺复合纱的条干 CV 值是随着细纱机牵伸倍数减少，而显著降低，但当牵伸过小时，条干 CV 值也会恶化。这是因为会聚点上方单根纱条的捻度较小，动态强力非常低弱，纺纱过程中会聚点的不断波动，有可能使单根纱条承受局部拉伸，增加了赛络纺复合纱的条干不匀率，在牵伸过程中粗纱有扩散的趋势，当选用适当偏小的牵伸倍数时，可使粗纱在牵伸过程中减小扩散的程度，产生较窄的纤维须条，增加单根纱条的紧密度，相应地增加了赛络复合纱的紧密度，增强了纱条承受局部拉伸的能力，条干不匀率因而下降，同时使纱条更加紧密并可充分利用纱线中单线的强力，这也是复合纱强力有所增加的主要原因。

表 6-7　牵伸倍数与赛络纺纱条干 CV 值的关系

牵伸倍数	38.6	35.2	33.2	31.0	27.2
条干 CV 值（%）	15.8	14.6	14.0	13.8	14.4
强力（cN）	204.2	208.6	209.8	211.4	198.98

注　品种 R/C50/50 19.7tex。

4. 锭速对赛络纺纱性能的影响　由表 6-8 可见，在相同钢领钢丝圈的情况下，不同锭速对赛络纺复合纱有一定的影响，其纱线性能有一定的变化趋势。在锭速 12500~13000r/min

范围内,纱线强力 CV 值最大、条干较好、毛羽较少、千米节结数量较少。这是因为纺纱张力的变化会引起会聚点上方单根纱条长度的变化,随着锭速增加,纺纱张力的变化较为剧烈,单根纱条长度变化较大,对成纱质量有较大的影响。

表 6-8　锭速对赛络纺纱性能的影响

锭速 (r/min)	单强 CV 值(%)	断裂伸长率 (%)	条干 CV 值(%)	细节 (个/km)	粗节 (个/km)	棉结 (个/km)	2mm 毛羽 (根/10m)
15000	12.42	8.97	15.90	10	62	37	167.57
14000	11.39	9.02	15.08	11	54	36	160.42
13500	11.02	8.42	14.72	9	35	30	157.38
13000	10.42	7.83	14.02	5	11	27	150.77
12500	9.86	8.32	13.98	6	8	25	140.00

注　品种 T/C50/50 18.5tex。

赛络纺纱具有股线的优点,粗纱工序采用"中捻度、低速度、重加压、轻定量、大隔距、小后区牵伸"的工艺原则,粗纱偏轻掌握,对提高纱条紧密度、强力和改善条干十分有利;提高粗纱捻度,可使成纱断头减少。细纱工序采用合理的粗纱间距、细纱捻度、牵伸倍数、锭速等对提高成纱强力十分有利。赛络纺复合纱的开发有较高的附加值和市场占有率,为了使复合纱的性能更好,及充分体现复合纱的优点和风格,其纺纱工艺参数对成纱质量的影响,有待进一步细致研究和探讨。

五、赛络菲尔纺纱

赛络菲尔纺(Sirofil)是在赛络纺纱基础上发展起来的,一根化纤长丝不经过牵伸从前罗拉喂入,在前罗拉输出一定长度后与须条并合,两种组分直接加捻,一步成纱,如图 6-20 所示。与传统纺纱工艺相比省去了并捻工序,且由于长丝的支撑作用和特殊的纱线结构,可大幅度降低羊毛细度要求,可用中低支羊毛加工细特轻薄产品,原料成本可降低 50% 以上。该类产品风格独特,面料的弹性、抗皱性、悬垂性、透气性、抗起球性、尺寸稳定性等均优于传统纯毛产品。

传统的环锭纺纱是由一根短纤维须条加捻成纱的,如图 6-21(a)所示,赛络纺纱采用两根短纤维须条加捻成纱,两须条的性质完全一样,即质量、模量和转动惯量均相同,如图 6-21(b)所示。赛络菲尔纺纱是由一根短纤维须条和一根长丝加捻成纱的,且须条和长丝的质量、模量和转动惯量完全不同,如图 6-21(c)所示。在赛络菲尔加捻过程中存在着须条和长丝运动的不稳定,最终形成的赛络菲尔纱也存在结构的不稳定现象。由于后道加工中的各种摩擦作用,长丝和短纤维须条容易分离,进而短纤维从纱体中分离,称为"剥毛"现象(图 6-22)。这将影响到织造效率和织物的外观。因此,需要对须条或长丝的张力和扭矩进行补偿,以改善"剥毛"现象。

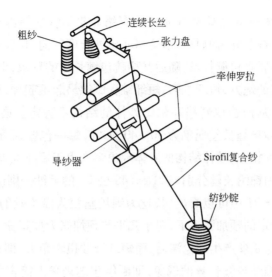

图6-20　赛络菲尔纺纱

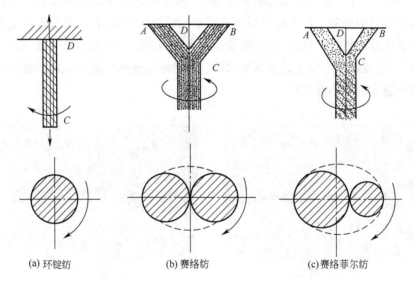

(a) 环锭纺　　　　　　(b) 赛络纺　　　　　　(c)赛络菲尔纺

图6-21　加捻区比较

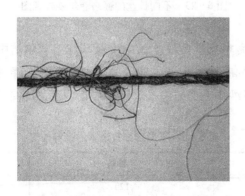

图6-22　赛络菲尔纺纱的"剥毛"现象

1. 赛络菲尔纺纱结构稳定性机理分析 赛络菲尔纺纱的结构类似股线结构,即长丝和短纤维交替包缠。单纱包缠机制是指沿赛络菲尔纱长度方向,长丝与短纤维包缠不均匀,而是在局部出现短纤维紧密包缠长丝,随后又稀疏包缠长丝的现象,即长丝与短纤维包缠不均匀。短纤维外包紧密的地方,短纤维多,短纤维受摩擦易起毛起球,而包缠稀疏的地方,抱合力小,两组分易分离,从而造成赛络菲尔纺纱体的结构不稳定。通过大量的实验观察表明,赛络菲尔纱存在单纱包缠长丝现象为 30~40 处/m,每一包缠区可以包含一圈至几十圈的外包缠纤维,与包芯纱相似,纱体结构的解体现象多产生于短纤维包缠纱段上。

采用 30 旦的涤纶和锦纶长丝分别与 21tex(48 公支)的毛纱分别纺制 25tex(40 公支)的赛络菲尔纺纱。从图 6-23 中可以看出,长丝为锦纶丝较为涤纶丝的赛络菲尔纺纱成形均匀。这是因为长丝在一定的预加张力下,扭矩几乎与预加张力成正比,扭矩有可能大于无预加张力的短纤维须条,即长丝产生加捻滞后,而短纤维纱扭转角大,即加捻程度大,短纤维回转较多,产生局部短纤维纱包缠长丝的现象,即断续包芯现象。简言之,当长丝在纱线表面形成一个捻回时,短纤维须条已形成若干个捻回,两者在赛络菲尔纱表面包缠不均匀,存在单纱局部包缠长丝的现象。由于涤纶长丝的模量比锦纶长丝大,在涤纶长丝与毛纱复合时,涤纶长丝和毛粗纱的扭矩差异大,由于涤纶长丝和毛粗纱的加捻程度不一致,在两组分复合成形时不稳定,形成结构不稳定的赛络菲尔纱。而锦纶长丝的模量和毛粗纱较为接近,从而形成结构较为稳定的赛络菲尔纱。

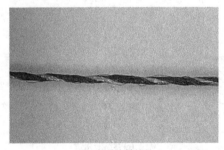 

(a)长丝为锦纶丝　　　　　　　　　　　(b)长丝为涤纶丝

图 6-23　不同长丝的赛络菲尔纱外观图

2. 赛络菲尔纺和传统环锭纺的成纱性能比较 赛络菲尔纺中,由于长丝的引入,赛络菲尔纱的强伸性能明显提高,见表 6-9。纱线的毛羽也大为下降,如图 6-24 所示,这表明赛络菲尔纱的长丝组分对纱线毛羽的包覆效果非常好,因而赛络菲尔纱的外观光洁。

表6-9　不同纺纱方法下的强伸性能

纺纱方法	环锭纺	赛络菲尔纺(锦/棉)
断裂强力(cN)	120	186
断裂伸长率(%)	5.5	8.3

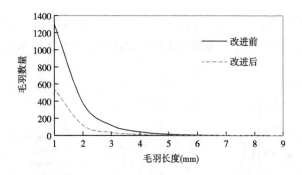

图6-24　不同纺纱方法下的毛羽分布

3. 须条和长丝间距对赛络菲尔纺纱性能的影响　图6-25为长丝和须条的不同间距下,赛络菲尔纺纱的条干均匀度曲线。随着间距的增加,赛络菲尔纺纱的条干 CV 值呈增加趋势;间距越小,条干均匀度越好。这是因为间距增大,成纱三角区中两纱段之间的夹角变大,纱线所受张力变大,须条中的纤维发生滑脱的概率变大,单纱易产生意外牵伸,细节增多,导致纱线条干不匀增大。

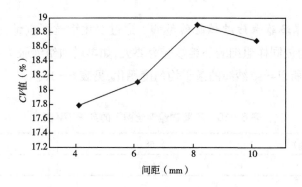

图6-25　不同间距下赛络菲尔纱条干均匀度图

赛络菲尔纱的强伸性能和间距之间的关系如图6-26所示。随着间距的增加,赛络菲尔纱的强度具有先减小后增大的趋势,而断裂伸长率则在一定范围内波动。

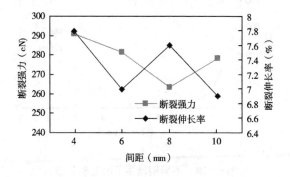

图6-26　不同间距下赛络菲尔纱强伸性能图

赛络菲尔纱的间距和毛羽的关系如图 6 - 27 所示。随着间距的增加,赛络菲尔纱线的毛羽显著减少,这是由于间距变大,成纱三角区夹角变大,成纱螺旋角变大,长丝捕捉短纤维毛羽的机会增加。

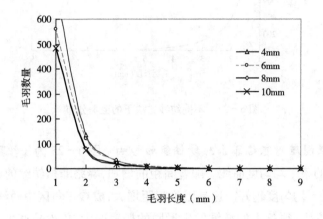

图 6 - 27　不同间距下赛络菲尔纱的毛羽分布图

4. 纺纱张力对赛络菲尔纺纱性能的影响　通过变化钢丝圈重量,来改变纺纱张力,赛络菲尔纱中须条受力较同样粗细的环锭纱受力要大,如再增加纺纱张力,可能负面影响了粗纱中短纤维的牵伸,所以导致纱线的条干均匀度恶化,见表 6 - 10。

表 6 - 10　不同重量钢丝圈下的条干 CV 值

钢丝圈重量(mg)	68	128
条干 CV 值(%)	18.31	18.85

图 6 - 28 显示了不同钢丝圈重量下毛羽的数量分布。随着钢丝圈重量的增加,纱线的毛羽减少,这是由于纺纱张力的增大,长丝和须条的复合成形点相对稳定,两组分复合较均匀所致。

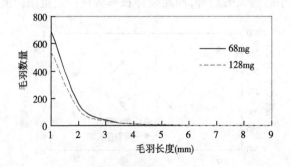

图 6 - 28　不同钢丝圈下的毛羽分布

5. 不同的长丝原料对赛络菲尔纺纱性能的影响　长丝采用锦纶比采用涤纶的赛络菲尔纱的条干均匀度要好。这与涤纶和锦纶的刚性有关。锦纶的刚性较涤纶接近于粗纱,因此,锦/棉赛络菲尔纱较涤/棉赛络菲尔纱复合均匀,成纱条干好。另外,锦纶由于模量较低,伸长较大,纤维柔软,因此,成纱三角区较大,粗纱须条较长,棉纤维传递的捻度较多,纤维转移比较充分,因而锦/棉的条干均匀度比涤/棉赛络菲尔纱好。

表6-11显示了锦/棉和涤/棉赛络菲尔纱的强伸性能。基本特性和长丝纤维的强伸特性一致。这说明赛络菲尔纱中长丝组分承担了主要的强伸性能。由于锦纶强力较小,伸长较大,所以锦/棉赛络菲尔纱也体现这样的特点。相反,涤/棉赛络菲尔纱中涤纶强力较大,伸长较小,所以涤/棉赛络菲尔纱体现了高强低伸的特点。

表6-11　不同长丝原料纺赛络菲尔纱的强伸性能

性能	锦/棉	涤/棉
断裂强力(cN)	186	219.1
断裂伸长率(%)	8.3	7.3

表6-11给出了两种不同长丝的赛络菲尔纱的毛羽分布。锦/棉赛络菲尔纱的长度为1mm和2mm的毛羽数量比涤/棉赛络菲尔纱少,而长度大于3mm的毛羽数量比涤/棉赛络菲尔纱大。即锦纶包覆短毛羽的效果比涤纶好,而涤纶包覆长毛羽的效果比锦纶好。锦/棉赛络菲尔纱中锦纶纤维伸长大,模量小,所以成纱三角区两组分的夹角较小,纱段较长,锦纶长丝对棉粗纱的包缠比较均匀,因而短毛羽较少。另一方面,涤/棉赛络菲尔纱成纱三角区两组分间夹角较大,复合纱中长丝包缠的螺距较小,捕捉长丝的机会较大,所以涤/棉赛络菲尔纱的长毛羽较少。

6. 赛络菲尔纱的张力补偿装置　赛络菲尔纱属于包缠纱,纱线中由于有长丝的包覆,强力和伸长大为改善。由于长丝和短纤维纱的扭转刚度不一样,复合时复合成形点不稳定,导致复合不均匀,纱线长度方向存在松紧断续纱线部分,在后道加工及服用过程中,两组分易分离,纱体结构不稳定。为了提高赛络菲尔纱的耐磨性能和纱体结构的稳定性,采用张力补偿装置,以改善赛络菲尔纱的性能。

该装置示意图如图6-29所示,通过作用成形三角区复合成形点下方纱段的张力补偿装置使棉须条上捻度增加,同时增加纤维在纱体中的内外转移,使纱线强力增大,毛羽减少,从而提高纱线的性能。

图中 AC 为短纤维须条,BC 为长丝,C 为复合成形点,D 为张力补偿装置作用点。

表6-12给出了改进前后赛络菲尔纱的条干 CV 值。加补偿装置后赛络菲尔纱的条干均匀度改善了近1.7%。这说明加补偿装置后,成纱 V 形区内棉须条的牵伸程度变大,纤维的内外转移比较充分,因此,纱线的条干比较好。表6-13给出了改进前后赛络菲尔纱的强伸性能。经过张力补偿后,纱线的断裂强力和断裂伸长率明显提高,分别改善10.9%和6.2%。

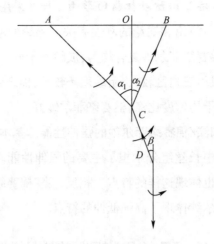

图6-29　成纱三角区加张力补偿装置图

表6-12　改进前后的条干 *CV* 值

装置形式	不加装置	加装置
条干 *CV* 值(%)	18.69	18.38

表6-13　改进前后的强伸性能

装置形式	不加装置	加装置
断裂强力(cN)	246	276.1
断裂伸长率(%)	8.1	8.6

图6-30 为改进前后的毛羽分布。加补偿装置后的赛络菲尔纱 1mm、2mm、3mm 短毛羽数量分别减少 58%、78% 和 88%;4mm、5mm 和 6mm 长毛羽分别减少 91%、94.5% 和 96.8%。可见改进后的赛络菲尔纱能够有效地减少毛羽数量。

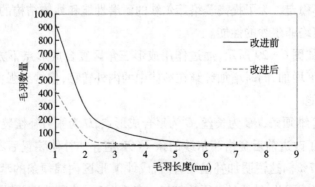

图6-30　改进前后的毛羽分布

由此可见,赛络菲尔纱加装张力补偿装置对改善赛络菲尔纱线的毛羽、强伸性能以及条干均匀度这三项指标的效果非常明显,能够很好地改进纱线的性能。

第三节　包芯纱纺纱

包芯纱从 20 世纪 60 年代中期开始生产,已有 50 余年的历史。目前包芯纱的需求不断增加,品种层出不穷,据有关资料统计,全世界有 1300 余万锭在生产包芯纱,预计每年还将以增加 20 万~30 万锭的速度增长。包芯纱受到市场的青睐,是纺织边缘品种的常青树。

一、包芯纱的特点

包芯纱是指通过芯纱和鞘纱组合的一种复合纱,一般以长丝为芯纱,短纤为外包纤维——鞘纱。其特点是通过外包纤维和芯纱的结合,可以发挥各自的特点,弥补各自的不足,扬长避短,优化成纱的结构。一般短纤纱和长丝纱及其织物性能的对比见表 6-14。

表 6-14　短纤纱和长丝纱及其织物的性能对比

项目	短纤纱	长丝纱
条干 CV 值	差	好
棉结杂质	多	少
断裂强度	低	高
断裂伸长率	小	大
弹性	差	好
吸水吸湿性	好	差
毛羽	多	少
表面光泽	好	有极光
手感状态	柔软	较硬,有蜡状感
直径(同支)	大	小
密度(同材)	小	大
织物覆盖性丰满度	好	差
织物平整光洁性	差	好
织物保暖性	好	差
织物抗皱性	差	好
织物悬垂性	差	好
织物耐热性	好	差
织物免烫性	差	好

项目	短纤纱	长丝纱
织物抗起球性	好	差
织物抗钩丝性	好	差
织物快干性	差	好
织物静电	不易产生	易产生

长丝纱相对于短纤纱具有条干均匀、强度高、伸长和弹性好等优点,适合作包芯纱的骨干材料,可充分发挥成纱强力高、弹性好及特殊长丝功能等特点。短纤维作为包芯纱的外包纤维,可充分发挥短纤维的功能和表观效应,如短纤维优良的吸湿性、耐热性、保暖性、柔软性和抗起球性等。两者优势互补可生产一般短纤纱和长丝纱无法比拟的包芯纱,如弹性包芯纱、高强高模耐高温的缝纫包芯纱、烂花包芯纱和中空包芯纱。此外,包芯纱也有利于可纺性和可织性,例如,不锈钢导电纤维因有明火产生不能纺纱,但可用作芯纱制成包芯纱,同样能发挥导电和屏蔽电磁波的作用。包芯纱的可织性优于长丝纱。包芯纱配置两种纤维合适的混纺比,也可节约原料成本和纺纱成本。

二、包芯纱的分类

1. 按产品用途分类　可分为缝纫用包芯纱、烂花布用包芯纱、弹性织物包芯纱、花色包芯纱(如中空包芯纱、彩色包芯纱、赛络菲尔包芯纱、竹节包芯纱等)、功能和高性能包芯纱等。

2. 按芯纱长丝分类　一般可分为刚性包芯纱和弹性包芯纱两大类,前者有涤纶、腈纶、维纶(包括水溶性维纶)、锦纶等,后者有氨纶、PTT 纤维、PBT 纤维等,以氨纶使用最广泛。

3. 按鞘纱纤维分类　通常棉、毛、丝、黏胶纤维、大豆蛋白纤维、牛奶纤维、竹浆纤维、涤纶、腈纶以及各种有色化纤都可用于包芯纱的包覆纤维。

4. 按纺纱设备分类　目前环锭纺、转杯纺、摩擦纺以及喷气纺等都可加装包芯纺纱装置,生产各类包芯纱。

5. 按长丝(芯纱)的含量分类　长丝在包芯纱中的含量是包芯纱的主要指标,它对成纱性能和成本有很大影响。一般长丝含量在 10% 以下称为低比例包芯纱,10%～40% 称为中比例包芯纱,40% 以上称为高比例包芯纱。弹性包芯纱长丝含量一般小于 10% ,在 3%～5% ,比例越高成本越大,纯涤纶缝纫包芯纱,芯纱比例高达 50%～60% 。一般刚性包芯纱含量在 20%～40% 。芯纱含量不能太高,理论上外包纤维的包覆宽度应大于芯纱表面的周长,否则会产生"露丝"疵点。

6. 按纱线线密度分类　与传统纱线分类相同,包芯纱将 32tex 以上称为粗特纱,21～30tex 称为中特纱,11～20tex 称为细特纱。常规包芯纱为 16～70tex。

三、包芯纱纺纱装置

纺制包芯纱一般在普通环锭细纱机上进行,但需要对细纱机进行改装,使用的长丝品种不同,改装的方法也不同。

1. 两种包芯纱装置

(1)消极喂入型。长丝直接从卷装头端引出,结构简单,不需要设置传动机构,适用于涤纶等刚性长丝,如图6-31所示,但要防止退绕时张力波动,需加装张力控制器。

(2)积极喂入型。筒纱上的长丝由一对喂入辊摩擦传动喂入,适用于氨纶等弹性长丝的喂入,如图6-32所示。前罗拉和喂入辊之间施加一定的牵伸倍数。

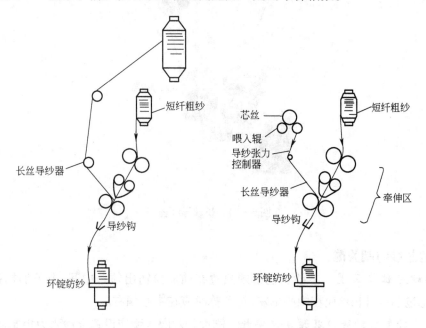

图6-31　消极喂入型包芯纱装置　　　图6-32　积极喂入型包芯纱装置

2. 包芯纱纺纱装置的安装　包芯纱装置一般加装在纺纱机架上,安装时要注意操作方便,防止与原粗纱相碰。一般喂入卷装重3~5kg,一台机器的负荷要增加1.5t以上,因此,要使纱架受力均匀,防止变形,必要时要加纱架支撑连杆。积极喂入型喂入辊应采用重量轻、与长丝摩擦因数较大且耐磨的材料(如铝合金等)制成,以减少传动滑溜,并将表面涂色,与长丝形成较强的反差色,便于识别"断丝"。喂入辊一般由前罗拉经齿形带传动,考虑到两者牵伸倍数的变化,需加装传动带张力调整装置。新型包芯纱装置喂入辊采用变频电动机附减速箱直接驱动,喂入牵伸可直观显示。

一般包芯纱喂入粗纱喇叭头固定,也有设计须条与芯纱能同步移动的横动装置,以改善胶辊的线状磨损。喂入长丝需确保长丝加捻时置于须条的中心,为此需在前罗拉上方加装长丝导纱器。德国绪森(Sucssen)公司设计特殊陶瓷长丝导纱器如图6-33所示,由前胶辊传动,可正确调整长丝进入前罗拉的位置。

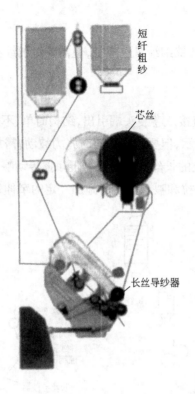

短纤粗纱

芯丝

长丝导纱器

图6-33　长丝导纱器

四、包芯纱纺制关键

1. 芯纱定位要正确　芯纱长丝必须放置在前罗拉输出须条中间,由于加捻捻向的作用,纺 Z 捻包芯纱时长丝应在中心偏左,纺 S 捻时应在中心偏右。

2. 适当控制芯纱张力及预牵伸倍数　刚性长丝喂入型应设置导纱张力控制器,长丝喂入张力略大于须条的牵伸张力。弹性长丝喂入型的预牵伸倍数根据芯纱密度、产品强力和弹性需求而定,一般为2.5~4倍。芯纱线密度越大,长丝含量越大,成纱强力越大,芯纱预牵伸应越大。由于长丝材料、线密度和卷装的不同会对预牵伸产生影响,进而使包芯纱的缩率和弹性产生差异,形成疵品。实际预牵伸倍数的稳定直接影响到成纱质量和线密度的稳定,表6-15所示为预牵伸的选用,可供参考。

表6-15　弹性包芯纱预牵伸的选用

芯纱线密度(dtex)	2.2	4.4	7.8	15.6
芯纱预牵伸倍数	2.5~3	3~3.5	3.5~4	4~4.5

3. 捻系数的选择　一般刚性包芯纱捻系数比普通纱大10%左右,常用捻系数为350~400,弹性包芯纱捻系数比普通纱大10%~20%,常用捻系数为380~440。棉型包芯纱若系数偏低,则鞘纱与芯纱结合松弛,强力偏低易产生露白纱。捻系数过高容易产生缺芯纱,在

织造时易产生纬缩和纬斜等疵点。

4. 防止出现"硬头"　纺制包芯纱时,芯纱的引纱张力增加了前罗拉的引导力,如果前罗拉握持力不足,容易产生"硬头",因此,必须采取加大前罗拉压力,增大钳口隔距,适当放大前中罗拉隔距等措施,减少牵伸力,防止前胶辊滑溜造成"硬头"。

5. 钢丝圈的选择　纺制包芯纱时钢丝圈的选择十分重要,一般长丝热熔性差,在钢丝圈的运行中易形成热损坏而断丝或磨损。钢丝圈选择时应选择通道较宽畅的,以防止其通道与磨损处形成交叉而损伤长丝。钢丝圈的更换周期可适当减短,刚性包芯纱推荐采用扁平形或半圆形截面钢丝圈,型号可比传统纱线加重 1~2 号;弹性包芯纱宜采用半圆形截面钢丝圈,型号可比传统纱线减轻 1~2 号。

6. 包芯纱的定捻　定捻的目的是稳定成纱的捻度和弹性,防止织造生产过程中产生扭结、张力不匀和纬缩等,定形温度一般为 85°~90°。弹性包芯纱可偏低掌握,过高的温度会影响包芯纱的强力和弹性,定形时间和真空度及温度有关。

五、包芯纱疵点及其防治措施

包芯纱常见的疵点及防治措施见表 6-16。

表 6-16　包芯纱疵点及防治措施

纱疵名称	主要产生原因	对后道工序的影响	防治措施
芯纱外露	外包纤维条干不匀,芯纱线密度过大,芯纱不在包覆纱中心	产生染色不良	改善粗纱条干均匀度,控制芯纱线密度,调整长丝导纱器定位
断芯纱	氨纶牵伸倍数过大,通道有毛刺,钢丝圈不良,造成芯纱损伤	造成后道工序断头,形成布面疵点	控制预牵伸倍数,优选钢丝圈型号
缺芯纱	芯纱喂入断头,接头不良	造成后道工序断头,形成布面疵点	加强操作管理,人工接头时长丝要接上
裙子皱	使用不同性质的原料,包芯纱混批	织物产生缩率差异,形成裙子皱	加强原料和成品管理,防止混批

六、包芯纱产品开发

包芯纱产品身份广泛,各种原料包括天然纤维、传统化纤、新型纤维、功能性纤维、高性能纤维都可应用,产品应用于诸多领域。常见的包芯纱产品开发见表 6-17。

表 6-17　包芯纱产品一览表

名称	外包短纤维	芯纱(长丝)	产品特点
弹性包芯纱	棉、毛、丝、麻、黏胶纤维等	氨纶为主	生产弹性织物,具有舒适、合身透气、吸湿、美观等特点,广泛用于牛仔布、灯芯绒及针织产品;用于内外衣服装、泳装、运动服、袜子、手套、宽紧带、医用绷带

续表

名称	外包短纤维	芯纱(长丝)	产品特点
包芯缝纫线	纯棉或涤纶	高强高模低伸涤纶	高强度、高耐磨、低收缩,适用高速缝纫机;棉包芯纱可防静电及热熔
烂花包芯纱	棉、黏胶纤维	涤纶、丙纶	经特殊印花工艺,除短纤后布面呈半透明,立体感花纹,广泛用于装饰用布,如窗帘、台布、床罩等
新型纤维包芯纱	竹浆纤维、彩棉、有色化纤等	涤纶为主	充分发挥新型纤维的表观视觉效果及手感柔软、吸湿、排湿等性能
中空包芯纱	棉、黏胶纤维等	水溶性维纶	包芯纱经低温溶解长丝后成中空纱,具有蓬松、柔软、富有弹性、优良的吸湿吸水性和保暖性的特殊效果
抗菌防臭包芯纱	抗菌防臭功能性纤维	涤纶等	抗菌防臭用于制作内衣、袜子及其他卫生用品
紫外线、微波屏蔽纤维	纯棉、黏胶纤维	金属纤维长丝	能屏蔽紫外线、微波,军用、民用很有前途
远红外包芯纱	纯棉等	远红外功能长丝	能发射远红外光谱,具有保健功能

随着人们生活水平的提高,消费者对纺织品的要求从原来的重视强力、耐磨、挺括等一般实用性转而强调外观和手感,因而纺织品会逐步向个性化、功能化和安全舒适等方向发展。但至今还没有一种纤维堪称十全十美,完全满足人们对衣着的要求,而包芯纱由于其特有的皮芯结构,使其兼具了两种不同组分的特点,因此,由不同原料复合而成的具有特殊功能特殊手感的包芯纱将具有广阔的市场前景。

七、双芯包芯纱技术

1. 产品特点　双芯包芯纱是一种新型的短纤与长丝复合纱线,可以集不同长丝的优点于一身的高性能纱线。它是以短纤纱为外包原料(即鞘纱),选用两种不同特性的长丝为芯纱,经加捻纺制而成的纱线。由于两种芯丝具有不同的优势性能,故产生了较强的功能互补及强化,使纱线具备优越的特性。

2. 数控双芯纱装置原理　双芯纱加工是将两种长丝通过导丝轮引入细纱机前罗拉与前胶辊钳口内,经由纤维将其包覆加捻成纱。不同长丝需给予不同的预牵伸张力,让其发挥各自特性。纺纱过程中长丝张力控制及其稳定性尤为重要,须保证同锭张力及锭间张力一致,因为长丝张力的波动将会影响到后道织物的幅宽变化。目前对于氨纶丝的预牵伸张力控制已成熟,对另一根长丝的张力控制采用最多的为主动喂入长丝装置。

如图6-34所示,在QFA1528全聚纺细纱机上加装氨纶包芯纱装置和数控双芯纱装置。该装置根据牵伸工艺设定及前罗拉测速编码器的信号,通过伺服电动机带动导丝罗拉13同步输出长丝,从而有效控制长丝的预牵伸张力,该长丝与送丝辊9控制的氨纶长丝通过同一导丝轮由前胶辊 7 与前罗拉 1 之间的钳口喂入细纱机,与牵伸后的鞘纱汇合,经过前罗拉表面的集聚区之后加捻形成双芯包芯纱。

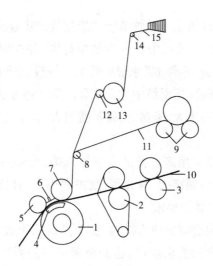

图 6-34　双芯纱装置示意图

1—前罗拉　2—强罗拉　3—后罗拉　4—吸风插件　5—阻捻胶辊

6—气流导向装置　7—前胶辊　8—导丝轮　9—送丝辊　10—粗纱

11—氨纶丝　12—引丝胶辊　13—导丝罗拉　14—导丝辊　15—长丝

第四节　竹节纱纺纱

竹节纱是花式纱线的一种,结构独特,用竹节纱织成的织物布面呈现无规律的竹节样波纹,形似雨点或云斑,具有立体效应,深受广大消费者的喜爱,被广泛用于牛仔布、高档衬衣、装饰用品、床上用品等领域。

一、竹节纱控制装置

1. 竹节纱控制装置原理　竹节纱在长度方向上出现节粗、节细形状单纱,其特征参数有基纱特数、竹节粗度、各段竹节长度(节长)和各段间距(节距)。竹节粗度即竹节定量与基纱定量之比,一般在 1.5~6 的范围内;节长即每个竹节的长度;节距即相邻两个竹节间的基纱长度。竹节纱按竹节的分布情况可分为无规律竹节纱和有规律竹节纱,纺制竹节纱可用专用设备,但目前国内大多数采用改造后的环锭细纱机或转杯纺纱机纺制。

目前国内竹节纱的生产原理大致有以下四种:①“变牵伸型”竹节纱,即瞬时改变机器的牵伸倍数以形成粗节;②“植入型”竹节纱,即在前钳口后面瞬时喂入一小段须条而形成竹节;③“纤维型”竹节纱,即利用短纤维的浮游运动产生条干不匀的原理,增加喂入纱条短纤维含量,并调整设备的工艺参数来生产竹节纱;④“涂色型”竹节纱,即利用人的感官效应分段对普通纱线进行印色,以产生类似的竹节效果。实际生产中常采用第一种方式,即在普通环锭细纱机或转杯纺纱机上增设一套变速机构,就可纺制竹节纱,该方法不需增添特殊设备,投资少,见效快。

在环锭细纱机和转杯纺纱机上开发竹节纱的控制装置普遍采用以下三种形式。

(1)缺陷法。缺陷法是在长纤维中加入少量短纤维,并在细纱机上去掉上销及上下胶圈,保留下销,利用短纤维制造"牵伸波"来形成竹节。一般短纤的混入量在 5%～10%,短纤率高则竹节数量多,在麻纺或麻/棉混纺中尤其显著。第二种方法是采用不完全齿轮变牵伸机构,优点是费用低,缺点是噪声大,寿命短,维护费用大,且工艺参数(竹节长度、节距、线密度及任意循环等)变换不便。

(2)机电结合式。实质是采用离合器的变牵伸机构,大多采用单片机或 PLC 控制电磁离合器吸合,安装费用较低,但噪声大、寿命短、维护费用高,且竹节参数控制差、精度低、花色变化少,很难满足高质量纱线的要求。

(3)数字式。取消电磁离合器的执行机构,整个系统采用数字控制,控制精度和生产效率大大提高,可按样品或客户的要求生产,达到至善至美的程度,而且工艺参数调节方便、快捷。

2. 环锭细纱机牵伸系统改造　在环锭细纱机上加装竹节纱控制装置,一般有以下三种改造方案。

(1)前罗拉变速。

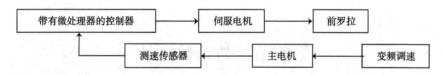

(2)中后罗拉变速。

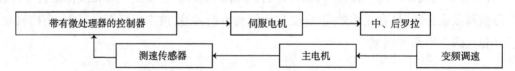

(3)前罗拉和中、后罗拉双变速传动。

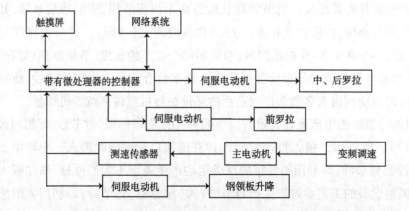

在环锭细纱机上加装竹节纱装置改造后可实现牵伸倍数的动态调整,从而实现各种规格竹节纱的纺制。其中,方案一适纺4cm以下短竹节纱,但由于前罗拉的增降速,影响到气圈形态,纺纱张力和捻度的均匀,且生产效率下降。方案二适纺2.5cm以上竹节长度的竹节纱,能保证纺纱时卷绕工艺参数不发生改变,生产效率高,对竹节纱品种的适应性强,是当前竹节纱改造的主要方案。方案三是一个完善的系统,在动态下可任意设定前罗拉与中、后罗拉的速度来纺制各种类型的竹节纱,但改造成本较高。

二、纺竹节纱的生产工艺

1. 竹节粗度 在竹节纱纺纱过程中,粗度是较难掌握的工艺参数,一般用切断称重法来确定竹节的粗度,即取相同长度的竹节和节距部分分别称重,竹节重量与节距重量之比为粗度,粗度由试纺确定,经用户认可后投入批量生产。

2. 线密度设计 根据竹节长度、节距大小和竹节段粗细,换算成纱线百米定量,然后计算出线密度。由于竹节部分和节距部分有一粗细过渡态,特别是转杯竹节纱过渡态较长,因此,计算重量和实际重量会有一定的差异,实际生产中应根据大面积定量进行微调。

3. 竹节长度

(1)环锭竹节纱的竹节长度。在前罗拉变速情况下,取决于前罗拉速度和瞬时降速时间的乘积,在后罗拉变速情况下,取决于前罗拉速度和后罗拉升速时间的乘积,一般误差较小。

(2)转杯竹节纱的竹节长度。设 L 为引纱罗拉输出的纱线长度,D 为转杯的直径,S 为竹节长度。在改变喂给罗拉速度的情况下分为以下两种情况。

①当 $L > \pi D$,即在喂给罗拉升速的时间内引纱罗拉输出的纱线长度大于纺杯的周长时,竹节长度 $S = 2\pi D + a$,(其中 $a = L - 2\pi D$),为纺杯周长的两倍以上。

②当 $L < \pi D$,即在喂给罗拉升速时间内引纱罗拉输出纱线长度小于纺杯周长时,竹节长度 $S = \pi D + b$ (其中 $b = L$),介于纺杯周长与两倍纺杯周长之间。

三、竹节纱织物的品种与风格

竹节纱既可用于机织物,也可用于针织物和装饰物,采用不同的平均线密度、竹节长度、竹节间距、竹节粗度及织造工艺的变化,可生产出风格迥异的竹节纱织物。

1. 竹节纱在机织物产品中的应用 竹节纱织物根据织造工艺的不同分为经竹节纱织物、纬竹节纱织物、经纬全竹节纱织物三种。机织物的竹节间距分布要根据布幅、经纬密度、织物用途及使用的原料情况等来确定。如用做服装要求竹节节距较长,分布要均匀;如用做窗帘,则要求竹节密集且细长,这样从室内透光部分看去具有水纹的飘逸感。

机织物竹节纱织物品种多样,风格独特,使用范围较广,可制作服装外衣、衬衫、睡衣和装饰用品面料。

(1)竹节纱色织物。采用全棉竹节纱与混纺涤/棉纱搭配的竹节纱色织物。利用涤/棉混纺纱色织亮丽、竹节纱无规律排列,使织物表面呈现出无规律竹节样波纹,有明显的麻质感和凹凸立体感,面料色彩缤纷,层次丰富,风格新潮。用作经纱的竹节不能太粗,因整经机、浆纱机的伸缩筘和织布机的停经片、综丝、钢筘等部件容易绊断纱,用作纬纱时,竹节不宜太长,否则胖人穿时显得更胖。竹节密度的选择一般是,当竹节较短时,密度可大些,竹节较长时,密度可小些。竹节密度过小,体现不出竹节布的风格,反而像疵布;竹节密度过大,竹节重叠现象严重,同样影响布面风格。一般竹节布的竹节密度控制在 2000~40000 个/m^2,布面效果较为理想。竹节粗度为 ±50%,竹节长度为 1~5cm,单纱断裂强度不小于 8.5cN/tex,竹节纱和正常纱的比例,经纱一般为(1:6)~(1:10),纬纱一般为(1:2)~(1:9),比例的大小选择要视布面效果而定,织物组织宜选择简单组织,以突出竹节纱的立体效果。

(2)自然波纹织物。选用纯棉纱与全棉竹节纱进行混织搭配,可利用纯棉的优良性能,竹节纱的竹节特性使织物表面呈现出无规律水波纹效果,有明显的凹凸效应,面料层次丰富,特别是染色整理后,可模拟出自然界微风拂过水面后形成的丝丝涟漪,大草原一望无垠的草浪及海啸等自然效果,因此,称为自然波纹织物,织物中因竹节突出的颗粒,可以减少织物贴肤面积,而且贴肤部分的竹节采用的是棉型纱线,手感柔软,服用舒适,大大增强了服装面料的透气性。自然波纹织物中竹节纱采用等间距竹节纱(间距 10cm,节长 3.5cm),织物组织采用平纹或 $\frac{2}{1}$ 斜纹。自然波纹织物可制成男女衬衣、女式裙装,也是窗帘等高档装饰用品的理想面料。

(3)竹节牛仔布。竹节牛仔布除保留牛仔织物原有风格外,外观还具有雨点状的特殊效应,具有流行性和实用性,而氨纶包芯纱制成的竹节弹性牛仔布,具有较高的弹性,手感柔软,穿着舒适,凸现形体美。根据棉/氨纬弹织物的用途和夏季面料的要求,经纱选用 58.3tex 棉/麻纱 +72.9tex 纯棉竹节纱,其中 58.3tex 与 72.9tex 排列比为 6:1,纬纱采用 36.4tex + 11.8tex 棉/氨包芯弹性纱,为了使织物充分发挥弹性织物的弹性伸长,织物组织一般采用 $\frac{2}{1}$ 斜纹。

2. 竹节纱在针织产品中的应用 针织竹节纱织物结构丰富,风格多样,针织时采用的原纱既可以全部是竹节纱,也可以与普通针织纱交织。配以竹节纱的各种不同参数,在针织物表面可以形成不同的色彩或面料风格。竹节纬编针织物除了具有一般针织物的纱线特数、纵横向密度、组织结构等要素外,还具有竹节的大小、分布特征、竹节循环规律等特征,因此,竹节针织物生产有其特殊性。针织竹节纱和普通竹节纱相比,需注意竹节的最大粗度不能超过针眼的大小,否则会造成破洞、断针等现象,针织纯棉衫多贴身穿着,为了减少贴肤面积,要求节距较短。

第五节 色纺纱

色纺纱线一般是用两种及以上的具有不同色泽或不同性能的纤维纺制成纱,由于各种纤维的收缩性能或上色性能的差异,在纱线织成布后的整理加工过程中,会使布面呈现多色彩、手感柔和、表面丰满的风格,提高了产品的附加值。国外使用色纺纱织物已十分流行,国内的消费群体也正不断扩大,棉针织行业对色纺纱的需求量逐年呈上升趋势,发展前景看好。

一、色纺纱的生产特点

色纺纱又称有色纤维纺纱,纺纱前所用纤维原料经过染色或原液着色,用其织成的织物一般不再需经过染色加工,既缩短了加工工序又减少了环境污染,符合绿色环保的要求。

色纺纱的生产横跨染、纺两个专业,其生产特点如下。

(1)一般色纱是先纺纱,后染色,而色纺纱一般是在纤维上先染色(有些是条子染色),再进行纺纱。

(2)比一般的纺纱工序多,技术难度加大,管理复杂,用工多。

(3)适合于小批量多品种,主要供出口,吨纤维创汇高。

(4)采用不同原料、不同色彩进行多种组合,可形成千姿百态、风格各异及不同服用性能的新产品。

(5)清洁生产。利用原液着色,改变了传统工艺,实现了无排放染色,从源头上解决了染色污染问题。

二、色纺纱的生产技术难点及技术要点

1. 技术难点　色纺纱用不同色泽与不同性能纤维原料混合纺纱,要求混合均匀、色泽鲜艳、色牢度好,且纱条粗细均匀、毛羽少、疵点少而小,在技术上有一定的难度。

(1)色纺纱批量小、品种多、变化大,往往一个车间要同时生产不同混配比的多种色纺纱,翻改品种频繁,如稍有疏忽使批号混杂,就会产生大面积的疵品,故对车间的现场管理,尤其是分批、分色管理提出了更高的要求。

(2)同一批号色纺纱(即同一混配比),在有色原料换包装后要保持色泽色光一致,技术难度较大。

2. 技术要点　根据许多棉纺厂多年的生产实践,要保持色纺纱的质量稳定,必须从原料选配开始精心配色,优化工艺,严格管理,道道把关。

(1)搞好原棉染色。目前纯棉色纺纱的线密度一般在 14.6tex 以下,多数为 16.1tex 左右。为使染色后的原棉仍保持一定的弹性,并使强力减少,故选用原棉线密度要适中,一般为 5400~5600 公支,成熟度要好,一般为 1.6~1.8,含杂率要少。太细的棉纤维染色后在纺纱过程中易断裂,并产生棉结。在染料选配上既要提高染色牢度又要使染色后纤维保持一定的弹性与摩擦系数,故在原棉染色中要加入适量的助剂与油剂。

(2)混棉方法要科学。色纺纱混合方法有开清棉上的棉包混合与并条机上的棉条混合两种。前者称“立体混合”,即使各种色泽纤维在空间上分布在纱线的各个部位,具有立体效应。后者称为“纵向混棉”,即把本白棉条与染色条按一定混比搭配制条,混棉条中各种纤维的混比控制较正确,但混棉的立体效果较前者差。为了弥补两者不足,纺中高档纯棉色纺纱时可综合两种方法,加强混色的立体效果。在纺化纤色纺纱或彩色纱时,由于化纤品种杂,

各种化纤可按比例在开清工序用棉包混棉方式进行,在纺 C/T 色纺纱时,当混用原棉比例较高时,由于棉花中含有杂质及短绒,而化纤不含杂,故采用不同的清棉工艺单独成卷,在并条工序中按比例混合搭配成条。当 C/T 色纺纱以原棉为主体,混用少量色纤维时,则可采用清棉工序棉包混棉的方法,不需单独成卷与制条。

(3)优化纺纱工艺。由于色纺纱尤其是以原棉为主体的色纺纱,通过染色后棉纤维的强力、弹性均有一定损失,故纺纱时各道工序要按色棉的特性来设计。同时由于色纺纱的批量较小,品种变化频繁,故清梳联工艺不完全适用,色纺纱企业多数采用清花与梳棉的传统纺纱工艺。为便于色纺纱的小批量多品种生产,开清棉机械最好采用单头成套的组合排列。纺色纺纱时,梳棉、并条、粗纱、精梳工序宜采用轻定量、慢车速转移容易的纺纱工艺,一般掌握定量、车速比纺本色纱时降低 10%~15%,以减少棉结、短绒的产生。同时,为了减小成纱重量不匀率与重量偏差,对梳棉条要先通过预并条工序以改善条子结构,再按一定混配比例进行 1~2 道混并,使末道重量差异控制在较小的范围内,以保证成纱重量不匀值与重量偏差的稳定,在络筒工序要降低络纱速度,控制毛羽增长率。

(4)严格控制纺纱中的回料使用。由于色纺纱中混用原料性能不同,混配比例不一,故纺纱中产生的回料(如回卷、回条、回花等)性能差异较大。为了确保色纺纱的质量稳定,一般情况下不掺用纺纱中的回料。如果纺纱规格与混配比保持较长时期的稳定,可掺用部分回料,故色纺纱的原料消耗定额要高于本白纱。

三、色纺纱的主要品种及用途

国内棉纺企业为提高色纺纱在国内外市场上的竞争力,在扩大色纺纱生产能力时,努力开发色纺纱新品种,拓展色纺纱市场。目前已形成纯棉精梳彩色纱、纯棉精梳灰色纱、特种纤维精梳色纺纱、涤/棉色纺纱、纯化纤色纺纱与多组分化纤彩色纱等六大类产品。

1. 纯棉精梳彩色纱 采用两根以上染不同颜色的棉花,按不同配比在开清棉和并条工序中混合,并通过精梳工序进行纺制。这种采用特种纺纱工艺生产的纱线,能呈现多种朦胧色彩。其主要用途是生产高档针织内衣,少量纯棉色织布中亦有采用,是色纺纱中的精品。由于纺纱工艺复杂,技术要求高,只有技术条件好的企业能生产这种纱线。

2. 纯棉精梳灰色纱 一般由本白棉与经过染色的黑色棉混合纺纱,黑色棉的配比根据织物要求不同而增减,最小为 1.5%,最大为 70% 以上,故有深灰、中灰、浅灰之分,是纯棉色纺纱的主导产品,其生产量较大,占纯棉色纺纱生产量的 60% 以上。其混合方法有清棉混棉与并条混棉两种,视不同混合比例而定。

3. 特种纤维精梳色纺纱 原料以棉纤维为主,混入各种天然纤维,如真丝、羊毛、羊绒、麻等,有时混入一些特种纤维,如天丝、莱卡纤维,大豆纤维、莫代尔纤维等,主要用于高档针织服装,其各种纤维的配比视织物的要求而定,最终目的是使服装柔软、舒适、艳丽、变形小。由于各种纤维的特性不同,其混合方式以并条工序为主。

4. 涤/棉色纺纱 色纺纱中棉纤维一般不染色,涤纶采用有色纤维。色纺纱中混用有色涤纶比例高时,采用单独制条,并条工序混条;如混用有色涤纶比例较低时,可采用开清棉工序混合。这种色纺纱一般不经过精梳工序,纱线线密度在 18.2 ~ 28tex,主要用作一般品种的针织用纱。

5. 纯化纤色纺纱 以有色化纤为原料纺制而成,有单一色或两色化纤纺纱,也有采用两根不同色泽的粗纱同时喂入纺成 AB 纱,主要用作袜子、毛衣及装饰织物用纱。一般采用回料,由于原料档次低、加工费用低,售价也低。

6. 多组分化纤彩色纱 用不同品种纤维(或表面形状不同)和不同色彩的化纤为原料,采用棉堆混棉方式,混合纺制成色纺纱。由于它采用不同性能的化纤为原料,各种化纤的色泽和收缩性能的差异,使布面呈现五彩缤纷的色彩,以及布面丰满、手感柔软的风格。由于化纤色纱的价格较纯棉精梳色纺纱低,故受到制造厂的欢迎。

四、我国色纺纱生产状况及对策

1. 生产现状 通过十多年的努力与创新,我国色纺纱生产在质量、档次和品种上均有长足的进步,但色纺纱规模占纱线总规模比例还较小。目前,在整个纺织行业中,色纺纱工艺的产能规模相较于传统工艺和色织布工艺还比较低。传统工艺、色织布工艺以及色纺纱工艺产能占比分别约为 65%、20% 和 15%。目前国内色纺纱整体产量约 700 万锭,约占纱线总产量的 5%。中高端色纺纱已形成寡头垄断竞争格局,目前全球色纺纱约 90% 的产能集中在中国,其中大多集中在江浙地区。随着应用空间的扩大,色纺纱规模仍有较广的成长空间。色纺纱适用于制作内衣、休闲装、运动装、商务装、衬衫、袜类等服饰用品,也适用于制作床上用品、毛巾、装饰布等家纺产品,是中高档面料的首选纱线。

在面料领域,目前色纺纱主要应用于毛衫、针织面料和机织面料领域。其中,在毛衫面料领域的应用相对成熟,约占 40% 的市场份额;在针织面料领域应用势头较好,约占 20% 的市场份额;而在机织面料领域的应用尚处于起步阶段,目前只占约 5% 的市场份额,未来有较大增长空间,特别是在家用纺织面料、衬衣以及休闲装面料领域的应用。随着应用空间的扩大,未来色纺纱产能规模将有可能与传统工艺、色织布形成三分天下的格局,有望超过 2000 万锭。

2. 对策 为了提高色纺纱在国内外市场上的竞争力,必须在工艺技术、产品质量等方面进行创新,建议采取以下措施。

(1)开发色纺纱的新产品。要向原料多样化、品种系列化、产品高档化方向发展,在精、新、特上下功夫。

(2)提高色纺纱档次,保证产品质量稳定。扩大高档次精梳彩色纱的产量,要在提高色纺纱质量的稳定性与色纺纱的色牢度上下功夫。

(3)增加新型原料的使用。加快采用新型化纤及功能性纤维开发新型色纺纱的进度,并提高其所占比重。

(4)围绕产品的提升,满足不同市场的需要。企业可根据各自的市场定位和经济实力,加快技术改造与产业升级,延伸产业链,努力开发市场。

(5)创品牌,迎接新的机遇和挑战。随着科学技术的不断发展,色纺纱产品必须不断注入新的科技活力,提升产品的档次和附加值,创企业自己的品牌,提高市场竞争力。

第六节　假捻环锭纺纱

假捻低捻环锭纱因其丰满柔软的纱体、较低的残余扭矩和较高的生产效率而被认为是理想的针织用纱,在较低的捻度下,可得到扭矩低、毛羽少、强力较高以及手感柔软的单纱。但传统低捻纱的低强度和较多的毛羽限制了其应用范围。较早利用假捻技术研发生产低捻高强纱的是香港理工大学陶肖明教授团队,其发明了一种新型的"低扭矩环锭单纱生产技术",即假捻成纱技术。

一、假捻低捻纺纱原理

加捻的作用是给牵伸后的须条加上适当的捻度,赋予成纱一定的强度、弹性和光泽等性能。纺纱过程从狭义上讲就是加捻的过程,对环锭纺而言,假捻是通过筒管卷装和钢丝圈回转给纱条产生的真实的捻回,即真捻,除此之外,在纺纱过程中,纱条受到外力作用使得局部纱线回转产生的暂时捻度称为假捻。假捻只是纱条在部分段产生的暂时性的真实捻度,但由于纱条的两个握持端均未发生相位的变化,所以一旦假捻点作用消失或变化,原有的加捻捻度均消失为零。

纱线的结构特点和基本性能除了与纤维的组成及性状有关外,还与加工的整个系统和成纱工艺有关。基于传统细纱机纺纱过程,在细纱机前罗拉与导纱钩之间安装一个假捻装置,此装置在成纱段介入假捻作用,改变了成纱三角区中纤维张力的分布,能够改变纱线中纤维的排列和转移,平衡纱体中部分纤维间不均匀的扭矩力,以实现在低捻度条件下生产高强力的纱线。图6-35所示为假捻装置安装于细纱机的示意图。须条经后罗拉牵伸从前罗拉输出,经假捻装置作用,绕过导纱钩、钢丝圈后加捻卷绕于细纱管上。

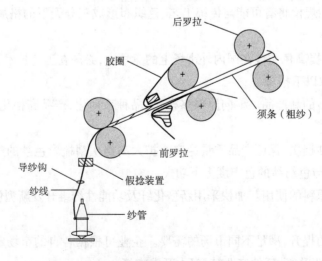

图6-35　假捻方式纺纱示意图

假捻装置泛指在控制纱条两端不转而在中间施加捻回的器械。加有假捻装置的细纱机使得在普通环锭细纱机上采用低捻度纺纱成为可能,其技术特点主要是在传统环锭细纱机的前罗拉和导纱钩之间加一个假捻装置。如图6-36所示,前罗拉1输出纤维,经过以一定速度垂直于纱线传递方向传动的假捻装置2,然后绕过导纱钩3,再经过钢丝圈5成纱并随着锭子4绕在纱管上。

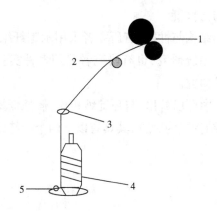

图6-36　假捻装置加捻过程
1—前罗拉　2—假捻装置　3—导纱钩　4—锭子　5—钢丝圈

前罗拉与导纱钩之间的假捻装置2的设置,使得前罗拉输出的纱线在传递过程中产生较大捻度(假捻)。如图6-37所示,假捻装置2垂直于纱线传递方向以一定速度运动,由于假捻装置与传递中的纱线的摩擦,使得纤维在AB段处的捻度增大。由于假捻装置的作用,在前罗拉与假捻装置之间具有极高的捻度,纤维所受张力增加,促进纤维的转移。前罗拉与假捻装置之间为高捻区。

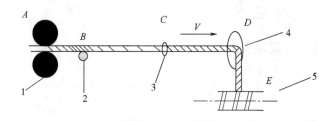

图6-37　假捻装置加捻过程模拟
1—前罗拉　2—假捻装置　3—导纱钩　4—钢丝圈　5—卷装

在BC段,由于B处假捻装置在纤维下方以一定速度摩擦传动,其属于假捻作用的消极握持状态,则假捻装置喂入端纱线上的稳定捻度等于该假捻装置在单位时间内加给纱条的捻回与通过此假捻装置传递给纱条的捻回之和对纱条运动速度之比。纱线在BC段有受到钢丝圈4处的加捻,又受到假捻装置2捻陷的影响,因此,捻度会有一定损失,使得BC段在整段为弱捻区。捻度的分布为:低捻区(BC)<卷绕段(DE)<气圈段(CD)<高捻区(AB)。

假捻装置垂直于纱线传递方向以一定速度传动,由于假捻装置对传递中的纱线的摩擦力与支撑力的作用,使在前罗拉附近的纤维所受的张力有所增加,促进了纤维向纱线芯部的转移,通过假捻装置的假捻,实现纺纱段加捻三角区的强捻、缩短三角区并增大了纱线内外部纤维的张力差,纱体表面飞花减少,纤维利用率增加。

二、假捻低捻纱线结构与性能

为研究假捻低捻纱线的结构与性能,有研究者采用示踪纤维法、Matlab 软件等方法对单纱中纤维的三维构型进行了系统研究,也有研究者采用多种实验方案将不同工艺条件下低捻纱性能与环锭纱进行比较研究。

从图 6-38 和图 6-39 中可以看出,与环锭纱相比,假捻低捻纱中的纤维轨迹并不是同心螺旋线结构,且纱线内部结构更为紧密,其具有以下两个独特结构特点。

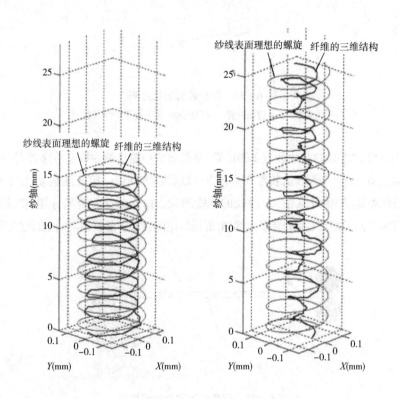

图 6-38　纤维三维构型

1. 非同轴异形螺旋线　低捻纱体中大部分纤维的轨迹并不是同轴螺旋线,而是一个变形的非同轴螺旋线,纤维轨迹大致呈圆锥形螺旋线,但是其轴常常与纱线轴线偏离。而在环锭纱中,纤维螺旋线的中心线,始终与纱线轴保持一致。

低捻纱中整条纤维轨迹类似是几段圆锥螺旋线的叠加,但是这些一段段的圆锥形螺旋线的中心轴是不断倾斜变化的。此外,落选半径也不断无规则地变化,这增加了纤维间的相互接触,很多类似小结状螺旋能够把相邻纤维抱合在一起。

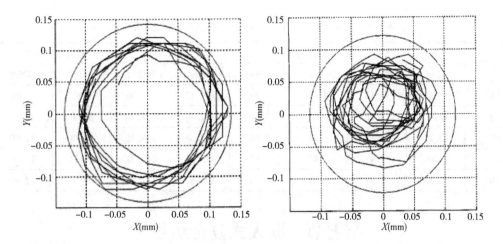

图 6-39　纤维轨迹在 X—Y 平面投影

对于短纤纱,当其捻度较高时,纱线的断裂主要因为纤维的受力断裂。而当其捻度较低时,纤维的滑脱则成为纱线断裂的主要因素,即在低捻度时纱线的强力一般较低。但在低扭矩纱中,这种类似非同轴异形螺旋线构型的存在及其螺旋半径的不断变化增加了纤维间的接触,纤维间的抱合力及相互摩擦作用即增大,从而减小纱线拉伸过程中出现的纤维滑脱,能够提高纱线断裂强力。

2. 螺旋线方向局部反转　对低捻纱线中纤维的三维构型研究发现,虽然大多数纤维的片段是沿着与纱线本身的捻度方向(Z 捻)相同的螺旋方向,但也有许多纤维段呈反向螺旋(S 捻向)。这一结构特点使其与传统环锭纱相比,低捻纱残余扭矩显著降低。

如图 6-40 所示,假捻低捻纱结构更为紧密,表面长毛羽大量减少,成纱表面优于普通环锭纺纱线,且所纺的假捻纱与环锭纱中的纤维沿纱线轴向的夹角也有所不同。表 6-18 中数据表明:假捻纺纱线的强伸性、毛羽和条干等性能均优于普通环锭纺纱线,在较低捻系数情况下,强力提升对毛羽改善作用尤其显著。

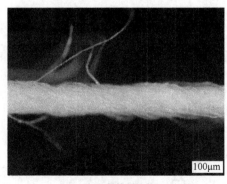

（a）假捻低捻纱

（b）普通环锭纱

图 6-40　纱线表面形态

表6-18　不同捻系数下14.6tex假捻低捻纱性能指标

捻系数	条干 CV 值(%)		毛羽 H		强力(cN)		强力 CV 值(%)	
	环锭	假捻纱	环锭	假捻纱	环锭	假捻纱	环锭	假捻纱
320	13.30	13.11	4.12	3.53	179.12	195.96	9.89	7.86
300	13.42	13.62	4.23	3.82	171.46	183.48	9.81	8.57
280	13.27	13.17	4.34	3.86	147.38	166.75	11.73	11.80
260	13.60	13.43	4.41	3.91	133.51	160.21	15.43	12.03
240	13.53	13.58	4.56	3.99	104.61	131.04	16.76	13.97

第七节　嵌入式复合纺纱

一、纺纱原理

嵌入式复合纺纱是我国近些年来出现的具有自主知识产权的新型纺纱技术。其特征可以形象地理解为两个赛罗菲尔纺的结合。如图6-41所示,两根短纤维粗纱由后喇叭口保持一定距离平行喂入,另两根长丝则通过导丝装置分别在粗纱须条的外侧由前罗拉直接喂入,两根粗纱与长丝分别先初步汇集并预加捻,然后再汇集在一起加捻成纱,因此,在前钳口外侧形成两个小加捻三角区和一个大加捻三角区。这种捻合方式形成了一种独特的股线成纱结构。纱线的强度主要由长丝承担,加捻过程实现了短纤维内外转移并由嵌入的长丝固定下来,其结构与传统环锭纺中的内外转移有本质的区别。

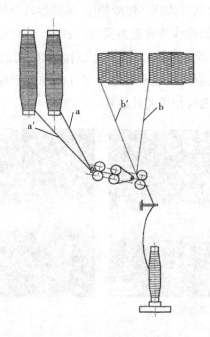

图6-41　嵌入式复合纺纱示意图

二、成纱特点与技术完善

1. 成纱特点

（1）由于预加捻的作用，成纱的两根纱条中存在与成纱加捻方向相同、大小相近的真捻，使纱体结构紧密、强伸性能和耐磨性能得到明显改善。须条预加捻和最终汇集加捻的过程中，长丝的缠绕次数增加，使较多的纤维头端被相邻的纱条捕捉进入纱体中，从而减少了毛羽数量。

（2）嵌入式复合纺独特的纺纱系统设计使其在多组分纤维混纺纱开发中能够发挥独特的不可替代的优势。例如，毛类、麻类纤维特殊的服用性能普遍受到人们的青睐，但纤维线密度较高、长度整齐度和抱合力较差，最低可纺线密度较高，难以纺制出高档、稀薄织物需要的低线密度用纱，嵌入式复合纺使此类问题得到改善。

（3）采用嵌入式复合纺，可以大幅度降低可纺纱的线密度，增加强力，改善条干，减少毛羽，开发出纤维性能互补、服用性能独特的低线密度、多组分纤维混纺纱。

因此，这种技术目前已较多地应用于毛纺和麻纺领域。在棉纺领域，也可以应用该技术进一步提升低线密度或特低线密度多组分纤维混纺纱的成纱性能和品质。

2. 进一步完善之处　嵌入式纺纱同时喂入两根粗纱和两根长丝，对环锭细纱机的设备改造以及相应的操作管理工作的要求与传统环锭纺和赛络纺等有较大的区别。因此，该项环锭纺纱新技术仍有一些问题需要不断完善和解决。

（1）除改造纱架以外，需要增加长丝退绕机构及相应的张力控制装置，两根长丝需要预先并丝绕成一个卷装，以便同时且互不干扰地实现退绕；为使两根长丝与两根粗纱保持一定间距，需配置带有定位调节功能的双导丝轮。这些装置虽在嵌入式纺纱的初步实际应用中发挥了较好的效果，但尚需进一步改进与完善。

（2）嵌入式纺纱断丝造成疵点的质量问题更为突出，应研发出性能良好的断丝自停装置，增加嵌入式纺纱设备的可靠性和易用性。

思 考 题

1. 什么是集聚纺？

2. 集聚纺成纱有何特点？

3. 目前生产应用中常见的集聚纺形式有哪些？

4. 简单叙述不同形式集聚纺装置的特点。

5. 与传统环锭纺相比集聚纺技术具有哪些优势？

6. 什么是赛络纺？其成纱有何特点？

7. 赛络纺粗纱工艺有何特点？具体措施有哪些？

8. 赛络纺细纱工艺有哪些特点？有何技术关键？

9. 赛络菲尔纺成纱机理是什么？

10.在赛络菲尔纺纱过程中为什么要采用张力补偿装置?

11.包芯纱有哪些特点?

12.按不同分类方法包芯纱可以分为哪几类?

13.包芯纱装置可以分为哪两种类型?请简单叙述各自特点。

14.包芯纱纺制过程中有什么注意要点?

15.包芯纱常见疵点及相应的预防措施有哪些?

16.竹节纱控制装置的原理主要可以分为几种?

17.在环锭纺细纱机和转杯纺纱机上开发竹节纱装置普遍采用哪几种形式?

18.竹节纱有哪些考核指标?

19.色纺纱是如何定义的?

20.色纺纱的技术难点和技术要点有哪些?

21.色纺纱有哪些生产特点?

22.色纺纱的主要用途是什么?

23.假捻纺纱原理是什么?

24.嵌入式复合纺纱原理是什么?

第七章　其他新型纺纱

●—— 本章知识点 ——●

1. 涡流纺纱的基本原理和工艺过程。

2. 涡流纺纱的特点。

3. 涡流纺中纤维凝聚和加捻作用特点。

4. 涡流纺纱的成纱结构和性能特点。

5. 典型的涡流纺产品的生产过程与工艺要点。

6. 平行纺纱的基本原理与工艺过程。

7. 平行纺纱机的主要机构及工艺作用。

8. 平行纺纱机的主要工艺参数。

9. 平行纺纱的成纱结构和性能特点。

10. 空心锭子花式捻线机的作用过程及工艺参数。

11. 双向包缠纱的生产方法。

第一节　涡流纺纱

一、概述

(一)涡流纺发展概况

涡流纺纱最早由德国哥茨弗莱德于1957年设计的,后来英、日、印度等国也进行了试验,但由于当时纺纱器的结构欠佳,制成率低,成纱强力低、条干差,没有获得推广。直到1975年在米兰ITMA展览会上,波兰展出了PF-1X型涡流纺纱机,才重新引起人们的注意。1986年波兰又先后生产了PF-2型和PF-2R型(供纺包芯纱)涡流纺纱机。纺纱线密度分别为29~253tex、20~117tex;纺纱速度范围在110~160m/min,可供纺不同的纤维原料,适纺纤维长度在70mm以下。

1975年后,我国天津、上海、四川等地也同时开始研究涡流纺纱技术。天津设计制造了TW-4型、TW-5型涡流纺纱机;上海研制了WF-2型涡流纺纱机。天津还研制了涡流纺纱机纺包芯纱装置。

几种涡流纺纱机的技术特征见表7-1。

(二)涡流纺成纱基本原理和工艺过程

涡流纺在纺纱过程中,纤维的转移、凝集、加捻和成纱等作用全部借助气流来完成,属于

表7-1　几种涡流纺纱机的技术特征

项　目　　机　型	TW-5(天津)	WF-2(上海)	重庆研究所产品	PF-1X(波兰)
全机头数(头)	120	96	84	192
头距(mm)	200	120	200	200
纺纱速度(m/min)	120~150	100~160	100~170	80~200
牵伸倍数	40~100	18~120	18~110	20~250
喂入条子定量(g/m)	3~4	3.5~4.5	2.6~4	2.5~3
纺纱线密度(tex)	28~280	42~197	37~148	18~66
条筒规格　直径×高(mm)	400×910	230×910	410×910	350×910
卷装尺寸　直径×宽(mm)	300×120	240×85	300×200	—
分梳辊形式	锯条或植针	锯条	锯条	锯条
分梳辊直径(mm)	75	80	75	65
分梳辊速度(×10³r/min)	7~9	5.5~7	7.3~9.7	8~9.6
纺纱器直径(mm)	16	16	16	16
适纺纤维线密度(dtex)	1.67~7.78	1.67~10	1.67~7.78	1.67~2.78
适纺纤维长度(mm)	65以下	75以下	51以下	51以下
筒子重量(kg)	2~2.5	1.2~1.25	—	2
纺纱耗气量(m³/min)	0.24	0.26	—	0.37
装机总容量(kW)	43.6	51	39.6	70
风机电动机(kW)	30	40	30	
分梳辊龙带电动机(kW)	5.5×2	8	3×2	
工艺电动机(kW)	1.1×2	3	1.6×2	
纺纱形式	上行式	上行式	上行式	上行式
分梳辊传动形式	龙带集体传动	龙带集体传动	龙带集体传动	龙带集体传动

自由端纺纱。空气在涡流管中高速旋转,推动其间的须条回转而获得真捻。这种纺纱方法取消了高速加捻元件,而且加捻器结构简单。

图7-1为涡流纺纱工艺流程示意图,涡流纺纱机除了风机系统、电源和传动装置等以外,主要机构有喂入开松、凝聚加捻和卷绕成形三部分。条子从条筒17中引出,通过喂给喇叭1,由喂给罗拉3和喂给板2喂入,经分梳辊4的开松,借助分梳辊的离心力和气流吸力的作用,纤维随之进入输棉通道5。输棉通道和涡流管上的输送孔7都与涡流管18成切向配置,使纤维以切向进入管壁与纺纱器之间的堵头11之间的通道,并以螺旋运动下滑而进入涡流场中。涡流管的另一端接抽气真空泵6用以抽真空,使涡流管内的空气压力低于大气压。空气从切向进风孔8、切向输送孔7和引纱孔9及补气槽10进入涡流管18。由进风孔进入涡流管的空气有部分气流向上扩散,这股气流起纺纱作用,称为有效涡流。另一部分气

流被风机吸走,不起纺纱作用,称无效涡流。从纤维输送孔输入的气流是向下的涡流,由引纱孔和补气槽进入的气流是起平衡作用的另一股向下的涡流。以上三股涡流以同一方向旋转,在纺纱器堵头下方的某一位置三个轴向分速度达到平衡,形成一个近似平面的涡流场,这就是纺纱位置。喂入的单纤维就在涡流场内进行凝聚并加捻形成纤维环。

当生头纱从引纱孔被吸入涡流场,在离心力的作用下甩向管壁与纤维环搭接,纱条 12 即被引出,经引纱罗拉 13 和胶辊 14,直接由槽筒 15 卷绕成筒子 16。

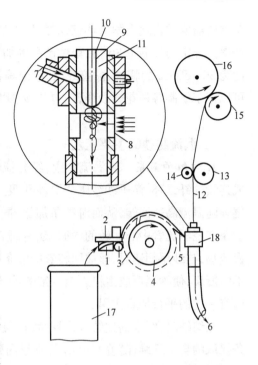

图 7-1 涡流纺纱工艺流程

(三)涡流纺纱系统与前纺工艺

涡流纺纱适纺纯化纤或化纤混纺纱,因此,其前纺工序一般采用棉纺设备,其工艺根据纤维的种类和长度来确定。其工艺流程可参照转杯纺前纺工艺路线制定,一般也采用两道并条机,最终以单根熟条喂入涡流纺纱机。

涡流纺纱的喂入熟条一般要求短片段萨氏条干不匀率控制在 20%~25%;重量不匀率应小于 1.0%;熟条定量应偏轻掌握,一般为 20g/5m 以下。涡流纺对条子质量没有特殊要求。

(四)涡流纺的特点

纤维条经给棉装置喂入,由小刺辊分梳成单纤维,利用高速回转的漩涡气流,在涡流管内使纤维凝聚加捻成纱。它利用固定不动的涡流管取代了其他纺纱方法中高速回转的加捻器,纺纱速度可达 100~200m/min(产量为环锭纺的 5~7 倍)。此外,涡流纺纱还具有如下优点。

1.工艺流程短 用二并条子喂入直接纺成筒子纱。如果在梳棉机上采用自调匀整装置,甚至可以省去并条工序,以均匀度较好的生条直接纺纱。

2.制成率高 涡流纺纱断头少,回花损失也少。同时,它在负压条件下纺纱,没有飞花外溢现象,制成率可以高达 99%以上。

3.劳动环境好 机台清洁、操作及接头方便,断头后涡流管内无积花,不需要清扫。

4.机械维修容易 由于涡流管静止不动,无高速回转元件,不存在高速轴承润滑问题,损耗少,维修方便。

5.动力消耗少 PF-1 型涡流纺纱机生产单位重量纱所需的动力比 BD-200 型转杯纺纱机少 10%~20%,比环锭纺纱机少 15%;而且机物料损耗少,噪声低。

由于涡流纺纱有以上优点,所以经济效果比较显著,在单位产量相同条件下,采用涡流纺纱所需要的占地面积为环锭纺纱的60%,所需要的生产工人为环锭纺纱的53%,劳动生产率为环锭纺纱的1.86倍,单位产品的加工费为环锭纺纱的70%。涡流纺最适用于纤维长度为30~50mm的腈纶、黏胶纤维、涤纶等各种化学纤维的纯纺和混纺以及涤/棉混纺纱,还可以用于纺制各种花式纱线,如包芯纱、螺旋竹节纱等,其产品用途也正在不断开发。

二、涡流纺纱的主要工艺

1. 纤维的凝聚 在涡流管内,经分梳辊分梳的单纤维在涡流场中重新分布和凝聚,形成连续的纤维环,筒子纱纱尾从引纱孔吸入后随涡流回转,与纤维环搭接形成环状纱尾,纱尾环随涡流高速回转,从而对纱条加捻,同时纱条上的捻度不断地向纱尾末端传来。因此,纱条在绕涡流管中心回转的同时,还有绕自身轴线的自传。不断喂入的开松纤维高速进入涡流场,与纱尾相遇时,即被回转着的纱条所抓取,而凝聚到纱条上去。纱条不断输出,纤维不断凝聚,使纱尾形成由粗逐渐变细的纱条。纤维在向纱条上凝聚的过程中,受气流的作用而有一定的平行伸直作用。

在纺纱时,纤维到达纺纱位置后,被凝聚到纱尾上的机会是随机的,对于未能立即被纱条抓取的自由纤维,随着气流沿涡流管内壁运动时,容易产生卷曲或与相邻的自由纤维结团,纺入纱内就会形成纱条上短片段的粗节。此外,如刺辊开松不好,单纤维率低,或纤维进口的通道不畅,纤维运动受阻,或有搭桥纤维存在等,也会产生纤维的分布不匀。因此,纱条上有短片段的粗细不匀是涡流纱的特有现象。

2. 涡流对须条的加捻 涡流在涡流管内的流动,不仅要能吸引纤维进入涡流场,还要能吸引生头纱连续纺纱。因此,涡流管中涡流的流动不仅是平面涡流场,而且是螺旋涡流,即具有立体型的涡流。

(1)纤维进入涡流管在到达涡流场的过程中,不仅要求呈单纤维状态,而且要求提高纤维的定向性与伸直度。最好纺纱头与管壁之间的通道截面采用渐缩型,使气流速度逐步增高,有利于纤维的加速与伸直。

(2)单纤维进入涡流场并在涡流场中凝集,形成连续的纤维环。当生头纱被引纱孔吸入后,随涡流离心回转并与纤维环搭接而形成锥体形的环状纱尾。纱尾受涡流的作用,绕涡流管中心高速回转,由于纱条密度远大于空气密度,受离心力作用,纱条偏离中心向外侧运动。偏离中心的距离 R 值的大小与纱条的角速度有关:

$$\omega_y = \omega_a - C\sqrt{\frac{d^3}{R}} \qquad (7-1)$$

式中:R——纱条偏离涡流管中心的距离,mm;

ω_y——纱条的角速度,r/s;

ω_a——涡流的角速度,r/s;

d——纱条有效直径,mm;

C——常数。

由式(7-1)可知:

①当 $R=0$，即纱条处于涡流管中心位置，就无意义。随着 R 的增大，ω_y 也增大。

②当 R 不变，纱条直径改变，ω_y 也随之改变。纱条粗，ω_y 下降，加捻少；纱条细，ω_y 增大，纱条加捻多。这符合高线密度纱需要捻度少，低线密度纱需要捻度多的规律，这是涡流纺的一大特点。

③当纺纱线密度变化范围不大时，不需改变涡流管的工艺条件，捻度可以自行调节。

（3）纱条在涡流管内高速回转，因其纱尾不被握持，纱尾运动时可能不与管壁接触，也可能与管壁接触，这主要取决于纱条受力后的平衡位置和涡流场的状况。图 7-2（a）为纱条不与管壁接触情况。纱条两侧气流的速度差使纱条除绕涡流管中心公转外，还绕自身轴线作同向自转。纱条公转一转，获一个捻回。纱条自转对捻度值的影响不大。图 7-2（b）为纱条与管壁的接触情况，因管壁对纱条的摩擦阻力，纱条所加捻度会有所减少。但这时纱条与涡流管中心偏离的距离较纱条不与管壁接触时略大，这是对纱条增速有利的一面。因此，纱条在图 7-2 所述的两种情况下，要比较纱条所获捻度的多少，还难以下结论。

（4）图 7-3 为涡流管内纱尾的形态。图中 v 为引纱速度，ω 为涡流角速度，ω_y 为纱条角速度。

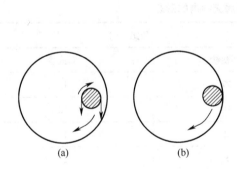

图 7-2　纱条在涡流管内的运动

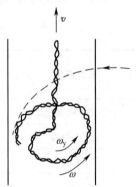

图 7-3　涡流管内纱尾形态

（5）加捻效率。涡流纺的成纱捻度取决于引纱速度和涡流回转速度。而涡流回转速度并不等于自由端纱尾的回转速度，因为加捻效率 η 不可能是100%，所以成纱实际捻度 T 为：

$$T = \frac{n_1}{v_2}\eta \tag{7-2}$$

式中：η——加捻效率；

　　　n_1——涡流回转速度，r/min；

　　　v_2——纱尾的引纱速度，m/min。

如分别纺 36tex 和 83tex 的纱，其输出速度均为 160m/min，而前者每米捻度为 560，后者每米捻度为 410，并设涡流回转速度为 16.4×10^4r/min，则加捻效率为：

$$\eta_1 = \frac{560 \times 160}{16.4 \times 10^4} \times 100\% = 54.6\%$$

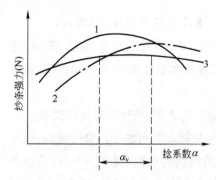

图7-4 捻系数与纱条强力

1—环锭纺 2—转杯纺 3—涡流纺

$$\eta_2 = \frac{410 \times 160}{16.4 \times 10^4} \times 100\% = 40\%$$

说明纱条线密度较小时,其加捻效率大于纱条线密度较大时的加捻效率。

此外,涡流管的材质及其内壁的粗糙度以及合适的进风口导向角均会影响加捻效率。

(6)成纱捻度与强力。根据实践发现,涡流纺的特点之一是涡流纱的捻度与强力的关系不像环锭纱和转杯纱那样存在比较明显的临界捻系数值。而与涡流纱最大强力相对应的捻系数 α_v 是一个区间,曲线斜率很小,如图7-4所示。

三、涡流纺的成纱结构与性能

(一)涡流纱内部纤维的形态分布

相关的研究实验表明,涡流纱中纤维的分布状态见表7-2。

表7-2 纤维在涡流纱内的形态

纤维形态	百分比(%)	
	环锭纱	涡流纱
圆柱和圆锥螺旋线	77	13
前弯和打圈	10	28
后弯和打圈	2	12
打圈	8	28
其他(中弯、多根扭结)	3	19

表中数据显示涡流纱与环锭纱内部的纤维形态有较大的不同,相对于环锭纱,涡流纱内的纤维形态呈不规则分布更甚,最终决定了两者的结构和性能存在差异。

(二)涡流纱的主要性能特点

1. 涡流纱的强力 涡流纺纱和转杯纺纱有相似的纱线结构,它们的纱线特性也比较接近。断裂强度和伸长率与转杯纱相仿,约为环锭纺的60%～90%,但是织造断头并不多,而且股线的强力也不低于同类同特的环锭股线。涡流纱强力较低的主要原因在于以下两点。

(1)涡流纺主要靠气流控制纤维,不如环锭纺中罗拉牵伸的机械作用可靠有力,因而纱条中纤维的平行伸直度较差,大部分呈弯钩或曲折的状态。

(2)纱线结构不同。涡流纱内外层纤维的捻回角不一致,呈包芯的结构,拉伸时纤维受力不均匀。

2. 涡流纱的成纱条干 涡流纱的短片段不匀率略比环锭纱高,其片段较短,在黑板上较明显,而乌斯特条干不匀率值与转杯纱及环锭纱的值相仿,其波谱曲线也没有明显的规律性不匀。涡流纱的粗细节、棉结比转杯纱和环锭纱都多,其原因主要是在输送纤维过程中,纤维伸直度差,输送纤维流不均匀。

3. 涡流纱的外观特征及其他特性　涡流纱的纱线结构决定了其外观较为蓬松,因此,染色性、吸浆性、透气性都比较好。纱线的抗起球性、耐磨性及弹性也比较好。

4. 涡流纱织物特点　涡流纱的机织产品从布面上看,通过交织后,纱的条干不匀表现不明显,特别是织造比较厚密的色织产品时可以获得比较理想的外观效果。涡流纱为了获得较好的强力,纺纱时一般应配置较高的捻度,因此,织物的手感比较硬挺。

涡流纱织物起绒后的强力只降低5%左右,环锭纱织物起绒后的强力降低了40%之多。其原因是涡流纱中打圈纤维多,呈闭环型毛羽,纤维两头端均缠绕在纱芯上,起绒后,表面纤维被拉断,不影响承担强力的纱芯;而环锭纱织物起绒时,拉断了纱中纤维,使纱的强力大幅度下降。涡流纱织物起绒后,被拉伸的纤维另一段紧钩住纱芯,所以绒面没有僵斑,绒毛平整细密,起绒厚度厚、耐磨、保暖、坚牢、落毛率低,这是涡流纱独特的性质。

四、涡流纺的适纺性及产品开发

(一)适纺特数

涡流纺适宜于纺较粗的纱,一般不低于20tex(29英支以下)。对于较细的纱,由于断面内的纤维根数少,纱条的不匀情况很明显,纺制比较困难。

(二)涡流纺适纺纤维品种

涡流纺主要适用于38mm以上的化纤纯纺或混纺,棉纤维只能少量混用。由于涡流纺的纤维伸直度较差,若纤维较长,整齐度好,则纤维间产生较好的抱和作用,有利于提高成纱强力。随着涡流纺设备和工艺技术的不断发展,纯棉产品的开发也获得一定程度的进展。

(三)涡流纺的产品品种

涡流纱产品主要有以下几类。

(1)装饰织物。如用提花织机织造沙发套、台布、靠背、门帘、壁毯等。

(2)针织织物。如用98tex涡流纱在大圆机上制成筒子绒,可制作卫生衬衫裤、厚绒运动衫裤,也可做成儿童套装和拉毛围巾等,也可用涡流纱在横机、圆机上加工并起绒制成外衣、童帽、罗纹弹性衫等。

(3)机织织物。利用高线密度涡流纱可制仿毛花呢、雪花大衣呢、法兰绒、西服条花呢等。利用中线密度涡流纱可生产平纹色织布、印花布、条子、格子或条格结合的色织布、小提花织物等。

(4)产业用织物。利用涡流包芯纱织造矿用输送带芯。波兰大多数煤矿都采用134tex的长丝作纱芯,外包40%棉,供织造运输带。

涡流纺纱机上的筒子为平行筒子,可以倒筒做成松式筒子供染色用。不同的纱线色彩,为产品多样化提供有利条件。

涡流纱应用较多的是供针织或机织的起绒织物。如用38mm长的化纤(腈纶、氯纶、黏纤等),纺制49～97tex(6～12英支)纱,供针织起绒产品用,如绒衣、绒裤、沙发布、家具布、围巾、靠垫和台布等。用3.3dtex×65mm(50%)、6.6dtex×65mm(50%)纯腈纶纺185tex(3.2英支)纱,织成涤/腈提花毛毯。这些织物起绒后绒面平整度、落毛率和耐毛牢度均优于环锭纱制成的起绒织物,色牢度达到环锭纱和转杯纱的产品水平,又因涡流纱较蓬松,所以产品手感柔软,保暖性好。此外,在涡流纺纱机上还可纺制包芯纱及各种花式纱线。如氨纶包芯纱纬弹靛蓝劳动布,用氨纶长丝为芯,外包棉纤维。使用扁平的涤纶长丝做芯纱,用243tex(2.4英支)的短纤维条包覆制成包芯纱,用以制成工业运输带,价格可比环锭纱或转杯纱的织物便宜。

(四)涡流纺生产品种举例

1.涡流纺生产包芯纱或花式纱 在涡流管中,引入一根与气流方向相反的芯纱(一般为长丝),然后再在涡流管的侧向喂入包覆纤维,利用涡流加捻。下面以包芯竹节纱的生产为例进行说明。

(1)工艺过程。如图7-5所示,纺纱管道1的末端通过连接管5连接着吸引管2,吸引管2又连接在负压源相连的风道3上。纺纱管道1的顶端设有导纱孔4,末端设有与导纱孔4同中心线的长丝供给孔6。

在纺纱管道1中部,管中心线两侧分别开有短纤维导入孔7和进气孔8,导入孔7连接着短纤维供给管9的一端,供给管9的中段连接着与压缩空气供给管10及与其相连的气流纤维分离管11,供给管9的另一端对接着由前罗拉12和胶辊罗拉13组成的短纤维喂给装置14。

长丝15从筒子16引出后,经过供给罗拉17或张力调整装置18,从长丝供给孔6导入纺纱管道1内,然后从导纱孔4引出,由槽筒19卷绕在筒子20上。

另外,短纤维条21在喂给装置14的前罗拉12和纺纱管1的负压作用下,按照预定的纤维量、速度、时间,周期性地间隔地通过供给管9喂入纺纱管1。同时,送入的气流使气流纤维分离管11内的气流速度发生变化,将纤维束分离成单根纤维,在进入纺纱管道1后,由于管道1内负压产生的旋转气流的作用,与长丝卷绕在一起,形成包芯竹节纱22。

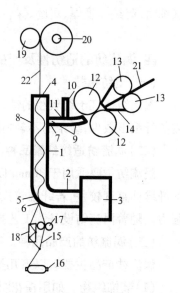

图7-5　涡流包芯纱工艺流程

(2)成纱原理。图7-6所示为纺纱管道上的进气孔8和短纤维导入孔7的截面图。

图7-7为竹节形成部分的放大图,长丝15依靠负压旋转气流的作用,以螺旋曲线轨迹按照箭头23方向前进并旋转。同时有一束被分离成单根的短纤维从导入孔7导至纺纱管道内,短纤维与长丝15相交而被缠绕在长丝上。短纤维被缠上的部分24也因旋转气流的作用,按箭头25的方向

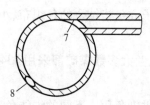

图7-6　纺纱管进气孔和纤维导入孔截面图

给缠在长丝 15 上的部分以一定的张力,使短纤维缠绕更紧,形成牢固、均匀的螺旋竹节纱。

图 7-8 所示为纺纱管道 1 的中间位置设置的凹环 26,它的作用是防止未被长丝 15 捕捉住的短纤维脱离。在纺纱过程中,脱掉的短纤维 27 将沿着纺纱管道 1 的内壁旋转移动,集中到凹环处。

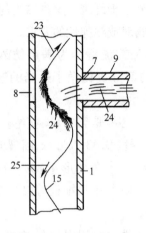
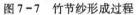

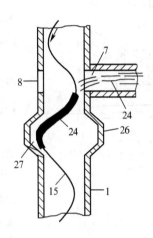

图 7-7　竹节纱形成过程　　　　　图 7-8　纺纱管中的凹环

凹环 26 的内径比纺纱管道 1 的内径大,所以在这里旋转气流的速度变小,通过流速的变化,掉落的短纤维 27 被分离。另外,由于旋转气流的作用,使长丝 15 沿着凹环运动,从而扩大了其螺旋运动的外径,将凹环处聚集的游离短纤维缠绕到长丝 15 上,这样喂入的短纤维几乎全部附聚到长丝 15 上,缠绕成竹节并起加固作用。

如图 7-9 所示,凹环 26 的最大直径处设置的进气孔 28 和在短纤维导入孔 7 与导纱孔 4 之间设置的辅助旋转气流导入孔 29,这些孔都沿纺纱管 1 的切向通入。由于这种结构,使集中在凹环的短纤维迅速漂移,并使移动的长丝不与凹环的内壁接触,保持漂移状态,因此能够很容易地将浮游短纤维缠绕在长丝 15 上。另外,由于设置辅助进气孔 29,使旋转气流的作用区域增长,这样就提高了长丝 15 高速前进中的旋转效果。

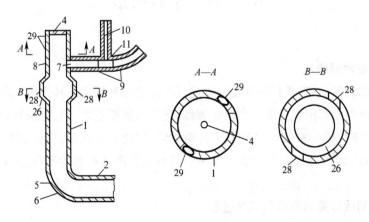

图 7-9　凹环处进气孔和辅助旋转气孔位置

(3)原料。涡流纺包芯纱使用的长丝,可以是涤纶、锦纶、丙纶、腈纶等合纤长丝或醋酯纤维长丝。长丝的捻度以较少为宜,如使用无捻长丝可以得到很好的竹节效果。

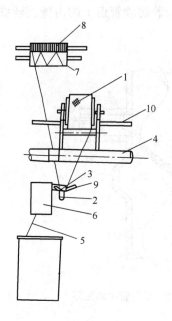

图7-10 氨纶弹性包芯纱的纺制
1—氨纶丝 2—螺旋补风管 3—涡流管
4—压辊 5—棉条 6—壳体 7—槽筒
8—成纱筒子 9—负压吸风管
10—胶辊架轴

2.涡流纺氨纶弹性包芯纱的纺制 纬弹靛蓝劳动布所用纬纱为氨纶弹性包芯纱,其成纱结构是氨纶长丝为芯,外包棉纤维。这种结构的纱有一定的弹性,能满足织物对成纱弹性的要求。

(1)纺纱工艺流程。为满足纺纱要求,对普通涡流纺纱机的部分机构做了适当的改进,具体流程如图7-10所示。

(2)原料。芯纱是7.77tex氨纶丝,实测性能:线密度8.66tex,强度0.43cN/dtex,断裂伸长1330%,模量值0.27cN/dtex,永久变形4.8%,外包棉的配棉与普梳27.8tex纱相同,平均配棉等级是2.7级,平均长度为27.5mm。

(3)工艺条件。所用涡流纺纱机风压为1886~26660Pa,芯纱线密度为7.77tex氨纶,纺纱时氨纶牵伸倍数一般取2~4倍,以3~3.5倍为佳。棉条定量19g/5m,棉条牵伸倍数为86.8倍,引纱速度为113m/min,成纱特数是48.6tex。

(4)成纱质量应满足以下几点要求。

①纱线的弹性应满足设计织物弹性的要求(弹性15%~25%)。

②外包棉纤维应均匀地分布在芯纱长丝的周围,避免脱丝或露丝。

③纱线物理性能能满足织造及成品的要求。

第二节 平行纺纱

一、概述

(一)平行纺发展概况

平行纺又称包缠纺,它是利用空心锭子进行纺纱的一种新型纺纱技术。早在20世纪70年代首先在保加利亚利用空心锭子生产包缠纱,之后俄罗斯在棉、毛、亚麻纺领域广泛应用。20世纪70年代末美国一家公司也开发了包缠纺纱,但比较成熟的还是德国绪森(Suessen)公司研制的Parafil1000型平行纺纱机。用平行纺纱机生产的纱称为平行纱(Parallel Yarn),也称P.L纱。

(二)平行纺成纱基本原理与工艺过程

平行纺是将一根无捻平行纤维条作为芯纱,外包长丝或已纺成的短纤维纱,经加捻成

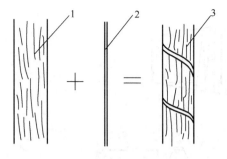

图 7-11　平行纱成纱示意图

纱后绕在筒子上。因为芯纱的纤维没有加捻，所以称为平行纱。其成纱原理如图 7-11 所示。

当纱线受拉伸时，长丝对短纤条施加径向压力，使短纤维之间产生摩擦力而使平行纱具有一定的强力。

平行纱是由纱芯短纤维和外包缠长丝组成的。纱芯可采用棉纤维或化纤短纤维，其纤维沿纱轴向平行排列，包缠丝可用各种不同规格和性能的化学长丝，也可以使用各种短纤维单纱。长丝或短纤维纱包缠在纱芯的外面，形成一种新型的纱线结构。平行纺纱从纺纱原理来讲，与环锭纺既有相同的一面，也有不同的一面。空心锭子一转，长丝在须条上缠绕一周，相当环锭纱的一个捻回，但平行纺摆脱了钢领、钢丝圈的束缚，故可比环锭纺速度高。

平行纱可以纱代线，它以独特的成纱结构而适用于无捻、弱捻和起绒类产品，给人以一种高档的感觉。还有一种由三部分组成的平行纱，即由短纤维包在长丝外面做芯线，外面再包一层长丝，这种平行纱具有更高的强力。

平行纺的工艺过程如图 7-12 所示，短纤维条子或粗纱 1 经过牵伸装置 2 后平行地进入空心锭子 5 中。空心锭子在皮带盘 6 的带动下产生旋转，长丝筒子 4 套在空心锭子上和空心锭子同速旋转。长丝筒子上的长丝 3 也喂入空心锭子 5 中。在吸风管 7 吸风的作用下，长丝和短纤维条子都向下运动。由于长丝筒子的旋转，每转一圈长丝就对短纤维条子加上一个捻回，形成平行纱。平行纱被引纱罗拉 8 引出后，直接卷绕成筒子纱 9。

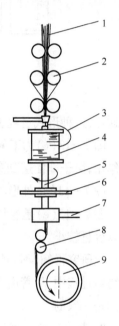

图 7-12　平行纺纱的工艺过程

二、平行纺纱机主要机构及工艺参数

(一)主要机构

1. 长丝筒子　长丝筒子是平行纺纱机储存长丝并施行加捻的主要机构。长丝筒子要插在空心锭子上和空心锭子一起旋转。如果长丝筒子的长丝容量大而且旋转速度高，那么机器的产量就高而且落纱间隔时间长。长丝筒子的形状和卷绕形式直接影响长丝的退绕过程。如图 7-13 为不同的长丝筒子，每种卷绕方法的左边图为卷装外形，右边图为卷绕时导纱器动程的变化图。

图 7-13(a)是标准型筒子，卷绕动程自上而下。卷绕时必须上、下两边缘同步，如果在边缘处略有重叠或间隙，使外层长丝陷入内层，在退绕时就不可避免地要断丝。

图 7-13(b)为粗纱形的卷绕，上下两端动程逐渐缩短，这避免了在边缘处长丝易陷入

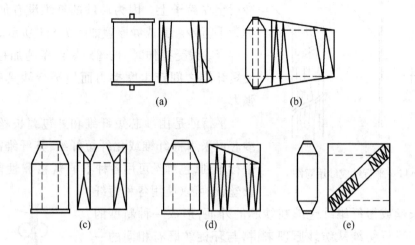

图7-13 长丝卷绕形式

的缺点,这种形式退绕也方便。但相对讲,容量较小,体积没有充分利用。

图7-13(c)为下侧有边筒子,在卷绕过程中,其动程周期性变化,优点是外层卷绕有保护作用,筒子即使遭到意外碰坏,也不至于使整个长丝都崩乱,但卷绕机构复杂。

图7-13(d)外形与图7-13(c)相同,但卷绕动程是逐步缩短的,更利于退绕。

图7-13(e)是卷纬式纱管,其退绕性能较好,但卷装本身瘦窄,否则易引起长丝崩脱,所以容量较小。

经研究得知,不同的卷装形式,在退绕时的张力也不同。用光线示波器进行测试,得知在纺纱过程中,尽管由于原料不同,卷绕形式不同,所测定的张力绝对值不尽相同,但其变化规律是一致的。

2.牵伸机构 平行纺纱机大多是单面机,结构各异。单面机可以条筒喂入,也可以粗纱喂入,应用范围广。牵伸机构可以是三罗拉形式,如需进行超大牵伸时也有采用四罗拉形式的。经验证明,只要条子不匀率严格控制在标准以内,经过超大牵伸后,细纱的质量还是能达到要求的,这就能节省一道工序,提高经济效益。

德国 Suessen 公司的 Parafil 型平行纺纱机就是条子直纺的超大牵伸,配有 Suessen-NST 五列罗拉。上罗拉采用气动摇架加压,压力能按要求进行调整,加压卸压操作简单方便。牵伸系统的运行速度较高,为纤维的牵伸及伸直作用提供了较好的条件。牵伸系统的短下胶圈有稳定的张力确保下胶圈非常均匀地运转,稳定纱线质量,且胶圈不需频繁更换,使用寿命长。

3.假捻器 平行纺纱机在长丝筒子下的空心锭子出口处装有假捻器,如图7-14所示。

从图7-14(a)看出,当不采用假捻器时,长丝在空心锭子的入口处对纱条包缠,且短纤须条平行无捻。从图7-14(b)看出,当采用假捻器时,假捻器给空心锭子中的须条先加上假捻,在假捻器处长丝对已加了捻的须条进行包缠加捻。

（1）假捻器的形式。平行纺纱机所用的假捻器主要有如下几种形式，如图7-15所示。

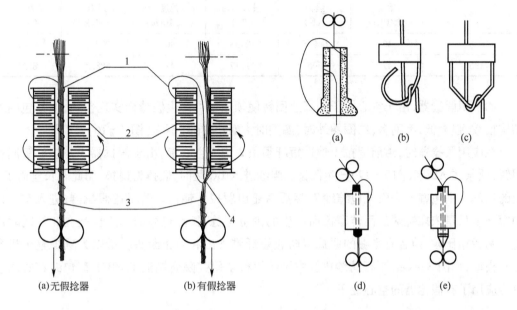

图7-14 平行纺纱机的假捻器
1—长丝 2—长丝筒子 3—平行纱 4—假捻器

图7-15 平行纺纱机假捻器的形式

图7-15（a）是德国Parafil1000型和Parafil2000型的假捻器，在空心锭杆的顶部，有两个不对称的小孔，长丝和短纤维一起穿过这两个小孔，使短纤维在锭子回转时得到假捻，同时产生了包缠作用。由于该形式在锭子顶端就起到包缠作用，所以纺纱稳定性好。缺点是操作不方便，需用钢丝将长丝和短纤维同时钩住再穿孔生头。

图7-15（b）、（c）是应用最多的一种，其结构可以是钩形的一端开口，也可以是两端均联于锭子上的封闭圈式，两者作用原理相同。操作接头以钩式的方便，但圈式在机械制作上方便，也利于动平衡。

图7-15（d）是消极式的假捻器形式，空心锭子上没有任何假捻器，而是以空心锭顶端作为假捻手段，其原理与棉纺粗纱锭翼顶端刻槽相同，假捻的大小与锭子转数、锭端的材料、表面形状、摩擦因数及前罗拉吐出须条与锭子孔轴线的夹角有关。FZZ008型包缠纺纱机即是采用这种形式，夹角取15°。

图7-15（e）是将图7-15（d）、（c）两者结合采用，FZZ031型包缠纺纱机采用的就是这种假捻器。有两个假捻点，纺一般平行纱时可不穿过假捻钩，纺花式纱时，两个假捻点同时用，以加强假捻作用。在正常情况下纺包缠纱及花式纱均需用假捻器，但在纺制某些特殊松弛结构的纱线时也可以不用假捻器。

（2）假捻器的作用。在平行纱纺制过程中，假捻作用可以使芯纱须条结构紧密以提高须条纤维的凝聚力，抵抗纺纱张力，减少断头。其作用效果见表7-3。

表7-3　假捻对纱线强力的影响

纱线线密度 (tex)	不装假捻器			装假捻器		
	捻度 (捻/10cm)	强力 (cN)	强力不匀 (%)	捻度 (捻/10cm)	强力 (cN)	强力不匀 (%)
36	40	666.6	12.33	40	707.1	9.41
36	47	696	11.17	47	688.3	8.21

如不用假捻器,由于空心锭子的高速回转使须条也可产生假捻而实现包缠,但其包缠纱结构松散,强力低,毛羽多;纺圈圈纱时,圈圈时大时小,排列不匀(图7-16)。

在应用假捻器时,由前罗拉1输送短纤须条2进入空心锭,由于假捻器5与空心锭同步回转,须条在AB区(图7-17)产生假捻。当纱进入BC区时,假捻将退掉,而此时长丝筒子4上的长丝3则包缠上去而成包缠纱7,然后由输出罗拉6输出。若不用假捻器,进入空心锭的短纤维只是依靠锭端的回转摩擦而产生的少量假捻,长丝包缠的作用也是在此处同时产生。两者相比较,前者有足够的假捻以防止短纤维飞出和防止断头。所以为减少整个机台的断头率,德国Suessen平行纺纱机及中国纺织科学研究院研制的FZZ031型包缠花式纺纱机均应用了有假捻器的空心锭子。

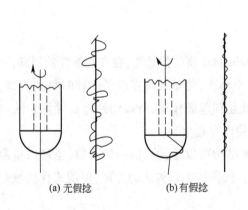

(a) 无假捻　　　　　(b) 有假捻

图7-16　有无假捻器的比较

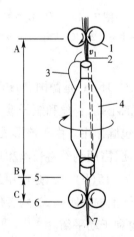

图7-17　空心锭子纺纱系统

总之,假捻器的应用目的在于提高短纤维的凝聚力,抵制纺纱时的张力,以进一步减少飞花和断头的产生。

(二)主要工艺参数

空心锭子包缠纺纱时,长丝退绕出来环绕着短纤须条中心回转,从而将短纤维包缠成纱。这种成纱过程的实质是,短纤维本身没有捻度,是由长丝包覆包缠紧压短纤维而构成结实的纱线。包缠丝对纱线的包缠有两个重要的参数,即成纱的包缠捻度和长丝的包缠张力。包缠纱线密度、长丝的类型和线密度也是包缠纺纱要考虑的主要工艺参数。

1.包缠捻度　长丝筒管的卷绕方向应注意与所需纺纱的捻向相对应,退绕时其方向必须与锭子转动方向相一致，才能起到包缠作用。空气阻力的作用方向是逆着退绕方向，起到减小长丝气圈直径，使其贴附于卷装表面的作用。否则气圈将越来越大，直到断裂。

从表面上看，似乎锭子转一转，长丝就包缠短纤维一圈，也就是说加上一个捻回。而实际情况是，长丝退绕速度要高于锭子转速，所以，根据锭子转速得到的计算包缠捻度要小于根据长丝退绕速度得到的计算包缠捻度，而在成纱上实测的包缠捻度一般介于两者之间。锭速和包缠捻度的关系见表7-4。

表7-4 锭速与包缠捻度的关系

纺纱线密度(tex)		24.3	29.2	36.4
实测锭子转速(r/min)		19955.83	11774.5	11656.2
实测长丝回转速度(r/min)		20331.62	12070.2	12075.3
计算包缠捻度(锭子)(捻/m)		477.64	450.2	253.7
计算包缠捻度(长丝)(捻/m)		486.16	461.47	263.4
实测包缠捻度(捻/m)		482.72	460.8	261.6
前罗拉	直径(mm)	35	35	35
	转速(r/min)	380	238	417
备 注		20锭平均数FZZ031型	4锭平均数小样机	4锭平均数小样机

一般包缠纱的捻度数值与传统的环锭纱捻度相同，或略高一些。

试验得知，包缠捻系数在纺制长丝纤维时为75~85，纺制长纤维时为90~115，纺制短纤维时为120以上较为适宜。

2.包缠张力 包缠张力是包缠纺纱技术中的一个重要问题，锭速、引纱速度、长丝退绕时的气圈张力等是影响包缠张力的主要因素。

锭速高，则长丝退绕时形成的气圈张力大，同时也影响着在假捻处短纤维的假捻捻度。若不用假捻器，则短纤维从空心锭子芯部出来也有一个离心的气圈形成，锭速愈高，气圈愈大，张力也愈大。

常用的包缠纱要求长丝将短纤维包缠至一定的紧密程度并保持均匀的节距，则长丝与纤维之间的张力处于平衡状态，如图7-18所示。

要获得正常的包缠纱线，空心锭下方的输出罗拉速度通常比前罗拉速度大，两者的比值一般在1.02~1.05。

3.包缠纱线密度 在实际生产中，包缠纱线密度计算常用下式：

$$Tt = Tt_1 + Tt_2 \qquad (7-3)$$

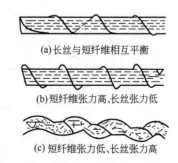

(a)长丝与短纤维相互平衡

(b)短纤维张力高、长丝张力低

(c)短纤维张力低、长丝张力高

图7-18 不同张力下的包缠纱形态

式中:Tt——包缠纱的线密度;

Tt_1——外包长丝的线密度;

Tt_2——芯纱的线密度。

4.长丝类型和线密度 包缠长丝类型和线密度以及长丝的比例(用量)均与成纱质量有密切的关系。包缠纱的强力来自长丝,在一定张力下,长丝向短纤维施加径向压力,使短纤维间产生必要的摩擦力。

从试验中已经得知,长丝的拉伸模量在增进包缠纱的强力方面是一重要因素,特别是在应用单丝时更是如此。一般商业上销售的长丝均可应用,锦纶长丝、聚酯长丝都可以应用,尽可能选择与短纤维化学成分相近的长丝比较合适。纺细特包缠纱时宜用细特长丝,纺粗特纱时宜用粗特丝,复丝比单丝为好。

包缠捻度可根据产品开发情况,视不同品种而定。通过试验得知,包缠纱的强力随着外包长丝的包缠捻度而增加(图7-19)。如果长丝线密度增加意味着长丝变粗,在一定重量下长度变短,长丝用量增加,因而在成纱中所占比例增加。这在经济上很不合算,所以一般在包缠纱能获得足够强力的前提下,尽量采用线密度低的长丝。

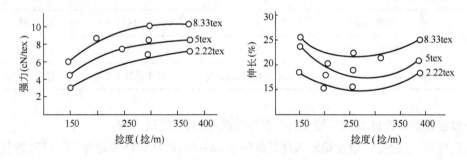

图7-19 长丝包缠捻度与纱线强力与伸长的关系

长丝的弹性模量对于成纱强力很重要,弹性模量越高,则包缠纱的强力也越高。为获得高强度的包缠纱,可以应用高弹性模量的长丝,从而减少了包缠捻度,提高了出纱线速度,相应地增加了产量。

图7-20为两种不同弹性模量长丝在不同包缠捻度情况下,所测得的强力和伸长曲线。

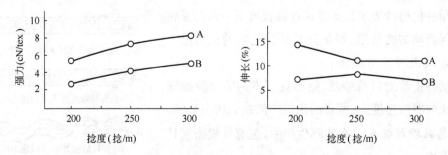

图7-20 不同弹性模量下包缠捻度与纱线性能的关系

A—高模量包缠丝 B—低模量包缠丝

一般情况下,长丝的延伸性都比较低,所以适合包缠纺纱用。若延伸性较高的长丝,在纱线受到应力时,短纤维之间明显滑移,表现为条干略差,所以推荐应用高强低伸型的聚酯或锦纶长丝。而染色长丝及变形长丝,因其价格较高,除纺特殊需要的纱线外,一般不提倡应用。

三、平行纺的成纱结构和性能

(一)成纱结构特点

平行纱由无捻平行的短纤维和长丝组成,其中长丝以螺旋形包缠在短纤维上,将短纤维束缚在一起。长丝为平行纱提供了强度,它通过对纤维施加径向压力,而在单纤维之间产生必要的抱合力。当平行纱受到张力作用时,纤维之间的摩擦力会增加。在常规平行纱中,长丝的包缠捻度大约与同样特数的环锭纱上的捻度相同。

平行纱的横截面为圆形,当不受张力时,它表现出一种稍有波形的特征,这是由长丝所引起的。由于轻微的局部压缩作用,这种长丝的波动使短纤维变成螺旋状圆形,平行纱一旦织入织物中,这种特征就变得不明显了。

(二)成纱主要特性

1. 强力　平行纱由于外层有长丝的包缠,增强了纤维与纤维之间的摩擦力,因此使成纱强力增加。与同特环锭纱相比,强力相近或略高,其强力高的主要原因是:纤维伸直度好,长丝包缠使纤维径向压力大,纤维接触面积大,纤维受力均匀,强力利用系数高。

2. 成纱条干 *CV* 值　平行纱的条干 *CV* 值,较环锭纱和转杯纱好。原因是平行纱芯纤维为平行、无捻,长丝包缠对短纤条均匀度不起破坏作用;而且高速牵伸有利于短纤维的平行伸直,因此有利于提高平行纱的均匀度。另外,平行纱没有像环锭纺那样因加捻而产生捻缩现象。

3. 毛羽　与环锭纱和转杯纱相比,平行纱的毛羽较少,从而使下道工序中的灰尘和飞花明显减少,平行纱毛羽少决定了其织物在服用过程中具有较小的起球倾向。

4. 线密度　用同样粗细的短纤维纺纱,平行纱可比环锭纱纺更细的纱,这是因为平行纱的芯纱无捻,外包长丝较紧的缘故。即纺同样线密度的纱时,平行纱可用较粗的短纤维,因此成本可相应降低。

5. 蓬松性　平行纱的蓬松性好,同特纱的直径平均比环锭纱大 10% 左右。

四、平行纺的适纺性及产品开发

平行纺纱时,对原料的选用应注意短纤维与长丝的适当组合。尽量考虑色泽的鲜艳性和染色的匀整性。几种纤维的收缩率要适当配合。平行纱的强力主要来自长丝,长丝价格高,故长丝重量应该控制在成纱总重量的 1%~5%。如果短纤维较长,线密度低,则单位长度成纱的包覆圈数可以少些。起绒织物用的长丝,可用高收缩型,通过汽蒸后,长丝会陷入短纤维中,起绒后长丝的可见度小。

平行纱具有以纱带线的性能。织成的织物强力高,缩水率小而稳定,耐磨性好,外观丰满,色差横档少,手感柔软,纺毛感强。

(一)平行纱产品开发时考虑的因素

(1)根据产品风格选用原料。如短纤维和长丝的染色性相近,可起补色效应。如两种原料的染色性能相远时,也可起到混色效应。如长丝与短纤维的热收缩不同,纱线会显示出波浪、颗粒效应,这种纱线用于面料或装饰织物,别具风格。

(2)采用高弹长丝(如氨纶)、棉或黏胶短纤维为原料,可加工高档运动服装。

(3)利用平行纱毛羽少、松软的特点,可开发麻类混纺产品,以改善织物的手感和柔软性。

(4)开发高线密度纱,生产地毯等割绒织物,具有起绒方便,绒面丰富的特点。

(5)利用平行纱生产无捻毛巾、浴巾等产品,具有很大的优越性。

(6)利用平行纱交织成中长异线密度(经纬纱线密度相差数倍)交捻巴拿马织物,颗粒清晰,厚实挺括,纺毛感强。

(二)平行纱织物产品的特点

(1)平行纱在机织物中用作经纱,类似股线,毛羽少,可不经上浆。织物布面丰满,覆盖性好,每单位面积用纱量比其他纱少。由于平行纱结构蓬松,纱芯短纤维无捻,故特别适用于拉绒机织物。另外,还可用平行纱代替双股捻线用作起绒纱。

(2)平行纱织物强力较高;缩水率小;由于纱线直径较大,所以织物覆盖性和弹性回复较好,手感柔软,仿毛感强;色差档较少。

(3)经纬纱都用平行纱的织物,织物丰满,硬挺度好。如果采用喷染工艺,经后整理后,织物风格更佳。

(4)平行纱用于针织物其针迹清晰、手感柔软,织物无扭矩,不变形。由于纱线承受张力时拉紧,使织物显得特别光滑平整。如果选用可溶性长丝(如维纶长丝)作包缠纱,作毛巾的起圈纱,则可制成手感特别柔软、吸水性好的无捻毛巾(将棉纤维条外包长丝,在织成毛巾后,通过特种工艺处理将长丝溶掉,毛巾圈的毛圈是无捻的纤维束)。这种毛巾的吸水量比常规毛巾大20%左右,表面厚度大30%,毛细管效应和强力较好,不易造成抽纱现象,毛巾蓬松柔软,舒适,吸水性好。

(5)平行纱适用于簇绒、割绒、起绒类织物。起绒时不需再割绒。用平行纱制成的绒毯比环锭纱制成的要耐用,外观匀整,手感柔软、弹性好。

(6)平行纱用于特种织物,如墙布或装饰布,可用不同线密度、不同长度的短纤和特殊的高收缩长丝、特殊光泽的长丝,使织物增添艳丽的色彩。如在包缠纱中加入其他颜色纤维或放入染色的颗粒,使墙布与装饰布更有特色,更加新型美观。

(三)平行纺用于纺织废料的纤维回用

利用纺织废料(原料为羊毛、腈纶、涤纶等),经过撕松、混合、梳理工序,做成的条子可供平行纺纱机纺200tex左右的平行纱,用作织造地毯、装饰织物。

Suessen公司已与其合作伙伴(德国Suhirp公司和西班牙Maisas公司)共同制造了一条

仅需三道工序就可从纺织废料制成平行纱的完整的生产线。纺织废料可由服装废料和纺纱准备工序中的废花获得,这些原料是毛和人造纤维的混合或毛和合成纤维的混合组成。这条生产线在原理上基于两个原则:一是来自于纺织废料的再用纤维必须具有适当的纤维长度;二是这些再用纤维必须能制成棉条。

此外,也可以将废纤维与新纤维混合,以提高织物的质量。为此,这条生产线必须加以延长,增加适用于新纤维的准备和喂入装置。

1. 撕扯　在撕扯机上准备半开松纤维原料。被喂入到撕扯机的服装废料被加工成半开松状态,通常经撕扯后,较短的纤维比较多。

2. 梳理　撕扯后的原料在一台双联梳理机上梳理,第一个梳理元件使用工作辊和钢丝辊,使喂入原料得到主要的开松。第二个梳理元件与针板一起作用,将原料分离成单纤维,这种设计可获得最大可能的开松、混合、清棉和纤维平行。因此,这台梳理机是整个工序的心脏,它输出的生条是有一定细度的均匀棉条,可直接喂入到平行纺纱机上。

3. 纺纱　生条在 Parafil 型纺纱机上纺成纱线,所生产出来的纱线表现出典型的、膨松的平行纱特性,并且非常适合于平行纱的一般用途。

(四)双向包缠纱的开发

生产包缠纱时,包缠的长丝可以 Z 向包缠也可以 S 向包缠。长丝包芯纱用无捻的芯纱(纤维条)单向包缠(Z 向或 S 向)的纱摩擦强度差,因此在用于经纱的情况下有起球或出现纤维脱落的情况。不论是 Z 向或 S 向包缠纱,在受张力的情况下,如在织造的过程中包缠长丝应力增加,长丝增长,这一现象使芯纱单位长度内包缠数减小,长丝包缠纱芯纤维的抱合力下降,强度下降。另外,在织造过程中,纱和综筘摩擦,纤维从中脱落,形成少量的毛球,纤维的脱落和起球使纱变弱,因此造成纱线断头,织机运转效率降低。为了解决这一问题,可用纱芯双包缠技术,被称为"X"双向包缠纱。

图 7-21 为双向包缠纱的加工原理图。无捻的纤维条,通过虚线范围内的 A 区装置,可获得 Z 捻向的包缠纱,再通过与 A 区逆向回转的 B 区装置,Z 向包缠纱被 S 向长丝包缠,最后纺出双向包缠纱。这种装置可纺纱线密度范围为

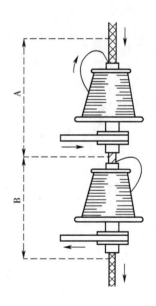

图 7-21　双向包缠纱的加工原理

22~24tex。实践说明,双向包缠纱比 Z 向包缠纱的强力提高18%~29%,伸长率提高 4%~8%。织造时省去浆纱工序,但多用了一根长丝,设备复杂些。

思 考 题

1. 涡流纺的成纱原理和工艺过程怎样?

2. 涡流纺具有哪些特点？

3. 分析涡流纺的纤维凝聚作用及影响因素。

4. 分析涡流对须条的加捻作用及影响因素。

5. 分析涡流纱的结构特征及形成原因。

6. 分析涡流纱的性能特点及其用途。

7. 描述涡流纺生产包芯纱的方法和工艺要点。

8. 平行纺的成纱原理和工艺过程怎样？

9. 分析平行纺的主要工艺参数及对成纱质量的影响。

10. 分析平行纺的成纱结构和性能特点。

11. 描述平行纺产品的主要用途。

12. 描述利用平行纺原理生产双向包缠纱的方法。

参 考 文 献

[1] 上海纺织控股(集团)公司,《棉纺手册》(第三版)编委员. 棉纺手册[M].3 版. 北京:中国纺织出版社,2004.

[2] 王善元,于修业. 新型纺织纱线[M].上海:东华大学出版社,2007.

[3] 郁崇文.纺纱学[M].北京:中国纺织出版社,2009.

[4] 金佩新、刘月芬.喷气纺纱[M].北京:纺织工业出版社,1991.

[5] 张文赓,陈铭右,丁寿基,等.加捻过程基本理论[M]. 北京:纺织工业出版社,1983.

[6] 中国纺织大学棉纺教研室.棉纺学[M]. 北京:纺织工业出版社,1988.

[7] 蒋金仙,王其慧.摩擦纺纱[M]. 北京:纺织工业出版社,1991.

[8] 朱友名.棉纺新技术[M]. 北京:纺织工业出版社,1992.

[9] 于修业,孙松.涡流纺纱[M]. 北京:纺织工业出版社,1991.

[10] 上海市纺织工业公司.棉纺手册[M].2 版. 北京:纺织工业出版社,1987.

[11] 张文赓.纺织气流问题[M]. 北京:纺织工业出版社,1989.

[12] 田锋.NO802 型 MJS 喷气纺纱机的纺纱性能[J]. 棉纺织技术,1989(12).

[13] 张启允,徐洪根.关于喷气纺纱的工艺技术[J]. 棉纺织技术,1988(12).

[14] 王希贤.村田 NO801 MJS 型喷气纺纱机的生产实践[J]. 棉纺织技术,1986(4).

[15] 许梦国.MJS 型喷气纺纱机的纺纱性能分析[J].棉纺织技术,1988(1).

[16] 许梦国.喷气纺的产品开发[J].棉纺织技术,1988(7).

[17] 叶奕梁,徐朴.摩擦纺纱工艺分析[J]. 棉纺织技术,1988(4).

[18] 王其慧.Draf−Ⅱ型摩擦纺纱机纤维输送流场分析及其改进探讨[J].纺织学报,1988(5).

[19] 沈晓平,沈天飞.中细支摩擦纺纤维输送对成纱质量的影响[J]. 纺织学报,1990(6).

[20] 于书正.摩擦纺纱中纤维输棉通道对纺纱的影响[J].纺织学报,1989(1).

[21] 陈怡星.摩擦纺纱线结构分析[J].棉纺织技术,1992(6).

[22] 谢征恒,胡琦.中细支摩擦纺纱分梳工艺参数对成纱质量的影响[J].中国纺织大学学报,1989(2).

[23] 沈贤言.国内摩擦纺纱的研究与发展[J].棉纺织技术,1989(4).

[24] 王志,徐铭九.摩擦纺纱工艺的探讨[J].棉纺织技术,1989(4).

[25] 张长乐.摩擦纺几种状态的受力分析[J].棉纺织技术,1990(4).

[26] 徐铭九.摩擦纺纱纱线结构的探讨[J].棉纺织技术,1986(12).

[27] 刘国涛.国外纺织新技术[J].无锡轻工业学院教材,1991(12).

[28] 陆再生,周凤飞.摩擦纺纱的引纱方向对成纱质量的影响[J].棉纺织技术,1992(6).

[29] 陈克彰.管道纺纱方法研究[J]. 中国纺织大学学报,1990(4).

[30] 徐铭九.新型纺纱可行性的综合分析和预测[J]. 棉纺织技术,1988(8).

[31] SMALLEY E G. Friction Spinning[J]. Textile Asia, 1985(6).

[32] Dr FEHRER. Friction Spinning:The Inventor's Analysis[J]. Textile Month,1986(12).

[33] KARNON I,Platt Sacolowell Ltd. Friction Spinning—The Masterspinner[J]. Textile Month,1986(3).

[34] BRPCLMAN K J. Friction Spinning Analyzed[J]. International Textile Bullentin Yarn Forming,1984 (2,3).

[35] LAWRENCE C A,JJANG R K. Disc Spinning[J]. Textile Asia, 1986(11).

[36] BROCKMAN K J,JOHNSON N. The Influence of Fibre Feeding Arrangments on the Properties of Friction Spun Yarn[J], International Textile Bulletin Yarn Forming, 1986(3).

[37] 中国纺织大学棉纺教研室. 棉纺学[M]. 2 版. 北京:纺织工业出版社,1988.

[38] 朱友名. 棉纺新技术[M].北京:纺织工业出版社,1992.

[39] 朱长惠,姜余庆. 转杯纺纱应用技术专题讲座(一)~(十二)[J]. 棉纺织技术,1996(1)~1997(1).

[40] 朱长惠,姜余庆. 转杯纺纱现状水平工艺路线与产品方向[J]. 棉纺织技术,1996(8).

[41] 汤芹,梁金茹. 转杯纺加工亚麻/棉混纺纱[J]. 棉纺织技术,1996(8).

[42] 何坚,周桂株. 全羊绒转杯纺纱的工艺探讨[J]. 棉纺织技术,1996(8).

[43] 狄剑锋. 毛粘转杯纱生产工艺研究[J]. 棉纺织技术,1996(8).

[44] 梁金茹. 转杯纺油丝纱及织物产品开发和实践[C]. 全国第七次新型纺纱学术会议论文.

[45] 刘国涛,谢春萍,徐伯俊. 新型纺纱[M].中国纺织出版社,1999.

[46] 华力,赵捷. 喷气纺纱机的纺纱工艺实践[J]. 天津纺织科技,2003(3).

[47] 孙朝华. 浅析日本村田 No.802 H MJS 喷气纺机的特点[J]. 天津纺织科技,1999(1).

[48] 苗孟河. 喷气纺中的加捻与包缠纤维形成机理[D]. 上海:中国纺织大学,1990.

[49] 刘恒琦. 日本村田公司涡流纺纱机[J]. 全国新型纺纱技术协作网会刊,2003,17(1).

[50] 陈忠,郭建红. 喷气纺纱的特点和发展[C]. 2002 年全国新型纺纱设备、新技术、新设备及精梳棉、无结纱技术交流研讨会论文集,2002.

[51] 李成龙,郁崇文. 喷气纺纱技术的进展与产品应用[J].纺织导报,2003(1).

[52] 李炯. 空心锭对喷气涡流中纤维运动规律影响的研究[D].浙江理工大学,2018.

[53] 景慎全,章友鹤,周建迪等. 喷气涡流纺产品的结构调整及其应用领域的拓展[J].纺织导报,2017 (11):68－72.

[54] 闫琳琳,邹专勇,方斌,等. 喷气涡流纺设备研究进展[J].棉纺织技术,2017,45(06):76－80.

[55] 陈佳宇,薛文良. 从专利角度分析国内外喷气涡流纺的发展[J].棉纺织技术,2017,45(04):80－84.

[56] 陈梁. 喷气涡流纺纱工艺及喷嘴装置研究[D].东华大学,2014.

[57] 邹专勇. 基于流场模拟的喷气涡流纺成纱工艺与纱线结构的相关性研究[D].东华大学,2010.

[58] 荣慧,章友鹤,叶威威. 喷气涡流纺开发新颖色纺纱的生产实践[J].浙江纺织服装职业技术学院学报,2018,17(02):1－5,18.

[59] 胡革明,江玲,陈美玉,等. 喷气涡流纺织物与传统环锭纺织物性能对比[J].棉纺织技术,2017,45 (01):26－30.

[60] 村田机械有限公司. VORTEX Ⅲ 870 使用说明书.

[61] 李向东. 喷气涡流纺纱技术及应用[M].北京:中国纺织出版社,2019.

[62] 谢春萍,徐伯俊. 新型纺纱[M]. 2 版.北京:中国纺织出版社,2009.

[63] 吕林军,赵连英,赵沉沉,等. 新型喷气涡流纺纱线的技术创新和发展趋势[J].纺织导报,2018 (08):55－56,58－62.

[64] 陈彩红. 喷气涡流纺喷嘴内部流场及纤维成纱机理的研究[D].浙江理工大学,2017.

[65] 韩晨晨. 自捻型喷气涡流纺成纱原理及其纱线结构的相关性研究[D].东华大学,2016.